土工袋技术原理与实践

刘斯宏 著

科学出版社

北京

内 容 简 介

本书较为全面、系统地介绍了土工袋技术的原理与实践应用,集中体现了作者多年来关于土工袋技术的研究理论及成果,并结合多个工程实践,研究了土工袋应用于不同结构物的工作机理及其工程特性。

本书首先对研究土工袋技术的初衷进行了介绍,对比研究了土工袋与常规水平设置加筋材提高基础承载能力的措施,显示了土工袋的加筋效果;然后通过理论分析与室内试验相结合的方式对土工袋的强度变形特性进行了系统的研究。在此基础上,对土工袋减振性能、防冻胀特性、处理地基基础、处理膨胀土渠坡、构筑柔性挡土墙以及在市政工程中的应用进行了较为系统的分析、试验及实践研究。这些内容不仅能够促进土工袋技术及加筋土结构的学术理论发展,而且可以指导工程建设实践。

本书面向土木、水利和交通类从事水利工程和岩土工程相关工作的科研、设计人员和研究生,也可以作为高年级本科生扩展知识面用书。

图书在版编目(CIP)数据

土工袋技术原理与实践/刘斯宏著. —北京:科学出版社,2017.1
ISBN 978-7-03-051555-1

Ⅰ.①土… Ⅱ.①刘… Ⅲ.①土建织物-技术-研究 Ⅳ.①TS106.6

中国版本图书馆 CIP 数据核字(2017)第 014232 号

责任编辑:王 运/责任校对:张小霞
责任印制:张 伟/封面设计:铭轩堂

科学出版社 出版
北京东黄城根北街 16 号
邮政编码:100717
http://www.sciencep.com

北京科印技术咨询服务公司 印刷
科学出版社发行 各地新华书店经销
*

2017 年 1 月第 一 版 开本:720×1000 B5
2018 年 4 月第三次印刷 印张:12 1/2
字数:251 000

定价:98.00 元
(如有印装质量问题,我社负责调换)

序

　　将土装入编织袋形成土袋加筋体，并运用于构建临时构筑物，这或许是大多数人对"土工袋"的最基本看法。每到汛期，我们总能在电视屏幕上看到"土工袋"作为一种不说话的"子弟兵"奋战在抗洪抢险的一线。这一现代人不以为意的加筋土结构，流传了四千余年，世代相传，造福于民，尤其在中华治水文明史上留下了灿烂的一笔。

　　"物竞天择，适者生存"，这一自然法则不仅仅适用于自然界生物间的优胜劣汰，同样适用于人类文明史上出现的各种工法技能。然而，对于古人留下的好东西，我们习惯于延续古人做法，按照常规思路出牌，以至于难以深刻发现其强大的生命力，无奈常常遗憾地与它擦肩而过，成为了"最熟悉的陌生人"。"土工袋"作为一种沿袭了几千年的古老工法，必有其存在的道理，否则早已淹没于历史洪流之中，更难以让今天的我们见到并继续使用。2004年，从日本留学回来的刘斯宏教授向我介绍了"土工袋技术"，经过较为系统的了解后，我对传统"土工袋"有了新的认识，土工袋的确不应该仅仅局限于传统抗洪抢险的用途，它完全可以焕发出新的生命力。通过合作研究，借助国家"十二五"科技支撑项目，我们积极开展试验研究，将土工袋技术用于处理南水北调中线的膨胀土渠坡，并取得了良好的工程效果。

　　水利工程和岩土工程的实践性和工程应用性很强，为了学以致用，必须以理论为依据，工程为纽带，理论联系实际。这一点刘斯宏教授做得很好，从传统古老的工法中，提炼总结出土工袋的工作原理，研究土工袋的加筋、减振、防冻胀机理，继承传统并加以创新，将形成的理论再次回归到实践中去。传统的"土工袋"逐渐被发展成为一套完整的，集理论、试验、实践为一体的"土工袋技术"。刘教授坚持这项研究将近二十年，回国十余年来，他的课题组也一直围绕"土工袋"技术开展一系列有特色的研究工作，这是十分难能可贵的。

　　欣闻刘斯宏教授《土工袋技术原理与实践》一书即将出版，我也在第一时间读到了初稿。这本书不仅介绍了土工袋技术的基本知识和原理，而且结合了作者在工程实践中的体会与经验，分析了土工袋技术工程运用，理论与实践相结合。该书是我国有关土工袋技术的第一本内容丰富、系统深入、图文并茂、富有启发性的著作。这对于土工袋技术的科学研究和工程设计都有参考价值。

近年来，国内外越来越多的人认识到土工袋技术的优越性，并开展了与之相关的研究，发表的科技论文也日渐增多，该书的出版将有利于该技术的继承总结与发展创新。

该书的付梓问世，当使广大读者备受启发，可喜可贺，故乐于作序，以上一点文字，谨供参考、指正。

国务院　　南水北调办公室　原总工程师
　　　　　南水北调专家委员会副主任

2016 年 11 月 18 日于北京

前　言

　　《山海经》云："洪水滔天，鲧窃帝之息壤以湮洪水，不待帝命。帝命祝融杀鲧于羽郊。鲧复生禹，帝乃命禹卒布土以定九州。"讲的是鲧未经天帝同意盗取了"息壤"来围堵洪水，触怒天帝，被杀死于羽山近郊，而后天帝命鲧的儿子大禹铺填息壤平治洪水，最终安定了九州。可见鲧禹父子均以"息壤"治水，那么何为"息壤"？晋代郭璞在《山海经注》中解释道："息壤者，言土自长息无限，故可以塞洪水也。"郭璞将"息壤"解释为因地壳变动而生长出来并能够无限生长的自然神物。童稚小儿读此神话，关注的大多是引人入胜的情节；而水利工程和岩土工程技术人员读罢或许产生疑惑，这"息壤"的实物体究竟是什么东西呢？

　　李广信先生在其著作《岩土工程50讲——岩坛漫话》中，从历史渊源和专业实践的角度阐释了"息壤"是一种古代人民发明的河工技术。在远古称为"息壤"，在秦汉叫做"茨防"，宋代形成"埽"，而现代则发展成为一种水利工程中的土工合成材料综合技术。话说"兵来将挡，水来土掩"，但天然土毕竟是散碎的粒状体，在水流中会被冲散带走，所以如何将土颗粒连接成整体成了古人治水的关键技术。古人在与洪水斗争的过程中发挥了强大的学习智慧，老子在《道德经》中说："人法地，地法天，天法道，道法自然"。大自然给了远古人以启示，正如李广信先生在《息壤考》中所言，古人一定是见到河狸伐木筑坝而受启发，采用了与之相似的土体加筋与防护措施，使河流泥沙淤积、不断增长，形成所谓的"息壤"，以湮洪水。

　　远古的治水神物"息壤"经考证可以理解为，人工制造的装载着泥包、沙包和石块用以堵塞洪水的防洪堤坝。可以想象，当年鲧禹治水时砍伐了大量的竹木纤维，编织成蒲包草袋和篾笼，将土石装入并沉入水中作为堤坝的基础，再向上面间隙和两侧叠加石块蒲包草袋，不断将堤坝增高增厚增长。这种"道法自然"的盛土砌堤方法简单有效，至今仍在使用，比如1998年长江洪水时使用编织袋装土进行抢筑堤防和治理管涌，小型水利工程中使用土袋围堰进行施工导流。

　　将土装入袋子形成土袋，这一现代人看来不以为意的举措，流传了四千余年，世代相传，造福于民，并且可以推测其历史前身便是"息壤"的重要组成部分，在中华治水文明史上留下了神秘而光辉的一笔。不过那时的土袋还不能称为一种完善的技术，只是一种"防洪抢险"的远古工法。几千年来，该工法一直沿袭古人做法，并没有什么进展。如果说古人的智慧是"道法自然"，那么今人继承古人智慧，解明古老工法的力学原理，推广创新，使其发挥出更大的功能效益，将是一件颇具意义的事情。水利工程和岩土工程从来都是实践先于理论，经验先于科学。一些工法发展成为成套的技术需要不断地在实践中积累经验，从经验升华为科学理论，再从科学理论发展出成套的应用技术。

自 1997 年开始，笔者与其在日本名古屋工业大学的博士生导师松岗元（Hajime Matsuoka）教授一起开展了土工袋的相关研究，通过试验研究与理论分析解明了土工袋力学原理及各种工程特性。2004 年回国后，笔者在河海大学水工结构研究所工作，并继续开展这项研究十余年，结合国内现状与工程需求，先后开展了土工袋柔性挡墙工作性状及设计理论、土工袋基础减振隔震技术、土工袋防渠道冻胀技术、"土代石"筑堤技术、土工袋处理膨胀土技术、固体废弃物土工袋及应用等成套技术研究。

本书是作者对该项研究工作的一个阶段性总结，尝试将历来用于抢险和临时工程的土袋用于各类半永久或永久工程，希望将这项古老的工法发展成为一项适应时代发展的，环保、经济、实用的土工袋技术，推广应用于土木和水利工程中。

本书主要包括以下几个方面的内容：第 1 章主要介绍研究土工袋的灵感起源；第 2 章主要介绍土工袋强度及变形特性；第 3 章主要介绍土工袋减振消能性能；第 4 章主要介绍土工袋防冻胀特性；第 5 章主要介绍土工袋处理地基基础；第 6 章主要介绍土工袋处理膨胀土渠坡；第 7 章主要介绍土工袋柔性挡土墙；第 8 章主要介绍在市政工程中的应用。

衷心感谢日本名古屋工业大学的松岗元教授引导作者开展土工袋技术的研究；衷心感谢国务院南水北调工程建设委员会原总工程师及专家委员会副主任汪易森先生多年来对作者的鼓励与支持；感谢南京陆屿工程有限公司胡晓平对土工袋技术推广应用所做的努力。本书的部分研究成果得到了江苏高校优势学科建设工程资助项目（YS11001）以及国家自然科学基金面上项目（批准号：51379066）的资助，在此表示衷心的感谢。本书的撰写过程中，参考了作者所指导的研究生白福青、王艳巧、李卓、高军军、方敏华、薛向华、李玲君等的学位论文，在此谨表谢忱。同时感谢鲁洋、樊科伟、贾凡、许雷等在读研究生在本书的编排、整理和校阅过程中付出的辛勤劳动。感谢王柳江、高娇容、朱克生、浦敏艳、王子健、李栋、宋迎俊、王建磊等其他已毕业或在读研究生在土工袋技术研究过程中给予的帮助。

限于著者的水平和工作的局限性，书中不足之处在所难免，恳请读者批评指正。

刘斯宏

2016 年 10 月于河海大学芝纶馆

目　录

第1章　研究土工袋的缘由

作者与其导师日本名古屋工业大学的松冈元（Hajime Matsuoka）教授一道于20世纪90年代开始系统地研究土工袋技术，起初是想探究一种利用土工合成材料进行地基加固的有效方法。为此，进行了一系列的地基承载力室内模型试验[1]。

承载力模型试验中地基材料选用铝棒堆积体，因为铝棒具有以下优点，能够在二维状态下较好地模拟土颗粒：

1）铝棒的比重 G_s=2.69，接近一般土颗粒的比重（约2.65）；

2）铝棒可以直立地堆积成一定的高度，在堆积体的前/后侧面不需要任何支撑，无侧壁摩擦的影响；

3）可以在铝棒堆积体的表面画上标线，用以观察铝棒堆积体在加载过程中的运动轨迹。

图1.1为模型试验照片。地基采用直径1.6mm和3mm的两种长5cm的铝棒，以重量比3：2的比例混合而成的堆积体模拟。装样完成后的铝棒堆积体初始空隙率为0.23，干密度为21.6kN/m³。

图1.1　铝棒堆积体地基承载力模型试验

传统的地基加筋方法是把加筋材料（土工织物、网状物、带状物等）水平铺设于地基中。因此，首先对传统的地基加筋方式进行了模型试验，如图1.2所示。模型试验中，加筋材料采用硬质纸模拟，硬质纸长为30cm、宽为5cm（与铝棒长度相同），允许拉应力为33～41N/cm，单位面积重量为64g/cm²；加筋纸水平设置在距离铝棒堆积体表面深为3cm处。图1.2为竖向加载后地基的变形情况。可见，加载初期铝棒会在加筋纸上方滑动，而后水平埋设在地基中加筋纸随地基一起变形，加筋纸对地基的约束作用不大，因而实测得到的基础承载力增加有限。

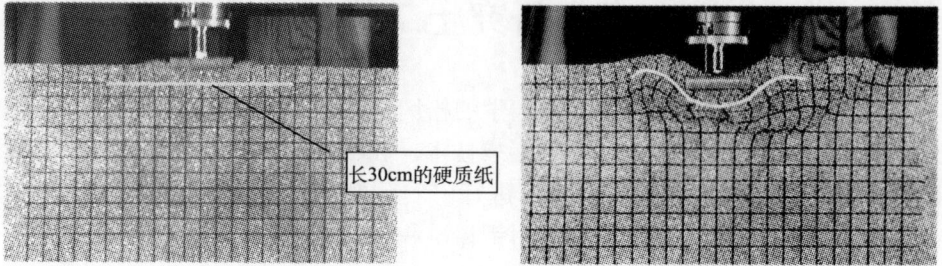

(a) 竖向加载初期铝棒在加筋纸上方产生滑动　　　　(b) 竖向加载后期加筋纸及地基一起变形

图 1.2　加筋纸水平铺设铝棒模型承载力试验

　　那么，加筋材料究竟应该如何布置在地基中才能有效地提高地基承载力呢？首先对一个条形基础受到外荷载后半无限地基的应力分布进行了分析。图 1.3 是根据弹性理论计算得到的地基中大、小主应力分布。可见，大主应力 σ_1 在条形基础下方呈放射状分布，与之垂直相交的小主应力 σ_3 则近似呈圆弧状分布。而土体单元在受到大、小主应力作用时，沿大主应力方向为压缩变形，沿小主应力方向则为伸长变形（侧向膨胀）。如果限制了土体单元的侧向变形，则需要施加更大的大主应力才能使土体单元破坏。由于土体单元的侧向变形产生土体单元的小主应变 ε_3 或者主拉应变，而其方向基本与小主应力 σ_3 方向一致，因此从理论上考虑，将柔性加筋材料沿着小主应力 σ_3 方向布置，最大限度地抑制地基的拉伸变形，应该是最有效的地基加筋方式。根据图 1.3 所示的弹性理论解，我们将传统水平铺设的加筋材改成半圆形状放置在铝棒堆积体中进行了试验，如图 1.4 所示。但是，

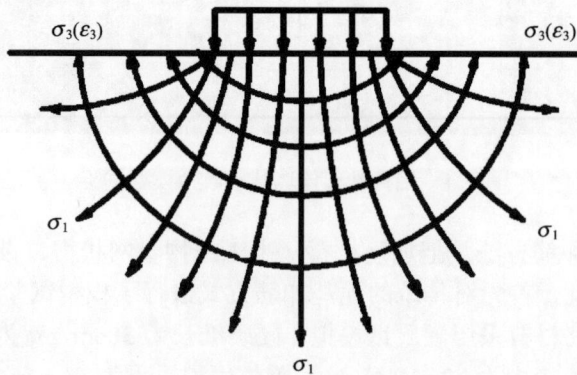

图 1.3　弹性理论计算得到的条形基础下地基主应力分布

由于加载后铝棒可以从条形基础的两侧向外移动，地基承载力提高得并没有预期的那么大，与水平铺设效果相差无几。为了解决这个问题，我们将加筋纸片两头延长，然后回折将基础两边的铝棒给包裹住，也就是说，将铝棒向基础两侧移动的通道封堵，如图 1.5 所示。这时再加载，情况发生了很大的变化：被包裹的地基变成了基础一部分，并在地基下方产生一个大的滑移线，如图 1.6 所示，同时铝棒模型基础的承载力也得到了大幅度提高（参见图 1.7）。

图 1.4　加筋纸半圆形布置情况下铝棒从基础两侧跑出

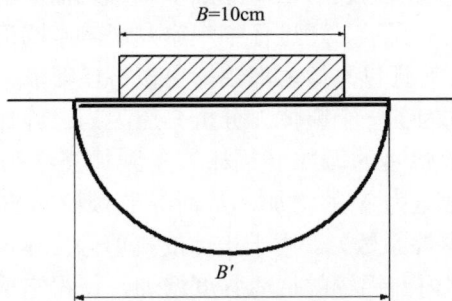

图 1.5　部分地基用加筋材圆弧状包裹

B 为基础宽度，B' 为包裹后原始宽度

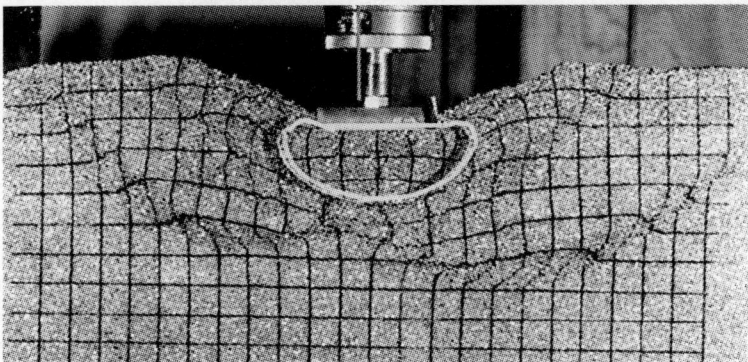

图 1.6　圆弧状包裹铝棒后地基破坏状况

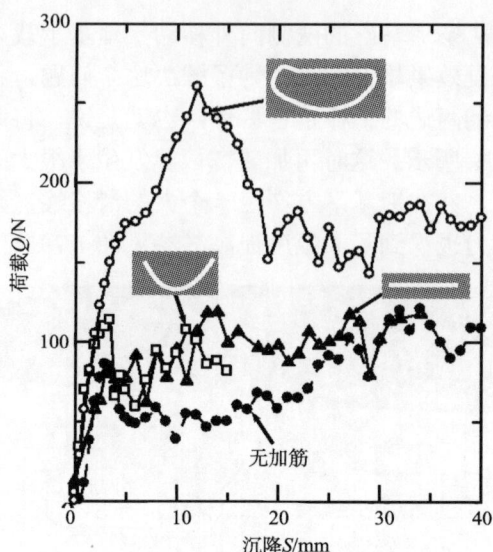

图 1.7　加筋纸三种不同布置形式下基础承载力试验结果

　　为了进一步探究半圆形包裹后铝棒基础承载力大幅度增大的原因，将半圆形包裹部分放大，如图 1.8 所示。通过仔细观察发现，半圆形包裹部分的宽度比加载前增大了几个厘米，而且包裹体内部铝棒也被挤压得非常紧密，像是被固化一般，和条形基础几乎成为了一个整体。分析其原因为：施加于基础上的外力引起了加筋纸张拉应力，被包裹的颗粒（铝棒）受到加筋纸张拉应力的作用后，导致了颗粒之间法向接触压力 N 的增加，从而导致颗粒间的滑动摩擦力 F 的增加（$F = \mu N$，μ 为颗粒间摩擦系数）。由于土体的抗剪强度本质上为摩擦强度，因此受到外力作用后包裹体内部铝棒的抗剪强度增加，使得它成为基础的一部分，从而大大提高了基础的承载力。值得注意的是，包裹体内部铝棒的抗剪强度增加是

图 1.8　半圆形包裹铝棒受外荷载作用后的放大图

在外力作用下产生的，而外力对地基基础来说通常是"外敌"，因此这里蕴含着一种"以敌制胜"的道理，在土力学中是一件非常有意思的事情。

图 1.9 为包裹式加筋地基承载力试验的离散单元法（DEM）数值模拟结果[2]，其中（a）为土体颗粒相对于条形基础的位移分布（基础的沉降值范围为 18～22.5mm），（b）为地基中土颗粒间相互作用力分布。从图 1.9（a）可以明显看出，被包裹部分的土颗粒相对于基础基本没有运动，而且在包裹体的下方形成了一个三角楔形体。也就是说，被包裹的部分其实已经与基础成为一体，变成了基础的一个部分，相当于形成了一个更深、更宽的地基基础。图 1.9（b）表示的是包裹体内部的颗粒间的作用力远远高于外部颗粒，即包裹体内颗粒的有效应力比外部的大得多。从此结果不难理解包裹式加筋地基承载力增强的道理。

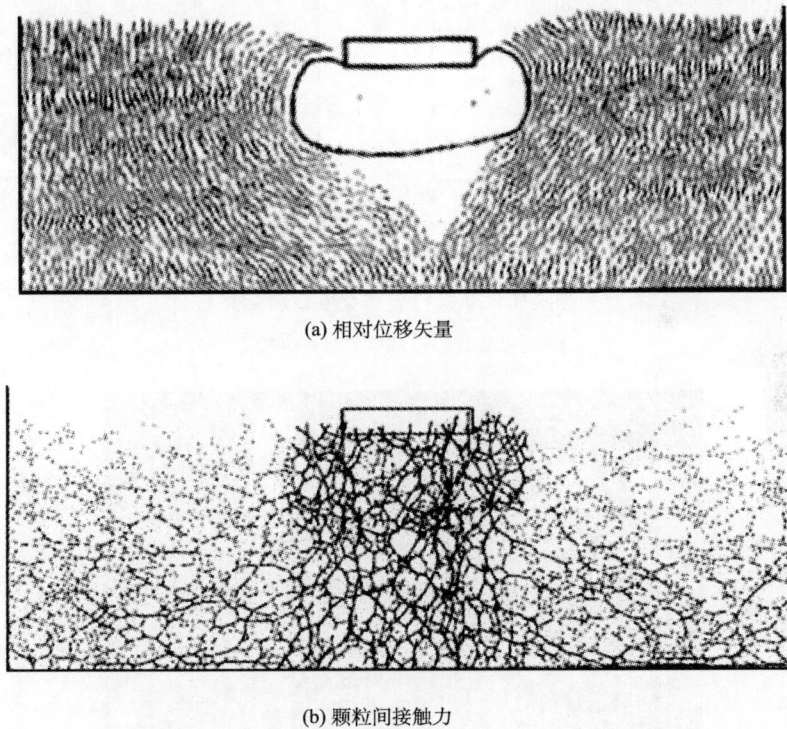

(a) 相对位移矢量

(b) 颗粒间接触力

图 1.9 包裹式加筋地基承载力试验离散单元数值模拟结果

由太沙基极限承载力公式可知，极限载荷（非承载压力）与基础宽度 B 的二次方成正比，由此可以想象增加包裹体的宽度 B' 将会更有效地提升地基承载力。因此，我们将包裹体的宽度 B' 增加到基础宽度 B 的 3 倍（基础宽度 B=10cm）和 5 倍（基础宽度 B=5cm）进行了试验。试验结果如图 1.10 所示。相比无加筋状态，理论公式计算出的极限载荷将分别增加 $3^2=9$ 和 $5^2=25$ 倍，试验结果也确实如此。但是同时可以发现，在达到极限荷载之前，基础的沉降量也在随着包裹体宽度的增加而增大，如图 1.11 所示。在基础两侧端，包裹体发生了较大的弯曲，导致基础在达到极限荷载之前产生了较大的沉降。众所周知，基础沉降对建筑物是不利的，应尽可能减小或避免。

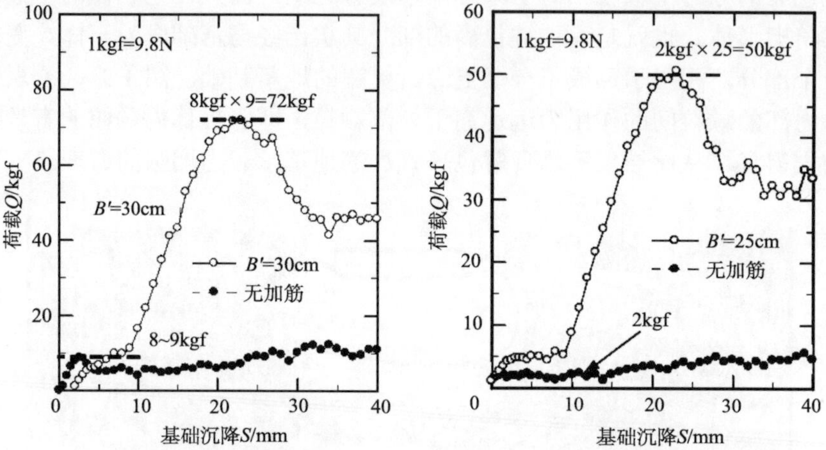

(a) B=10cm，B'=30cm　　(b) B=5cm，B'=25cm

图 1.10　加大包裹体宽度试验结果

B 为原基础宽度；B'为包裹体的宽度

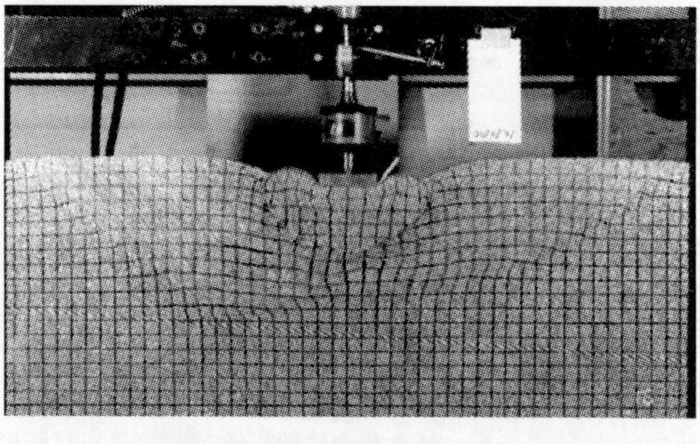

图 1.11　包装材料向基础两段突起

B =10cm，B' =30cm

那么在提高地基承载力的同时，如何才能减小基础沉降呢？为此，进行了以下两种状况下的对比试验：①将基础底部 15cm×15cm 范围的铝棒用加筋纸整体包裹，②将同一范围内的铝棒等分成 6 层进行包裹，每层为 15cm×2.5cm 的长方形。

图 1.12 与图 1.13 分别为两种状况下加载后地基内部产生的滑移线，图 1.14 为相应的荷载 Q-基础沉降 S 关系曲线。从图中可以看出，对于将基础底部 15cm×15cm 范围的铝棒整体包裹的情况，在竖向加载过程中会在包裹范围内首先出现滑动破坏，基础产生一定的沉降变形，此后继续加载，加筋纸的约束作用逐渐发挥，待包裹体内铝棒被固化成与基础为一体时，荷载继续增大，直至出现峰值后包裹体下方地基内出现另外一条较大、较深的滑动面；而对于分六层包裹的情况，包裹体内的铝棒加载开始阶段就受到了加筋纸的约束，包裹体的侧向膨胀变形较小，加载 Q-S 曲线斜率（dQ/dS）比整体包裹情况要陡，在分层包裹体内没有出现滑动面，仅在总体包裹范围底部的铝棒堆积体中出现一个大的滑动面，最后达到的峰值荷载也较大。该对比试验表明，包裹式加筋地基在地基承载力提高方面虽然非常明显，但为了减小基础沉降，一次性包裹范围不能太大，应该采用小范围包裹，然后叠层组合。

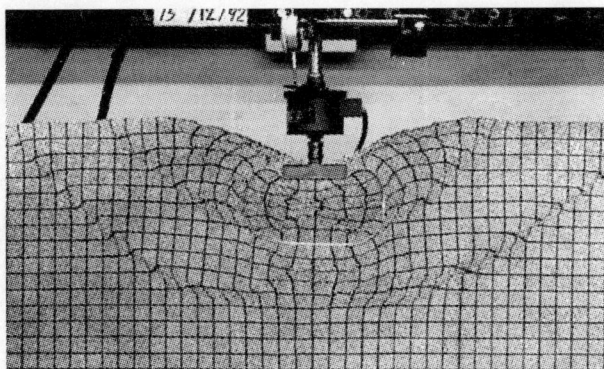

图 1.12　15cm×15cm 范围整体包裹地基中出现的双滑移线

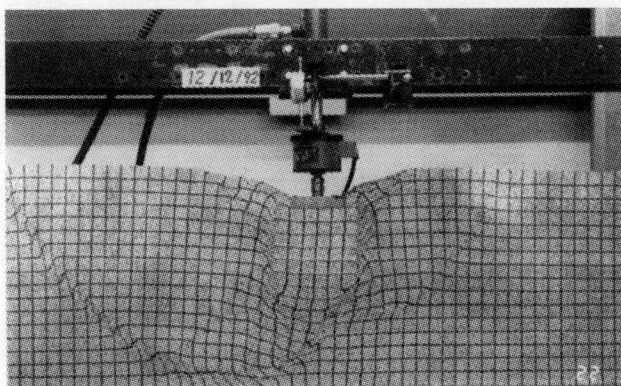

图 1.13　15cm×15cm 范围分六层包裹地基中出现的滑移线

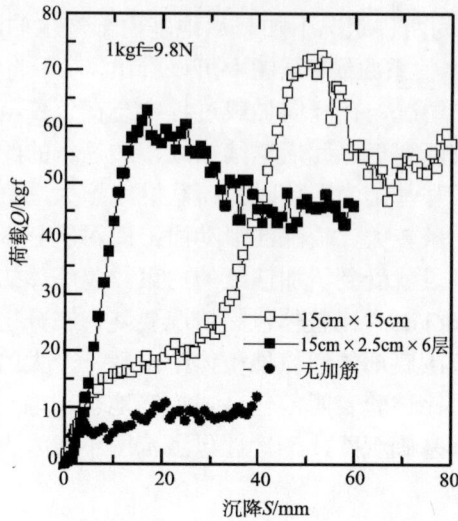

图 1.14　15cm×15cm 范围整体包裹与分 6 层包裹 Q-S 关系曲线的对比

以上试验结果表明，包裹式加筋地基承载力提高效果非常明显，但每个包裹体面积不能过大。为此，我们将同样数目的铝棒用 4cm×1.5cm 的纸包裹并用不同方式堆砌于基础底部（如图 1.15 所示），其对应的承载力模型试验结果示于图 1.16。可以看出，不管小包裹体的排列方式如何，基础的极限荷载随着包裹体的数量的增加而增大。

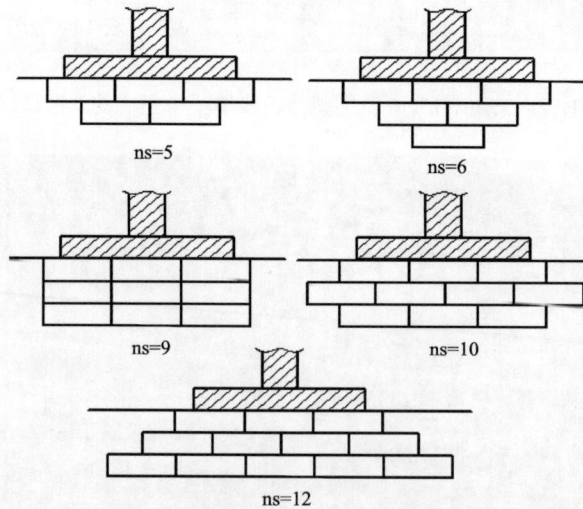

图 1.15　不同数量的小铝棒包裹体在基础底部的排列方式

基础宽 B=10cm，每个包裹体尺寸 4cm×1.5cm，ns 为包裹体数量

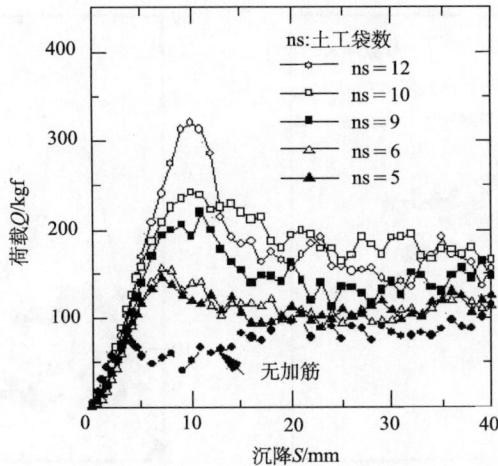

图 1.16　不同数量、排列方式的包裹体加筋基础的承载力试验结果

综合以上铝棒堆积体地基承载力模型试验结果,我们得到以下两点重要结论:一是用加筋材包裹铝棒堆积体的一部分可有效提高地基沉载力;二是一次性包裹范围不能太大,否则会产生较大的地基变形,应该采用小范围包裹,然后叠层组合。在模型试验中,这些铝棒包裹体正是现实中广泛使用的土工袋二维模型。这就意味着,土工袋可以有效地加固地基。这就是我们开始研究土工袋技术的缘由。

为了进一步研究土工袋与常规水平设置加筋材提高基础承载能力的措施,进行了两者的对比模型试验。图 1.17(a)是分别用六层土工袋和六层与土工袋长度相同的纸片加筋基础的模型试验结果。可以看出,六层土工袋的极限承载力比六层纸片的高,而所产生的基础沉陷却要小。这是因为土工袋内部颗粒被完全约束,形成了一个更广更深的基础,而对于水平加筋纸,一些颗粒从增强区域的两个侧面中逸出,导致加固区域的宽度变小,进而引起沉降量增大、极限承载力降低。图 1.17(b)为 12 个土工袋三角形布置(参见图 1.15)与三层加筋纸按同样方式布置(纸的长度分别为 12cm、16cm、20cm,层间距 1.5cm)的比较。同样,12 个土工袋加筋的极限承载力最高、对应的基础沉降也最小。以上试验结果表明,土工袋加筋地基比常用的水平加筋更为有效、更为可靠。

外力作用于刚性基础后,在地基中沿放射状向下传递(参见图 1.3)。如果将土工袋的排列方式进行一定的优化,即主要布置在抵抗地基受力的方向(三角形布置),且每层土工袋水平向相互连接,则地基承载力提高的幅度会更大。图 1.18 为土工袋按此排列方式的地基变形及试验结果。可见,与无土工袋加筋相比,极限承载力提高了近 10 倍,充分显示了土工袋的加筋效果。

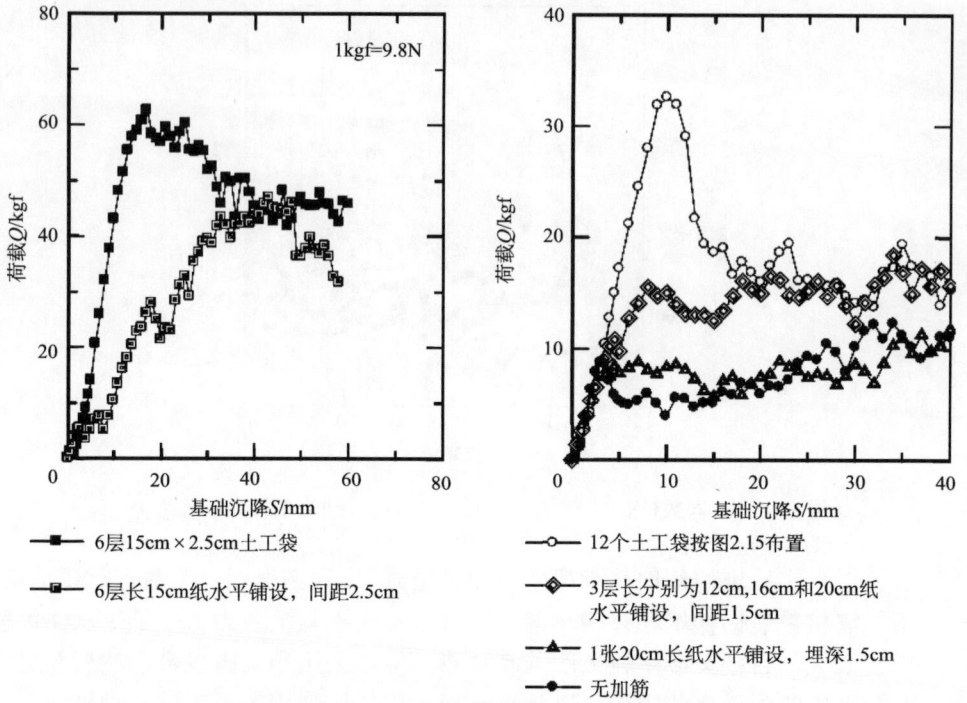

图 1.17　土工袋与水平加筋效果比较

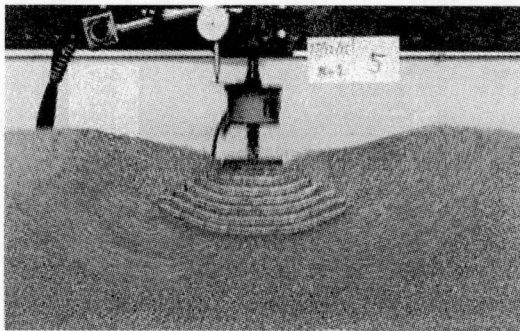

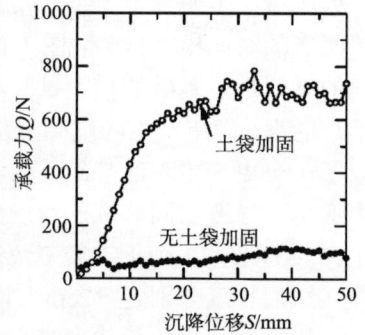

图 1.18　土工袋加固地基模型试验结果

第 2 章　土工袋强度及变形特性

前面我们叙述了研究大家熟知的土工袋的原因，并从感性认识上阐明了土工袋具有高压缩强度的理由，本章从理论上解明土工袋强度增长的机理，分析土工袋的强度变形特性。

2.1　土工袋强度特性

室内模型试验表明：将土工袋放入地基中，受到外力作用后，土工袋本身具有很高的强度，成为基础的一部分，从而大大提高地基承载力。根据模型试验的观察结果，总结出了土工袋强度提高的原理，如图 2.1 所示，即：将土石材料装入具有一定规格与材料特性的编织袋中形成的土工袋，在外力作用下其整体发生

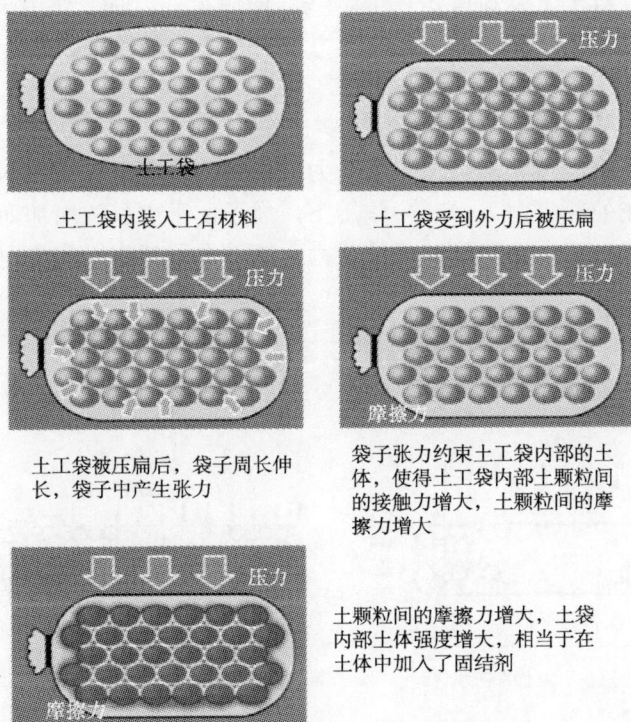

土工袋内装入土石材料	土工袋受到外力后被压扁
土工袋被压扁后，袋子周长伸长，袋子中产生张力	袋子张力约束土工袋内部的土体，使得土工袋内部土颗粒间的接触力增大，土颗粒间的摩擦力增大
	土颗粒间的摩擦力增大，土袋内部土体强度增大，相当于在土体中加入了固结剂

图 2.1　土工袋强度提高原理

压缩变形，从而引起袋子周长的伸长，在袋子中产生一个张力 T。袋子张力 T 反过来又约束土工袋内部的土体，使得土工袋内部土颗粒间的接触力 N 增大。根据摩擦定律 $F = \mu N$，接触力 N 增大，土颗粒间的摩擦力 F 也就增大，这就意味着土工袋内部土体的抗剪强度增大，其效果相当于在土体中加入了固结剂。对于上述土工袋的强度提高原理，可以进一步用理论公式来表述。

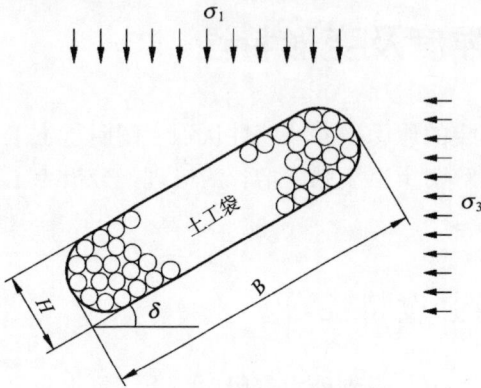

图 2.2　土工袋倾角 δ 的定义

为方便分析，作用在土工袋上的外力用大、小主应力表示。定义作用在土工袋上的大主应力方向与土工袋短轴的夹角为 δ（简称土工袋倾角），如图 2.2 所示。

2.1.1　垂直荷载作用下土工袋强度（$\delta = 0°$）

首先我们分析土工袋倾角 $\delta = 0°$ 的情况，即假定外力垂直作用于土工袋，大主应力方向与土工袋短轴平行、小主应力方向与土工袋长轴平行。

1. 土工袋极限抗压强度理论公式

图 2.3 为二维应力状态下土工袋受力分析图，将土工袋简化为平面应变问题考虑。土工袋在外部应力 σ_{1f} 和 σ_{3f} 作用下，袋子由于周长的增加而产生了一个张力 T。根据图 2.3（a）土工袋截面的受力平衡，张力 T 作用在袋内土体单元上产生的应力分量为：

$$\sigma_{1b} = \frac{2T}{B}, \quad \sigma_{3b} = \frac{2T}{H} \tag{2.1}$$

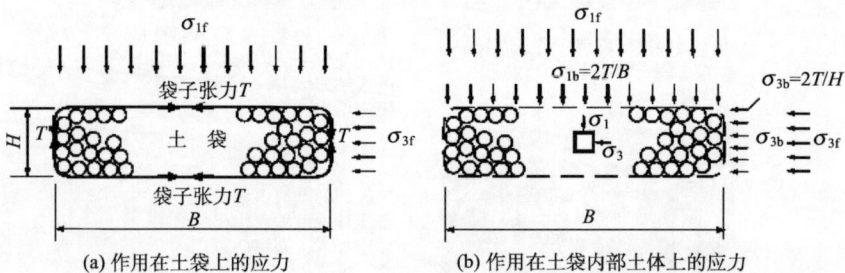

(a) 作用在土袋上的应力　　　　　(b) 作用在土袋内部土体上的应力

图 2.3　二维应力状态下土工袋受力分析

此时，作用于袋内土体上的总应力为外部应力（σ_{1f}，σ_{3f}）与由土工袋张力 T 引起的附加应力（σ_{1b}，σ_{3b}）之和，即

$$\begin{cases} \sigma_{1f} + \sigma_{1b} = \sigma_{1f} + \dfrac{2T}{B} \\[3mm] \sigma_{3f} + \sigma_{3b} = \sigma_{3f} + \dfrac{2T}{H} \end{cases} \tag{2.2}$$

式中，B、H 分别为土工袋的宽度和高度。

当袋内土体处于极限破坏状态时，根据 Mohr-Coulomb 强度破坏准则（参见图 2.4），可得

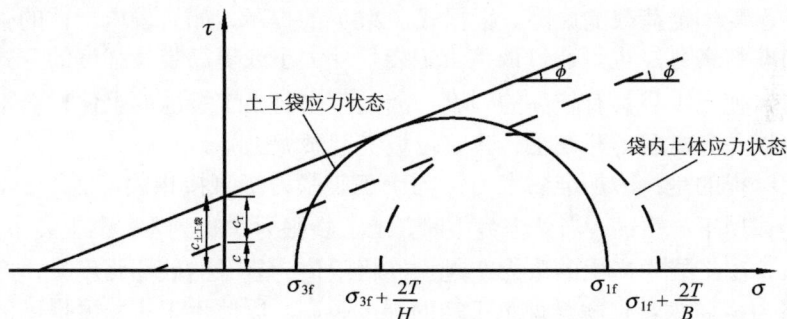

图 2.4　二维应力状态下土工袋强度包线

$$\frac{\sigma_{1f} + 2T/B - (\sigma_{3f} + 2T/H)}{2} = \frac{\sigma_{1f} + 2T/B + (\sigma_{3f} + 2T/H)}{2} \cdot \sin\phi + c \cdot \cos\phi \tag{2.3}$$

整理得

$$\sigma_{1f} = \sigma_{3f} \cdot \frac{1+\sin\phi}{1-\sin\phi} + \frac{2T}{B}\left(\frac{B}{H} \cdot \frac{1+\sin\phi}{1-\sin\phi} - 1\right) + \frac{2c \cdot \cos\phi}{1-\sin\phi} \tag{2.4}$$

式中，c、ϕ 分别为袋内土体的黏聚力和内摩擦角。令 $K_p = (1+\sin\phi) / (1-\sin\phi)$（相当于土工袋内部土体的被动土压力系数），则式（2.4）可改写为

$$\sigma_{1f} = \sigma_{3f} \cdot K_p + \frac{2T}{B}\left(\frac{B}{H} \cdot K_p - 1\right) + 2c\sqrt{K_p} \tag{2.5}$$

假定土体装入土工编织袋后，其内摩擦角 ϕ 保持不变。土体未装入编织袋时，其 Mohr-Coulomb 强度公式为：$\sigma_{1f} = \sigma_{3f} \cdot K_p + 2c\sqrt{K_p}$。此时，可将土工袋整体作为一种复合材料，则从式（2.5）中可以得出土工袋整体的等效黏聚力为袋内土体本身的黏聚力与袋子张力产生的附加准黏聚力 c_T 之和，即：

$$c_{\text{土工袋}} = c + \frac{T}{B\sqrt{K_\mathrm{p}}}\left(\frac{B}{H}K_\mathrm{p} - 1\right) = c + c_T$$

$$c_T = \frac{T}{B\sqrt{K_\mathrm{p}}}\left(\frac{B}{H}K_\mathrm{p} - 1\right)$$

(2.6)

从式（2.6）可知，土工袋的作用在于附加准黏聚力 c_T，而这个附加准黏聚力 c_T 是袋内土体自身强度、袋体强度（张力）及袋体形状（长度 B、高度 H）综合作用的结果。袋内土体强度对附加准凝聚力 c_T 无直接影响，它通过被动土压力系数 K_p 间接反映。在 $\phi = 0°$ 的极端情况下（相当于袋内装的是水），$K_\mathrm{p} = 1$，由于土工袋的宽度 B 一般总是大于高度 H，此时附加准黏聚力 c_T 仍大于 0，这就是水袋上也能承受一定荷载的原因。根据式（2.6）的提示，如果袋内土体的强度很低时，附加准黏聚力 c_T 也可通过调整土工袋尺寸大小或提高袋体强度的方式达到一个较大值，使土工袋具有较高的强度，因此可以对土工袋内的土体材料不作严格限制，可以是各类现场开挖土、建筑垃圾甚至淤泥土等。

值得一提的是：附加准黏聚力 c_T 与土工袋张力 T 直接相关，而土工袋张力 T 是在外力作用下产生的。当外力为零时，土工袋张力 T 也为零，土工袋不起作用；外力越大，土工袋中产生的张力 T 越大（极限值为袋子的破坏强度），产生的附加准黏聚力 c_T 越大，也就是说土工袋的强度越高。因此土工袋强度提高的原动力是外力，它蕴含了一个"借力打力、克敌制胜"的有趣道理。

上文在推导土工袋的极限强度公式（2.6）时，采用平面应变问题而简化了土工袋的受力状态，分析时忽略了中主应力 σ_2 对土工袋强度的影响，同时也忽略了土工袋长度方向（L 方向）的加筋作用。在实际工程中，式（2.6）符合长度远大于宽度的土工袋形态（类似于长管袋）的计算要求，而对于长宽比例相近的土工袋，以三维空间受力状态分析它的力学特性更符合实际情况。为此，以下将从三维应力空间角度出发，拓展土工袋的极限强度公式。

图 2.5 为三维受力状态的土工袋示意图。将土工袋简化为长、宽、高分别为 L、B、H 的长方体形态，假定主应力的作用方向与土工袋表面垂直，根据各中截面的受力平衡条件可得袋子产生的附加应力为

$$\begin{cases} \sigma_{1\mathrm{b}} = \dfrac{2T}{B} + \dfrac{2T}{L} \\[2mm] \sigma_{2\mathrm{b}} = \dfrac{2T}{H} + \dfrac{2T}{B} \\[2mm] \sigma_{3\mathrm{b}} = \dfrac{2T}{H} + \dfrac{2T}{L} \end{cases}$$

(2.7)

此时，袋内土体的主应力大小分别可以为（图 2.5）

$$\begin{cases} \sigma_1 = \sigma_{1f} + 2T\left(\dfrac{1}{B}+\dfrac{1}{L}\right) \\[2mm] \sigma_2 = \sigma_{2f} + 2T\left(\dfrac{1}{H}+\dfrac{1}{B}\right) \\[2mm] \sigma_3 = \sigma_{3f} + 2T\left(\dfrac{1}{H}+\dfrac{1}{L}\right) \end{cases} \tag{2.8}$$

式中，σ_{1b}、σ_{2b}、σ_{3b} 分别为与袋子张力 T 对应的附加大、中、小主应力。

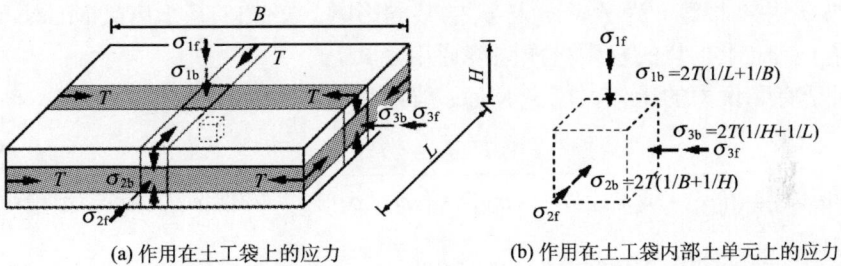

(a) 作用在土工袋上的应力　　　　　　(b) 作用在土工袋内部土单元上的应力

图 2.5　空间应力状态下的土工袋受力分析图

根据 Mohr-Coulomb 强度破坏准则（参见图 2.6），极限状态时袋内土体的大、小主应力关系为

$$\begin{aligned} \sigma_{1f} &= \sigma_{3f}K_p + 2c\sqrt{K_p} + \left[2T\left(\frac{1}{H}+\frac{1}{L}\right)K_p - 2T\left(\frac{1}{B}+\frac{1}{L}\right)\right] \\ &= \sigma_{3f}K_p + 2(c+c_T)\sqrt{K_p} \end{aligned} \tag{2.9}$$

即，基于 Mohr-Coulomb 破坏准则的三维土工袋的总黏聚力 $c_{土工袋}$ 为

$$c_{土工袋} = c + c_T = c + \frac{T}{\sqrt{K_p}}\left[\left(\frac{1}{H}+\frac{1}{L}\right)K_p - \left(\frac{1}{B}+\frac{1}{L}\right)\right] \tag{2.10}$$

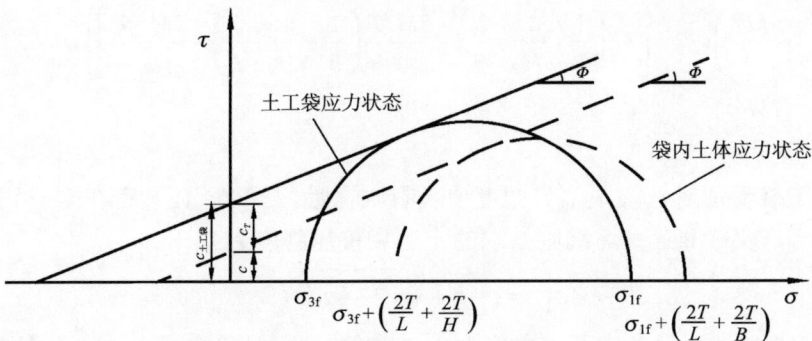

图 2.6　空间应力状态下的土工袋受力分析图

比较分析式（2.6）和式（2.10）可知，按照三维应力空间分析得到的土工袋附加黏聚力较二维平面问题增加了 $T(K_\mathrm{p}-1)/(L\sqrt{K_\mathrm{p}})$ 项，体现了土工袋长度方向对强度的贡献。由于被动土压力系数 $K_\mathrm{p}>1$，因此，式（2.10）分析得到的土工袋强度大于式（2.6），即按二维平面问题分析土工袋的强度值偏小。

公式（2.6）与式（2.10）分别为基于 Mohr-Coulomb 强度准则建立的土工袋强度公式，它形式简单，但忽略了中间主应力 σ_2 的影响，也忽略了该方向袋子张力 T 产生的附加应力 $\sigma_{2\mathrm{b}}$。而在一些实际工程中，如护坡工程临空面附近的土工袋，其 σ_2 与 σ_3 并不相等。为考虑 σ_2 与 σ_3 的共同影响。文献[3]基于广义 Mises 破坏准则推导了三维土工袋的极限抗压强度通用公式。

对于有黏聚力的土体，广义 Mises 破坏准则[4]表达式为

$$q=M（p+p_\mathrm{r}） \tag{2.11}$$

其中：$q=\dfrac{1}{\sqrt{2}}\sqrt{(\sigma_1-\sigma_2)^2+(\sigma_2-\sigma_3)^2+(\sigma_3-\sigma_1)^2}$，为偏应力；$p=\sigma_1+\sigma_2+\sigma_3$，为体应力，$M=6\sin\phi/（3-\sin\phi）$，$p_\mathrm{r}=c\cot\phi$。

将式（2.8）代入式（2.11）得

$$a\sigma_{1\mathrm{f}}^2+b\sigma_{1\mathrm{f}}+d=0 \tag{2.12}$$

式中：$a=\left(1-\dfrac{M^2}{9}\right)$，

$$b=\left[2T\left(\frac{1}{B}+\frac{1}{L}-\frac{2}{H}\right)-\frac{8M^2T}{9}\left(\frac{1}{B}+\frac{1}{L}+\frac{1}{H}\right)-\frac{2M^2p_\mathrm{r}}{3}-\left(1+\frac{2M^2}{9}\right)(\sigma_{2\mathrm{f}}+\sigma_{3\mathrm{f}})\right]$$

$$d=\left\{2T^2\left[\left(\frac{1}{B}-\frac{1}{L}\right)^2+\left(\frac{1}{B}-\frac{1}{H}\right)^2+\left(\frac{1}{L}-\frac{1}{H}\right)^2\right]-\left[\frac{4MT}{3}\left(\frac{1}{B}+\frac{1}{L}+\frac{1}{H}\right)+Mp_\mathrm{r}\right]^2+2M^2p_\mathrm{r}^2\right\}$$

$$+\left\{\left(1-\frac{M^2}{9}\right)\sigma_{2\mathrm{f}}^2+\left[2T\left(\frac{1}{B}+\frac{1}{H}-\frac{2}{L}\right)-\frac{8M^2T}{9}\left(\frac{1}{B}+\frac{1}{H}+\frac{1}{L}\right)-\frac{2M^2p_\mathrm{r}}{3}\right]\right\}\sigma_{2\mathrm{f}}$$

$$+\left\{\left(1-\frac{M^2}{9}\right)\sigma_{3\mathrm{f}}^2+\left[2T\left(\frac{1}{L}+\frac{1}{H}-\frac{2}{B}\right)-\frac{8M^2T}{9}\left(\frac{1}{B}+\frac{1}{H}+\frac{1}{L}\right)-\frac{2M^2p_\mathrm{r}}{3}\right]\right\}\sigma_{3\mathrm{f}}$$

$$-\left(1+\frac{2M^2}{9}\right)\sigma_{2\mathrm{f}}\sigma_{3\mathrm{f}}$$

土工袋受压时，极限临界强度值具有唯一性，式（2.12）存在唯一正解。因此，基于广义 Mises 破坏准则推求的土工袋抗压强度为

$$\sigma_{1\mathrm{f}}=(-b+\sqrt{b^2-4ad})/2a \tag{2.13}$$

式（2.13）不仅考虑了中主应力 σ_2 的影响，而且包含了土体的黏聚力指标。因此，在分析以黏性土等为装袋材料、应力状态复杂的土工袋强度时，可以采用

式（2.13）预测土工袋的极限强度值。

2. 试验验证

式(2.6)为土工袋二维应力状态下的袋子张力产生的附加准黏聚力 c_T 的公式，为验证其合理性，进行了图 2.7（a）所示的模型土工袋的二轴压缩试验。模型土工袋宽 B=15cm、高 H=3.75cm，用拉伸强度 T_f=0.36kN/m 的书法用纸包裹圆铝棒（直径 1.6mm 与 3mm，混合重量比 3∶2）制作而成。试验结果示于图 2.7（b）中，其中实直线是通过式（2.6）计算出黏聚力 c_T 后，按铝棒的内摩擦角 ϕ=25° 画出的土工袋强度破坏线，实线莫尔应力圆对应于模型土工袋破坏（包裹纸断裂）时的应力状态。由图可见，预测的土工袋强度破坏线（实线）与试验实测的莫尔应力圆基本相切，从而验证了式（2.6）的合理性。图 2.7（b）中的虚线莫尔应力圆对应于土工袋内部铝棒的应力状态,通过原点的虚直线为铝棒的强度破坏线（内摩擦角 ϕ=25°），虚线莫尔应力圆与虚直线相切。图 2.7（b）所示的试验结果表明：原属 ϕ 材料的土体（本试验为铝棒）装入土工袋后转变成了 c、ϕ 材料，其效果相当于在土体中加入了类似于水泥等的固结剂。若土工袋内的土体本身就具有一定的黏聚力 c 值，则装入土工袋后，所表现出来的土工袋整体的黏聚力会比土体本身的黏聚力大。

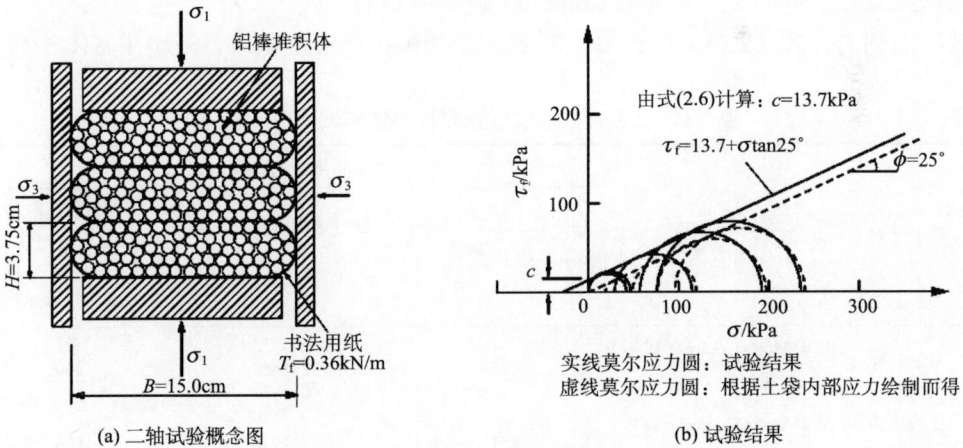

(a) 二轴试验概念图　　　　　　(b) 试验结果

图 2.7　二维模型土工袋二轴压缩试验

对于实际的土工袋，在混凝土试件用的万能压缩试验机上进行了 σ_{3f}=0 的无侧限压缩试验，如图 2.8 所示。试验采用 PE 材料的编织袋，袋子的单宽抗拉强度为 11.75kN/m，装袋土料为 ϕ=44° 的碎石料，土工袋的尺寸为 40cm×40cm×10cm。试验所得土工袋最大无侧限抗压强度为 1400～1800kPa。

图 2.8　土工袋无侧限压缩试验

分别按照式（2.6）、式（2.9）和式（2.13）计算土工袋的极限抗压强度，计算结果见表 2.1。其中，1#对应于袋内材料为碎石的土工袋无侧限压缩试验值和计算结果。为分析黏聚力和围压对强度的影响，分别计算了不同黏聚力和围压条件强度值：2#为增加 50kPa 黏聚力的土工袋强度预测值，3#为围压不等条件下的土工袋强度预测值。计算结果表明，几种强度公式的计算值与试验值都比较接近。其中，二维的土工袋强度预测值与试验值小约 10%～15%，三维预测值与试验值相差约 2%～8%；基于 Mohr-Coulomb 破坏准则的公式（2.9）与基于广义 Mises 破坏准则的公式（2.13）在计算土工袋的无侧限抗压强度值时，其结果基本一致。

表 2.1　土工袋极限抗压强度计算值与试验值比较

应力状态	强度准则与计算公式	土工袋极限抗压强度/kPa		
		1#碎石土工袋无侧限压缩试验 $\begin{pmatrix} c=0 \\ \sigma_2=\sigma_3=0 \end{pmatrix}$	2#考虑袋内材料黏聚力 c 影响 $\begin{pmatrix} c=50\,\mathrm{kPa} \\ \sigma_2=\sigma_3=0 \end{pmatrix}$	3#考虑围压影响 $\begin{pmatrix} c=0 \\ \sigma_2=50\,\mathrm{kPa} \\ \sigma_3=10\,\mathrm{kPa} \end{pmatrix}$
平面应变	基于 Mohr-Coulomb 破坏准则公式（2.6）	1250	1480	1300
三维应力状态	基于 Mohr-Coulomb 破坏准则公式（2.9）	1511	1746	1566
三维应力状态	基于广义 Mises 破坏准则公式（2.13）	1511	1732	1672
	试验值	1400～1800		

表 2.2 为不同袋内材料土工袋无侧限抗压强度试验结果。土工袋大小均为 40cm×40cm×10cm，袋内装的建筑废料、火山灰、淤泥质土等通常被认为是不良

土（石）。即使如此，土工袋的承载力至少在 20t（200kN），相当于混凝土试块抗压强度的 1/5～1/10，远远超过人们的想象。

表 2.2　不同袋内土石料土工袋无侧限抗压试验结果

袋体材料	袋内材料	承载力/kN	抗压强度/kPa
PP	建筑废料	680	2736
PP	干燥粉煤灰	266	1016
PP	粉煤灰（含水量 $w=19.5\%$）	510	1833
PE（UV）	火山灰（含水量 $w=8.5\%$）	584	2307
PE（UV）	火山灰（含水量 $w=14.6\%$）	600	1831
PP（UV）	济南市小青河岸淤泥质土	590	1460

2.1.2　倾斜荷载作用下土工袋强度（$\delta \neq 0°$）

当土工袋用于修建挡土墙之类的建筑物时，作用于土工袋上的外力不一定垂直于土工袋的长轴面，即图 2.2 所定义的土工袋倾角 $\delta>0°$。图 2.9 为一个与水平方向夹角为 δ 的二维土工袋，受到竖直方向为大主应力 σ_1 和水平方向为小主应力 σ_3 的外部荷载。当土工袋倾角 δ 较小时（这个问题将在后文中讨论），土工袋在外加主应力 σ_1 与 σ_3 作用下袋子中产生一个张力，而这个张力反过来又对袋内土体施加了一个附加应力。该附加应力 σ_{01} 和 σ_{03} 同样可由式（2.1）计算，但它们与外加应力 σ_1 和 σ_3 有 δ 的夹角。作用在袋内土体上的总应力为外加应力与张力引起的附加应力的叠加，可以由图 2.10 中的莫尔应力图而得。

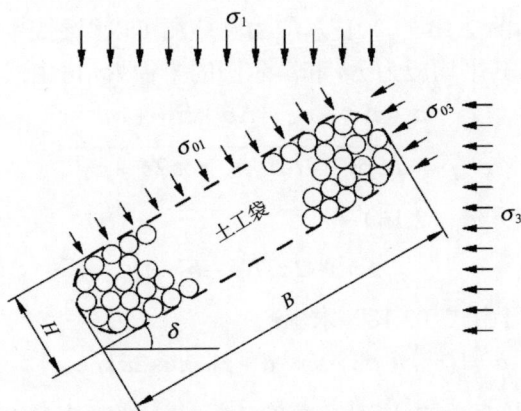

图 2.9　与外加应力夹角为 δ 的土工袋示意图

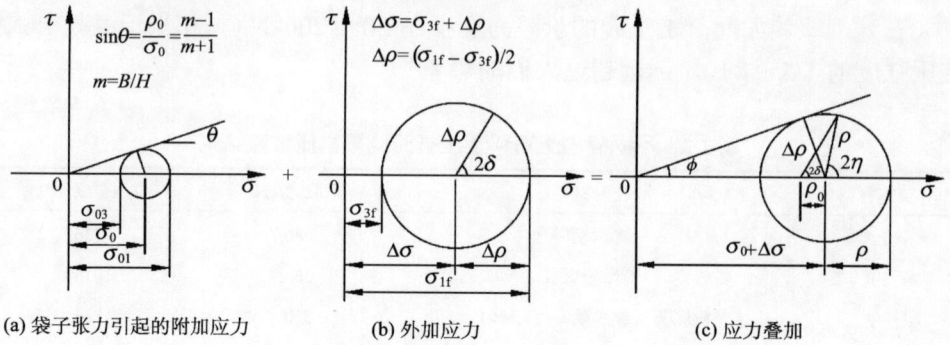

图 2.10 作用在袋内土体上的应力组成

图 2.10（a）为袋子张力对袋内土体作用的莫尔应力圆，其平均应力 σ_0 和莫尔圆的半径 ρ_0 可由下式求得

$$\sigma_0 = \frac{\sigma_{01} + \sigma_{03}}{2} = \frac{T(m+1)}{B} \tag{2.14a}$$

$$\rho_0 = \frac{\sigma_{01} - \sigma_{03}}{2} = \frac{T(m-1)}{B} \tag{2.14b}$$

图 2.10（b）为外荷载对袋内土体作用的莫尔应力圆，其平均应力 $\Delta\sigma$ 和莫尔圆的半径 $\Delta\rho$ 可由下式求得

$$\Delta\sigma = \frac{\sigma_{1f} + \sigma_{3f}}{2} = \sigma_{3f} + \Delta\rho \tag{2.15a}$$

$$\Delta\rho = \frac{\sigma_{1f} - \sigma_{3f}}{2} \tag{2.15b}$$

图 2.10（a）和图 2.10（b）莫尔应力圆叠加可以得到袋内土体的总应力，如图 2.10（c）所示，其平均应力 $\Delta\sigma$ 和莫尔圆的半径 $\Delta\rho$ 可由式（2.16）求得

$$\sigma = \Delta\sigma + \sigma_0 = \Delta\rho + \sigma_{3f} + \sigma_0 \tag{2.16a}$$

$$\rho = \sqrt{\Delta\rho^2 - 2\Delta\rho \cdot \rho_0 \cdot \cos 2\delta + \rho_0{}^2} \tag{2.16b}$$

将 $\rho = \sigma\sin\phi$ 代入式（2.16）得

$$\Delta\rho^2 - 2a \cdot \Delta\rho - b = 0 \tag{2.17}$$

式中的系数 a 和 b 可由式（2.18）求出：

$$a = [(\sigma_{3f} + \sigma_0) \cdot \sin^2\phi + \rho_0 \cdot \cos 2\delta] / \cos^2\phi \tag{2.18a}$$

$$b = [(\sigma_{3f} + \sigma_0)^2 \cdot \sin^2\phi \cdot \cos^2\phi - \rho_0{}^2 \cdot \cos^2\phi] / \cos^4\phi \tag{2.18b}$$

当 $(\sigma_{3f} + \sigma_0) \cdot \sin\phi > \rho_0 \cdot \sin(2\delta - \phi)$，公式（2.17）的解为

$$\Delta\rho = \Delta\rho' + \Delta\rho'' \tag{2.19a}$$

$$\Delta\rho' = \sigma_{3f}\left(1+\sin\phi\right)\sin\phi / \cos^2\phi \tag{2.19b}$$

$$\Delta\rho'' = \frac{T(m+1)}{B\cdot\cos^2\phi}\Big\{\sin^2\phi + \sin\theta\cdot\cos 2\delta \tag{2.19c}$$
$$+\sqrt{\left[\sin\phi + \sin\theta\cdot\sin(2\delta+\phi)\right]\cdot\left[\sin\phi - \sin\theta\cdot\sin(2\delta-\phi)\right]}\Big\}$$

另外，通过图 2.10（b）中的莫尔圆半径 $\Delta\rho$，可以得到外荷载 σ_{1f} 和 σ_{3f} 之间的关系：

$$\sigma_{1f} = \sigma_{3f} + 2\Delta\rho = \sigma_{3f} + 2\left(\Delta\rho' + \Delta\rho''\right) = \sigma_{3f}\left(1+\frac{2\Delta\rho'}{\sigma_{3f}}\right) + 2\Delta\rho'' \tag{2.20}$$

最后，结合式（2.10）和 $c\text{-}\phi$ 材料的强度表达式 $\sigma_{1f} = \sigma_{3f}K_p + 2c\sqrt{K_p}$，可以得到倾斜荷载下（$\delta\neq 0°$）袋内土体准黏聚力计算公式：

$$K_p = 1 + \frac{2\Delta\rho'}{\sigma_{3f}} = \frac{1+\sin\phi}{1-\sin\phi} \tag{2.21a}$$

$$c_T = \frac{\Delta\rho''}{\sqrt{K_p}} = \frac{T(m+1)}{B\cdot\cos\phi(1+\sin\phi)}\Big\{\sin^2\phi + \sin\theta\cdot\cos 2\delta \tag{2.21b}$$
$$+\sqrt{\left[\sin\phi + \sin\theta\cdot\sin(2\delta+\phi)\right]\cdot\left[\sin\phi - \sin\theta\cdot\sin(2\delta-\phi)\right]}\Big\}$$

式中，T 为袋子的张力；ϕ 为袋内土体的内摩擦角；m 和 θ 的定义如图 2.10（a）所示。当 $\delta=0°$ 时，式（2.21b）可简化为式（2.6）。

当 $\delta\neq 0°$ 时，袋子破坏时的张力 T 并不一定等于袋子的极限张力 T_f。假定它随着夹角 δ 变化如下：

$$T = k\cdot T_f \tag{2.22}$$

式中，k 为折减系数。根据土工袋的可能破坏机制，折减系数 k 可取以下值：

1）当 $0°\leqslant\delta\leqslant\phi$，土工袋破坏主要是由袋子的破损导致。这时，袋子的张力 T 等于其极限张力 T_f；因此，取 $k=1$。

2）当 $45°\leqslant\delta\leqslant 90°$ 时，土工袋破坏主要是袋内土体的剪切破坏，这时袋子张力 T 几乎为 0；因此，取 $k=0$。

3）当 $\phi\leqslant\delta\leqslant 45°$ 时，袋子中虽然具有张力，但并没有达到极限张力。随着夹角 δ 的增加，假定袋子张力 T 在 T_f 与 0 之间成线性变化，即 $k = (45°-\delta)/(45°-\phi)$。

为了验证以上推导的倾斜土工袋强度理论公式，进行了模型土工袋的二轴压缩试验，如图 2.11 所示。模型土工袋宽 $B=5\text{cm}$、高 $H=1\text{cm}$，用拉伸强度 $T_f=8.24\text{N/cm}$ 的书写纸包裹圆铝棒（直径 1.6mm 与 3mm，混合重量比 3∶2）制作而成。分别进行了土工袋倾角 $\delta=0°$、$15°$、$30°$、$45°$ 的二轴压缩试验。图 2.12 为试验结果与理论计算值的对比，其中实线莫尔应力圆对应于模型土工袋破坏（包裹纸断裂）时的应力状态，实直线为由式（2.21）计算出黏聚力 c_T 后，按铝

棒的内摩擦角 ϕ=25°画出的土工袋强度破坏线。由图可见，预测的土工袋强度破坏线（实线）与试验实测的莫尔应力圆基本相切，说明式（2.21）的倾斜土工袋强度公式基本正确。

图 2.11　倾斜土工袋二轴压缩试验

　　由式（2.21）计算的土工袋黏聚力 c_T 与土工袋倾角 δ 有关，记为 $c_T(\delta)$。将试验与计算得到的不同倾角 δ 下的 $c_T(\delta)$ 值除以垂直荷载作用下的 $c_T(\delta=0)$，绘制其比值与土工袋倾角 δ 的关系，如图 2.13 所示。黑点 ● 表示试验值，虚线表示式（2.21）的计算值。可见，试验点与理论计算值吻合较好，尤其是倾角 δ 较小时。倾角 δ 较大时，试验点与理论计算值有一定的偏差，这与式（2.22）对不同倾角 δ 下袋子发挥的张力 T 的假设有关。图 2.13 表明，随着倾角 δ 的增大，袋子张力引起的黏聚力 $c_T(\delta)$ 随之减小。当 $\delta \geqslant 45°$ 时，$c_T(\delta)$ 值为零，说明土工袋已不起作用。为简便起见，对于基于二维模型土工袋的试验结果（图 2.13），可以用下式拟合：

$$c_T(\delta) = \begin{cases} c_T(\delta=0°) \cdot \cos 2\delta & (0° \leqslant \delta \leqslant 45°) \\ 0 & (45° \leqslant \delta \leqslant 90°) \end{cases} \qquad (2.23)$$

其中，$c_T(\delta=0°)$ 按式（2.6）计算。

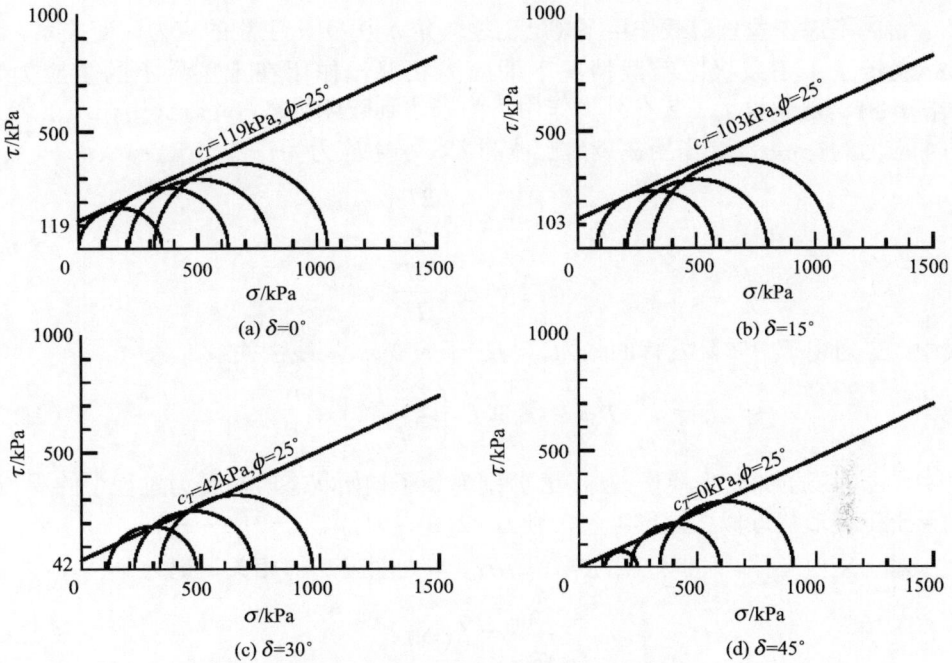

(a) $\delta=0°$

(b) $\delta=15°$

(c) $\delta=30°$

(d) $\delta=45°$

图 2.12　倾斜土工袋二轴压缩试验结果

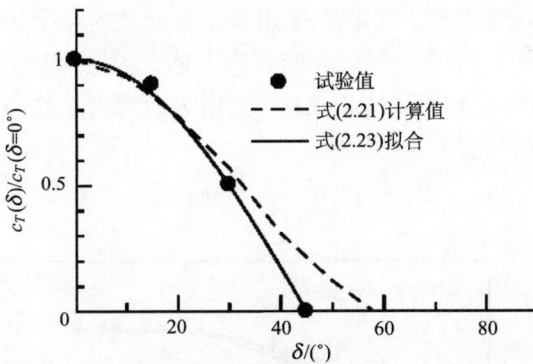

图 2.13　土工袋黏聚力随倾角的变化

2.2　土工袋应力应变关系

前面一节分析与验证了土工袋极限荷载情况下的强度公式。在实际工程中，单体土工袋强度通常高于整体结构物强度，在结构物发生破坏时土工袋单体均还处于正常状态。因此，建立土工袋强度与变形之间的关系（又称应力应变关系）更具合理性。

首先考虑在垂直荷载作用下（土工袋倾角 $\delta=0°$）土工袋的应力应变关系。图 2.3 表示了土工袋极限荷载情况下的应力状况，作用在土工袋上的主应力为 $(\sigma_{1f}, \sigma_{3f})$。现假设土工袋在外力作用下尚未达到破坏状态，此时作用在土工袋上的主应力为 (σ_1, σ_3)。作用在袋内土体的大、小主应力为 $(\sigma_{1m}, \sigma_{3m})$：

$$\sigma_{1m} = \sigma_1 + \frac{2T}{B}$$
$$\sigma_{3m} = \sigma_3 + \frac{2T}{H} \tag{2.24}$$

式中，T 为袋子中实际发挥的张力，与袋子应变 ε_b 呈线性关系。

$$T = E \cdot \varepsilon_b = E \cdot \left(\frac{L - L_0}{L_0} \right) \tag{2.25}$$

式中，E 为袋子的变形模量；L_0、L 分别为袋子初始状态时与受力过程中的周长。如果土工袋形状近似按矩形考虑，则 $L_0=2(B_0+H_0)$、$L=2(B+H)$。

对于袋内土体，主应力比 $K=\sigma_{1m}/\sigma_{3m}$ 与大主应变 ε_1 相关，记为

$$\frac{\sigma_{1m}}{\sigma_{3m}} = f(\varepsilon_1) \tag{2.26}$$

$f(\varepsilon_1)$ 最好通过袋内土体的三轴试验得到，但由于土工袋内土体多样，有时难以通过室内三轴试验得到。文献[5]采用有限单元法对单个土工袋二轴压缩试验进行了数值模拟。图 2.14 为计算得到的袋内土体主应力比与大主应变关系。土工袋压缩过程中，袋内土体主应力比随主应变增大而增大且趋向于被动土压力系数 K_p，其变化曲线可以用指数函数拟合：

$$f(\varepsilon_1) = \alpha \cdot e^{-100\varepsilon_1} + K_p \tag{2.27}$$

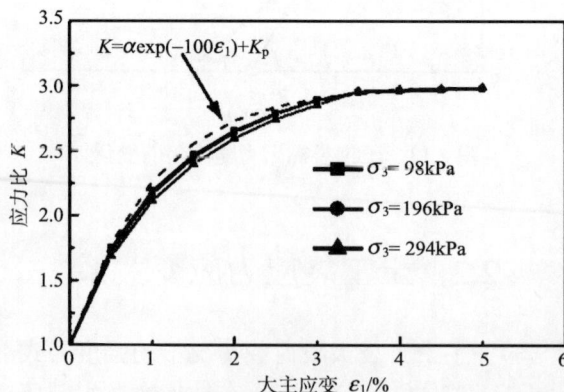

图 2.14 单个土工袋无侧限压缩试验有限元数值模拟结果

袋内土体主应力比与竖向大应变关系

式中，参数 α 与土工袋初始应力有关。当土工袋初始状态（$\varepsilon_1=0$）为等向压缩（$\sigma_{1m}=\sigma_{3m}$）时，$\alpha=1-K_p$。垂直荷载作用下土工袋大主应变 ε_1 为短轴（高度）方向上的应变 ε_y（参见图 2.15），即

$$\varepsilon_1=\varepsilon_y=\frac{H_0-H}{H_0} \qquad (2.28)$$

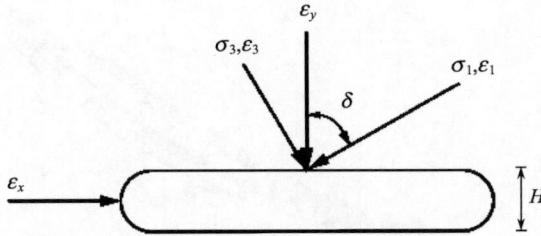

图 2.15　土工袋主应力、主应变与倾角的关系示意图

由式（2.24）与式（2.26）可得

$$\sigma_1=\sigma_3\cdot f(\varepsilon_1)+\frac{2T}{B}\left(\frac{B}{H}f(\varepsilon_1)-1\right) \qquad (2.29)$$

从上式中可以看出，当 T 达到极限值，即袋子达到极限强度 T_f，此时袋内土体主应力比 $f(\varepsilon_1)$ 趋于 K_p，上式则与式（2.5）一致（未考虑袋内土体黏聚力 c 的情况）。

假设土工袋在压缩过程中横断面面积保持不变，即 $B\cdot H\approx B_0\cdot H_0$，并定义 $n=B_0/H_0$，将式（2.25）、式（2.28）代入式（2.29），整理可得垂直荷载作用下土工袋的应力应变关系为

$$\sigma_1=\frac{f(\varepsilon_1)}{B_0}\left[\sigma_3 B_0-2E\varepsilon_y\frac{n+\varepsilon_y-1}{(n+1)(1-\varepsilon_y)}\left\{\frac{1-\varepsilon_y}{f(\varepsilon_1)}-\frac{n}{(1-\varepsilon_y)}\right\}\right] \qquad (2.30)$$

图 2.16 为不同袋内材料土工袋无侧限压缩试验得到的应力应变关系与理论公式预测对比。可见，试验得到的土工袋应力应变关系与式（2.30）预测结果基本吻合。

如果土工袋倾角 $\delta\neq 0°$，假定土工袋在变形过程中体积保持不变，即 $\varepsilon_v=\varepsilon_1+\varepsilon_3=0$，根据应变莫尔圆可以得到土工袋短轴（高度）方向上的应变 ε_y 与大主应变 ε_1 的关系为

$$\varepsilon_y=\varepsilon_1\cos 2\delta \qquad (2.31)$$

前已叙述，倾斜荷载作用下土工袋张力 T 引起的附加黏聚力 $c_T(\delta)$ 与土工袋倾角 δ 的关系为 $c_T(\delta)=c(\delta=0°)\cos 2\delta$[参见式（2.23）]。因为 $c_T(\delta)$ 与土工

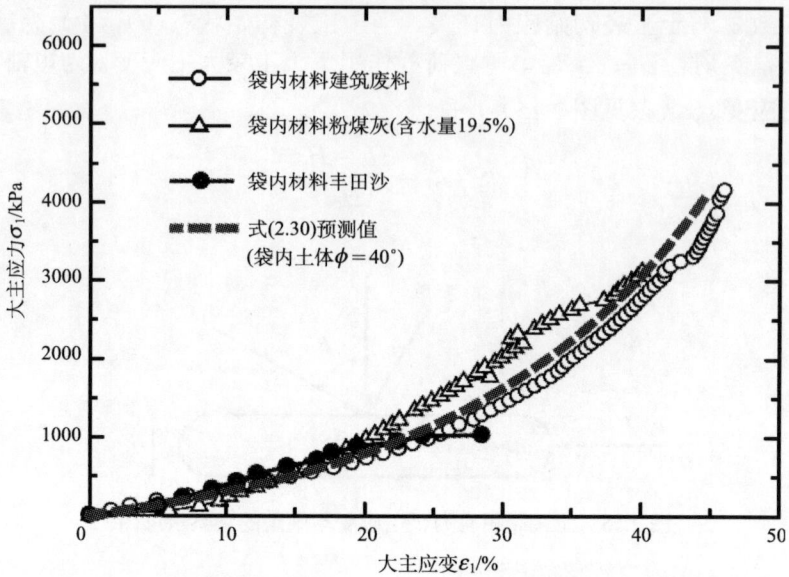

图 2.16　土工袋无侧限压缩试验应力应变关系与理论公式预测对比

袋张力 T 成正比，因此袋子变形模量 E 与土工袋倾角 δ 的关系为

$$E(\delta) = E(\delta = 0^\circ)\cos 2\delta = E\cos 2\delta \qquad (2.32)$$

将式（2.31）、式（2.32）代入式（2.30），可得倾斜荷载作用下土工袋的应力应变关系为

$$\sigma_1 = \frac{f(\varepsilon_1)}{B_0}\left[\sigma_3 B_0 - 2E(\delta)\varepsilon_y \frac{n + \dfrac{\varepsilon_y}{\cos 2\delta} - 1}{(n+1)\left(1 - \dfrac{\varepsilon_y}{\cos 2\delta}\right)}\left\{\left(1 - \dfrac{\varepsilon_y}{\cos 2\delta}\right)\dfrac{1}{f(\varepsilon_1)} - \dfrac{n}{\left(1 - \dfrac{\varepsilon_y}{\cos 2\delta}\right)}\right\}\right]$$

$$(2.33)$$

第3章 土工袋减振消能性能

将土体装入编织袋形成的土工袋，利用受力过程中产生的袋子张力约束袋内土体，使袋内土体强度提高，从而土工袋具有很高的抗压强度。同时，由于土工袋是一种柔性材料，也具有良好的减振消能性能。本章通过一系列室内外试验与现场测试，验证土工袋的减振消能效果，研究土工袋的动力特性及其影响因素，同时利用离散单元法数值模拟，解析土工袋减振消能的机理。

3.1 土工袋竖向减振试验

为验证土工袋的竖向减振效果，进行了不同袋内材料的土工袋及袋内材料的竖向激振试验，研究分析了不同袋内材料、土工袋层数及排列方式对竖向减振效果的影响。

土工袋竖向减振试验在内部尺寸为 45cm×45cm×50cm 的木制模型箱内进行。试验用编织袋原材料为聚丙烯（PP），单位面积重量（克重）110g/m²，经、纬向拉力强度分别为 25kN/m 与 16.2kN/m，经、纬向伸长率≤25%；袋内材料分别选取粗砂、细砂（河沙）和开挖壤土三种，其颗粒级配曲线如图 3.1 所示。每个聚丙烯编织袋内，袋内材料充填量控制在 70%～80%，土工袋成形后尺寸为 40cm×40cm×8cm（长×宽×高）。图 3.2（a）为土工袋竖向激振试验的示意图。每

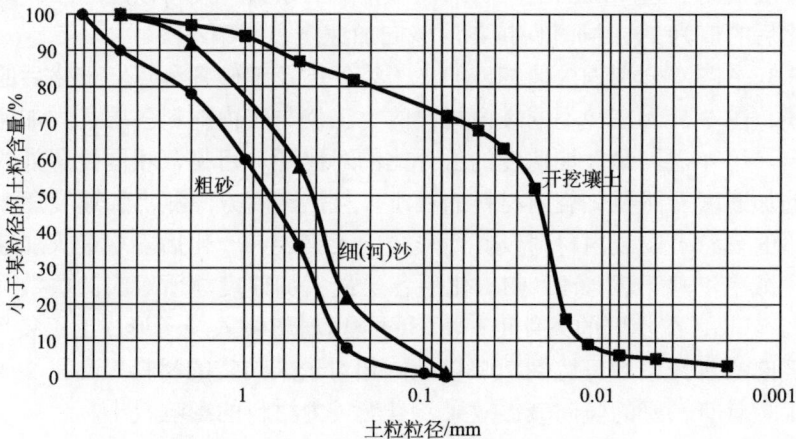

图 3.1 三种不同袋内材料的颗粒级配曲线

次试验在模型箱内垂直放入五个土工袋，每放置一个土工袋均进行击实整平，并用相应的袋内材料将模型箱四周空隙填满，在模型箱底部及土工袋层间各布设一个加速度传感器，然后在顶层土工袋表面放置一个频率 50Hz 的电动激振器。为了进行对比，在相同尺寸的木制模型箱内进行了相应袋内材料的激振试验，如图 3.2（b）所示。每次试验激振时间为 20s。

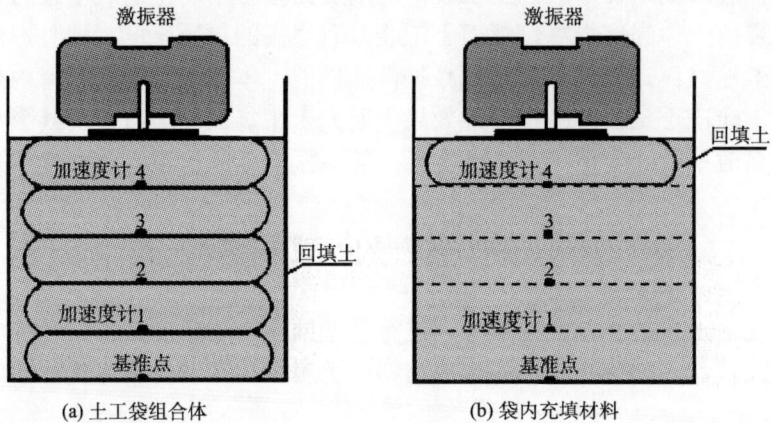

图 3.2　竖向激振试验示意图

3.1.1　最大加速度分析

考虑到试验时激振器的振动加速度不稳定，为方便、准确地比较各种工况下土工袋的竖向减振效果，对实测的绝对加速度反应进行归一化处理，即对于每次试验，各层实测加速度反应均同时乘以一相同的系数，使得顶层土工袋最大加速度归一化后的值为 $1g$，同时保持各层竖向加速度衰减率不变。

图 3.3、图 3.4 分别为内装细砂的土工袋各层及细砂各测点归一化后的加速度时程曲线。图 3.5 为三种不同袋内材料的土工袋与袋内材料各层最大加速度相对于最顶层（第 4 层）最大加速度的百分比的对比图。可见，相同位置处的测点，土工袋的加速度显然要比袋内材料的要小，且沿深度方向测点加速度逐渐减小。

试验的三种不同袋内材料及其所形成的土工袋归一化后各层最大加速度及沿竖向的衰减率汇总于表 3.1。归一化后各层最大加速度与所对应的层数关系如图 3.6 所示。可见，在相同的条件下，将不同袋内材料装入袋子形成土工袋后，其加速度沿竖向的衰减率均可达到 70%以上，相对于未装袋的材料提高了 20%以上，表明土工袋具有较好的竖向减振效果，且受袋内材料的影响较小。

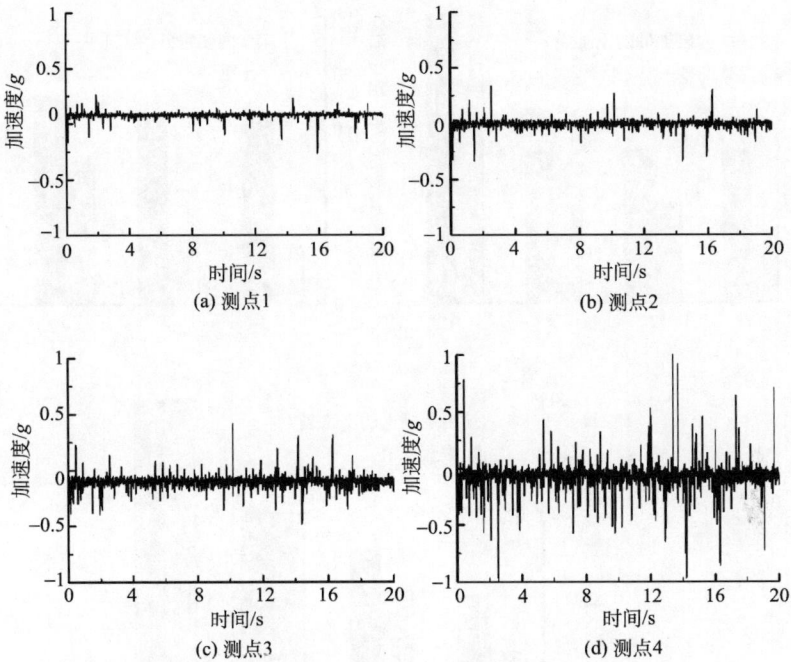

(a) 测点1　　　　　　　　　　　　(b) 测点2

(c) 测点3　　　　　　　　　　　　(d) 测点4

图 3.3　内装细砂的土工袋归一化后的加速度时程曲线

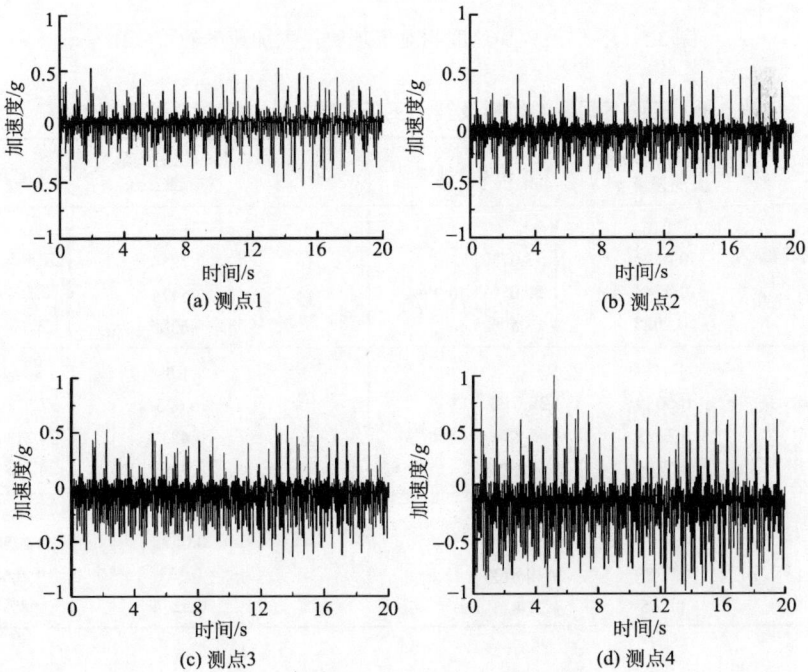

(a) 测点1　　　　　　　　　　　　(b) 测点2

(c) 测点3　　　　　　　　　　　　(d) 测点4

图 3.4　细砂归一化后的加速度时程曲线

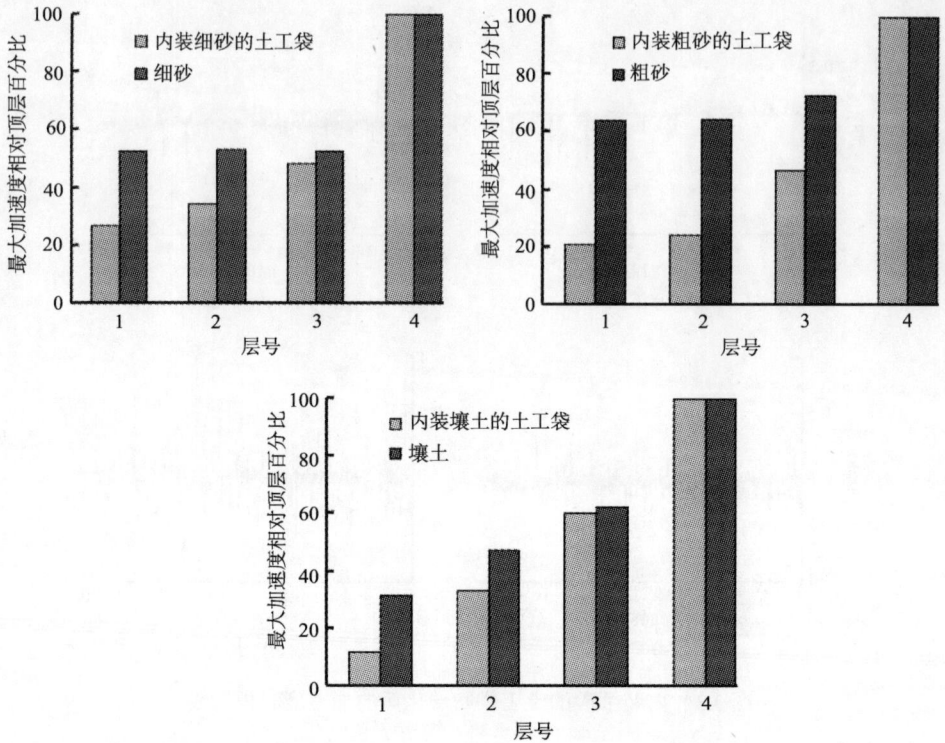

图 3.5　各层最大加速度相对于顶层最大加速度的百分比

表 3.1　三种不同袋内材料及其土工袋各层最大加速度与竖向衰减率

层号	土工袋	归一化后的最大加速度/g	加速度衰减率		袋内材料	归一化后的最大加速度/g	加速度衰减率	
4		1.0				1.0		
3	内装粗砂的土工袋	0.4693	↓53.07%		粗砂	0.7254	↓27.46%	
2		0.2344	↓50.05%	79.77%		0.6474	↓10.75%	36.15%
1		0.2023	↓13.69%↓			0.6385	↓1.37%	
4		1.0				1.0		
3	内装壤土的土工袋	0.6039	↓39.61%		壤土	0.625	↓37.5%	
2		0.3273	↓45.8%	88.96%		0.4737	↓24.21%	68.88%
1		0.1104	↓66.27%↓			0.3112	↓34.3%	
4		1.0				1.0		
3	内装细砂的土工袋	0.4828	↓51.72%		细砂	0.6578	↓34.22%	
2		0.3389	↓29.81%	73.5%		0.531	↓19.28%	47.26%
1		0.265	↓21.81%↓			0.5274	↓0.68%↓	

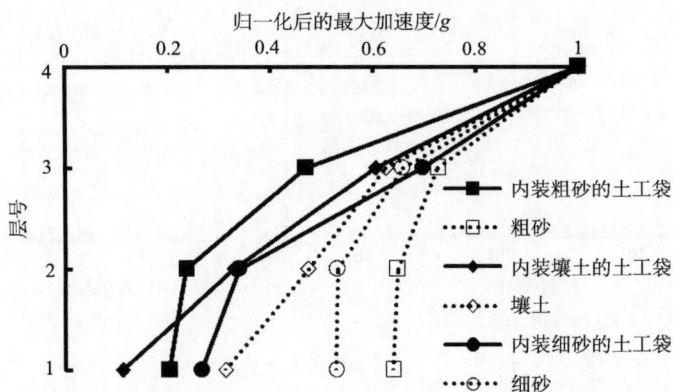

图 3.6　三种不同袋内材料及其土工袋各层最大加速度分布

3.1.2　频响函数分析

频响函数是在频域中描述系统输入-输出传递特性的一种函数[6]，平稳随机激励时，是指输出和输入的互谱与输入的自谱之比。这里假设输入信号 $f(t)$ 和输出信号 $x(t)$ 的频谱分别为 $F(f)$ 和 $X(f)$，输出和输入的互谱为 G_{XF}，输入的自谱为 G_{FF}，则这两个信号之间的频响函数 $H(f)$ 表示为

$$H(f) = G_{XF} / G_{FF} \tag{3.1}$$

以图 3.2 所示基准点为参考点，对各层土工袋及袋内材料的加速度幅值进行频响函数分析，其结果如图 3.7 所示。由此得到的共振频率及相应的频响函数值见表 3.2，并绘于图 3.8 中。由于本试验是在上方激励，故共振频率下频响函数 $H(f)$ 越大，说明减振效果越好。可见，对于试验的三种袋内材料与相应的土工袋，其频响函数均是从上至下逐层减小（细砂在第 2 层出现一奇异点）。对于每一层来说，除壤土由于制样时不易击实导致第 2、3 层共振频率下的频响函数大于内装壤土的土工袋外，三种不同袋内材料的土工袋的频响函数均大于相应的袋内材料的频响函数，进一步表明土工袋较其袋内材料具有更好的减振效果。另外，从共振频率来看，对于试验的三种材料，土工袋的共振频率均小于相应袋内材料的共振频率，从而表明土工袋还具有减小共振频率、延长自振周期的作用。

表 3.2　三种袋内材料及相应土工袋共振频率 f 下的频响函数 $H(f)$ 汇总

层号	内装细砂的土工袋（f=24.41Hz）	细砂（f=38.09Hz）	内装壤土的土工袋（f=19.53Hz）	壤土（f=41.50Hz）	内装粗砂的土工袋（f=3.91Hz）	粗砂（f=24.41Hz）
1	38.08	8.19	7.19	5.87	6.94	3.70
2	77.81	6.45	9.45	21.15	16.24	9.05
3	109.82	11.92	13.31	44.46	49.92	24.08
4	303.90	68.28	90.97	59.15	168.01	37.20

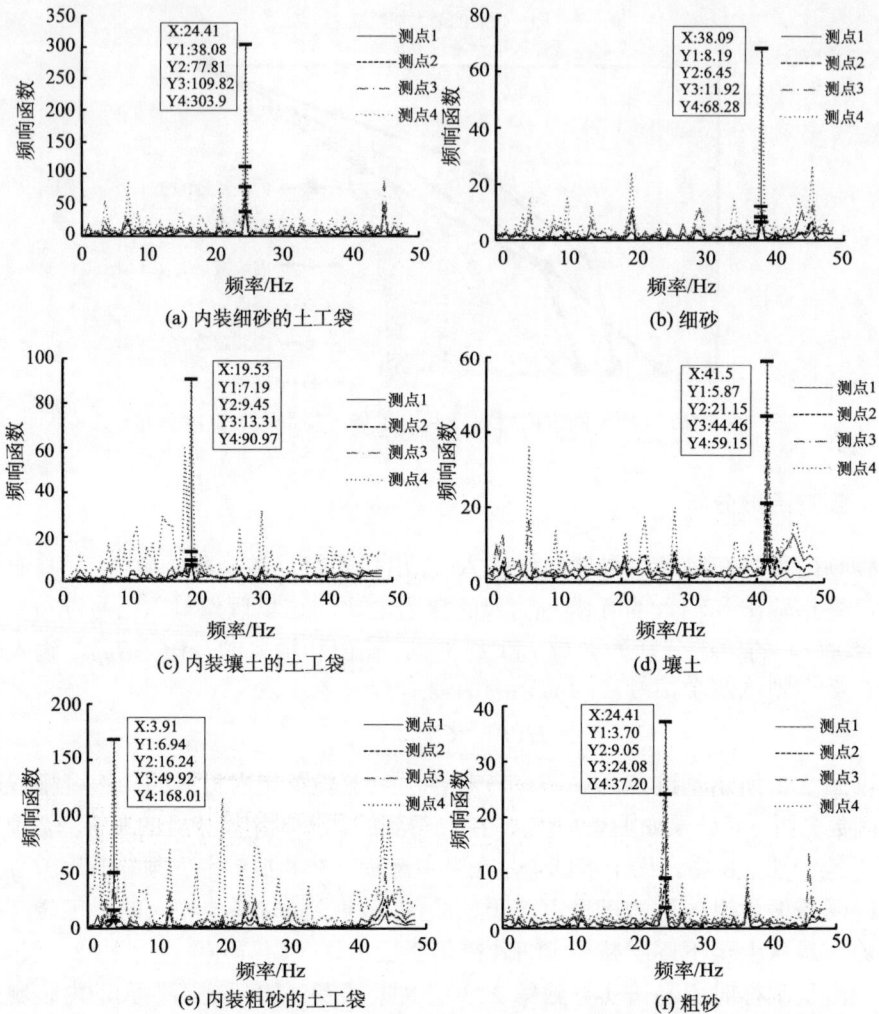

图 3.7　三种袋内材料及相应土工袋的频响函数

3.1.3　土工袋层数的影响

由上述试验结果可见，土工袋的竖向减振效果受袋内材料的影响较小，对于试验采用的三种袋内材料的土工袋均有较好的减振效果。由于内装天然河沙（细砂）的土工袋容易击实整平、制样比较方便，下面采用内装天然河沙的土工袋进行不同层数及不同排列方式的竖向激振试验。

为研究土工袋竖向振动衰减随高度（层数）的变化规律，进行了图 3.9 所示的不同层数（3～8 层）土工袋的竖向激振试验。

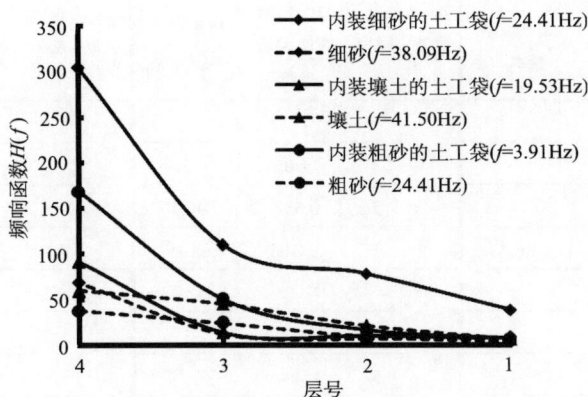

图 3.8 三种袋内材料及相应土工袋共振频率下的频响函数 $H(f)$

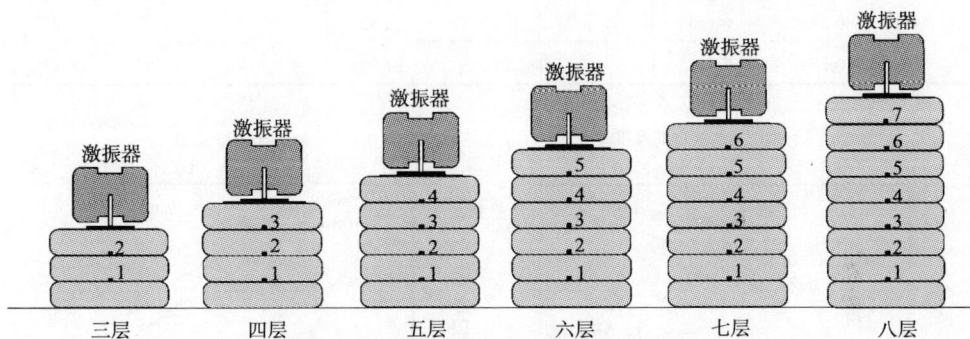

图 3.9 不同层数土工袋激振试验示意图

　　同样，将实测的最大加速度进行归一化处理，使最顶层土工袋的最大加速度为 $1g$。各测点归一化后的最大加速度及其相对于顶部测点的最大加速度衰减率示于表 3.3 中。图 3.10 为不同层数土工袋归一化后的实测最大加速度及竖向衰减率沿高度方向的分布图；图 3.11 为最底层相对于最顶层最大加速度的衰减率。可见，对于不同层数的土工袋试样，从顶层开始往下，第一层到第二层和第三层的最大加速度衰减率都比较大，从第三层以下衰减率增加不明显。从图 3.11 可以看出，四层土工袋以上时，最底层相对于最顶层最大加速度衰减率与土工袋层数关系不大，说明土工袋竖向的减振效果主要集中在顶部三层土工袋内。因此，实际应用中设置 3~4 层土工袋即能达到较好的减振效果。

表 3.3　不同层数土工袋归一化后最大加速度及其相对于顶层土工袋的衰减率

层数	层号	归一化后的最大加速度	加速度衰减率/%	层数	层号	归一化后的最大加速度	加速度衰减率/%	层数	层号	归一化后的最大加速度	加速度衰减率/%
								五层	4	1.0	
				四层	3	1.0			3	0.5832	41.68
三层	2	1.0			2	0.537	46.3		2	0.4629	53.71
	1	0.638	36.2		1	0.3185	68.15		1	0.2918	70.82
								八层	7	1.0	
					6	1.0			6	0.6046	39.54
	5	1.0			5	0.5846	41.54		5	0.3815	61.85
六层	4	0.8082	19.18	七层	4	0.2823	71.77		4	0.2712	72.88
	3	0.4738	52.62		3	0.259	74.1		3	0.2189	78.11
	2	0.3975	60.25		2	0.2167	78.33		2	0.203	79.7
	1	0.2649	73.51		1	0.1205	87.95		1	0.0983	90.17

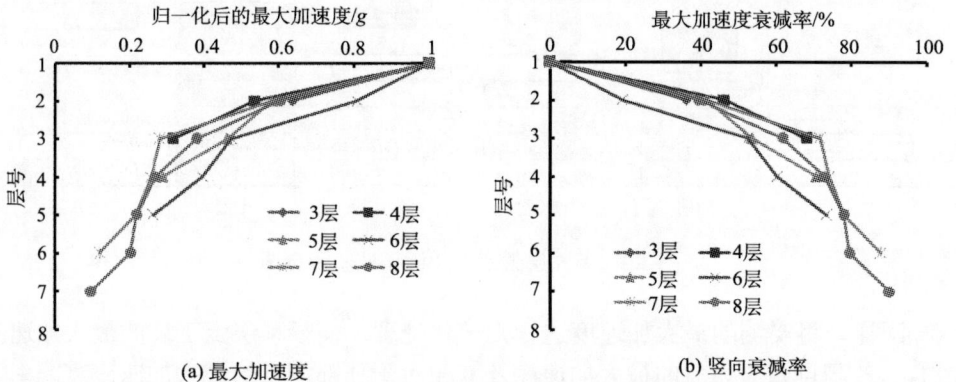

(a) 最大加速度　　　　　　　(b) 竖向衰减率

图 3.10　不同层数土工袋归一化后的最大加速度及其竖向衰减率分布

3.1.4　土工袋排列方式的影响

　　以上进行的试验中，土工袋采用直列布置，而在实际工程应用中，土工袋通常采用交错排列方式，如图 3.12（a）所示。为此，进行了土工袋交错排列与直列排列两种方式下的激振试验，以比较其竖向减振效果的不同。试验时，每铺设一层土工袋，即进行击实整平，然后设置加速度传感器，铺设完成后在其顶部铺设一土工袋以便放置激振器。每次试验，激振时间均控制在 20s。为减小边界效应，两种排列方式下均在底部直列铺设两层土工袋，如图 3.12 所示。

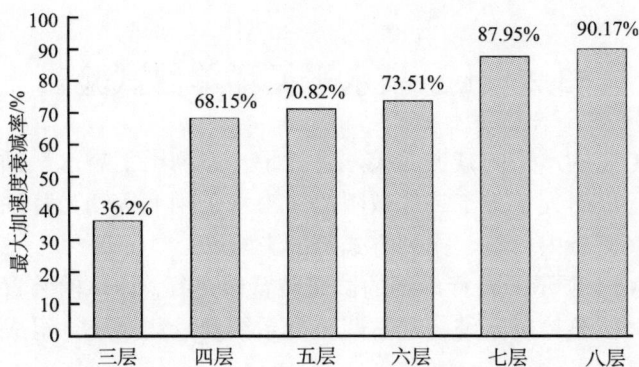

图 3.11 不同层数土工袋最底层相对最顶层最大加速度衰减率

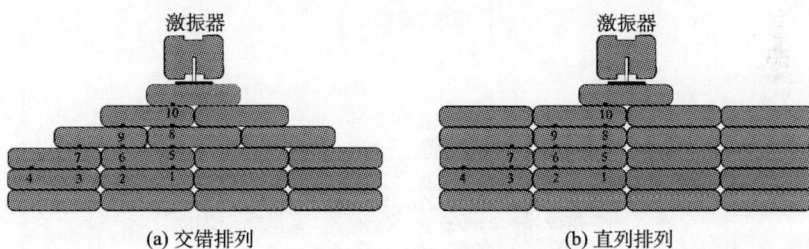

图 3.12 土工袋两种不同排列方式

图 3.13 为两种排列方式下各测点归一化后最大加速度（方框内数值）及沿箭头方向的衰减率（百分比表示）。由图可见，两种排列方式下土工袋沿水平方向加速度的衰减率均较大（第三层底部达 90% 以上），但沿竖直方向，土工袋交错排列时衰减率较直列排列时要大，这主要是因为交错排列时，上层土工袋的竖向振动同时传递至下层两个土工袋，从而使得其竖向加速度衰减较大。

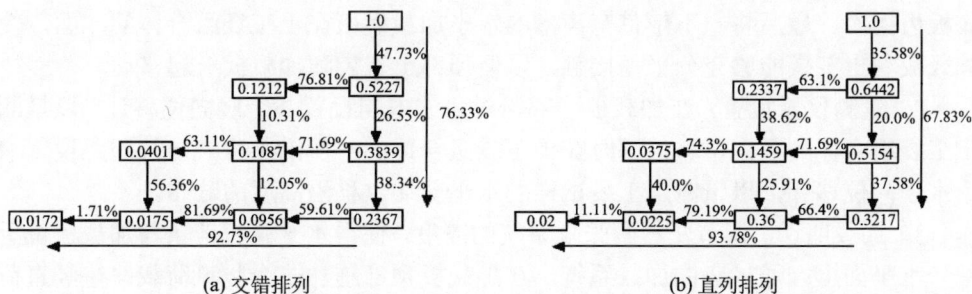

图 3.13 土工袋不同排列方式下归一化后的最大加速度及其衰减率

3.2　土工袋水平循环单剪试验

为验证土工袋的水平向减振效果，进行了一系列土工袋水平循环单剪试验与小型振动台试验，研究了土工袋等效阻尼比与水平刚度等动力特性参数的变化规律及其振动频率、袋内材料、排列方式等的影响。

试验在图 3.14 所示的自行研制的试验装置中进行。该试验装置由自反力架竖向力加载系统、试验控制系统、左右两张拉系统及量测系统等组成。

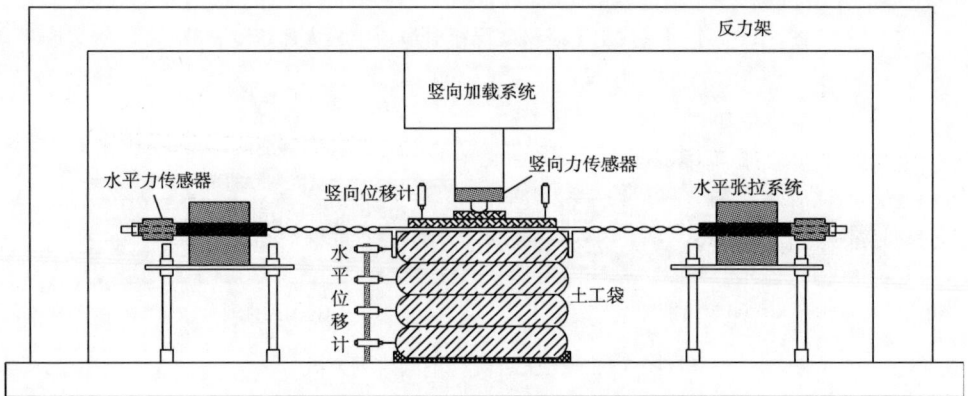

图 3.14　土工袋水平循环剪切试验装置示意图

土工袋水平循环剪切试验的主要步骤为：

1）装样。首先将一带有齿槽的底板通过螺栓固定于竖向加载系统正下方的底座上，然后将 4 个尺寸为 40cm×40cm×10cm（长×宽×高）的土工袋垂直叠放在一起作为一个试样，上下层土工袋之间注意压实整平，并使最底部的土工袋嵌固于底板齿槽内。最后将一下部带有齿槽的水平加载板压在土工袋组合体的顶面，使加载板与土工袋能够充分平稳接触，以便顶部土工袋随加载板一起移动。

2）量测仪器设置。在加载板顶部沿对角线方向设置 2 个竖向位移计，以量测土工袋组合体的竖向位移，同时在土工袋组合体的一侧沿高度方向等间距设置 4 个水平向位移计，以量测土工袋试样的水平剪切位移沿高度的分布。

3）加载剪切。调节左右两张拉系统的高度，使得水平张拉链条与加载板位于同一水平面上；通过竖向加载系统，在加载板顶部施加一个竖直荷载；待竖直荷载引起的土工袋压缩变形基本稳定后，打开试验控制系统，通过左右两水平张拉系统施加水平向拉力，并通过连接在张拉系统末端的力传感器量测水平拉力（剪切力）。当一侧水平向剪应变达到设定的值时，水平拉力逐渐卸载，待卸载至零后，转向另一侧相反方向张拉土工袋试样，直至相反方向上的剪应变达到同一设定值，如此反复加载卸载循环 4 次。

对袋内材料为天然河沙的土工袋（简称"河沙土工袋"）进行了不同竖向应（压）力（50kPa、100kPa、200kPa 和 300kPa）及不同最大水平剪应变（0.25%、0.5%、0.75% 和 1%）条件下的水平循环剪切试验。天然河沙的级配及土工袋材料同前述的竖向激振试验。图 3.15 为试验得到的应力-应变关系滞回曲线（由于图幅限制，$\gamma=0.25\%$ 的滞回曲线未绘出）。由图可见，在同一竖向压力作用下，循环剪切的最大剪切应变越大，土工袋的应力-应变关系滞回曲线越饱满；对比同一最大剪应变情况，竖向压力越大则其滞回曲线越不饱满。

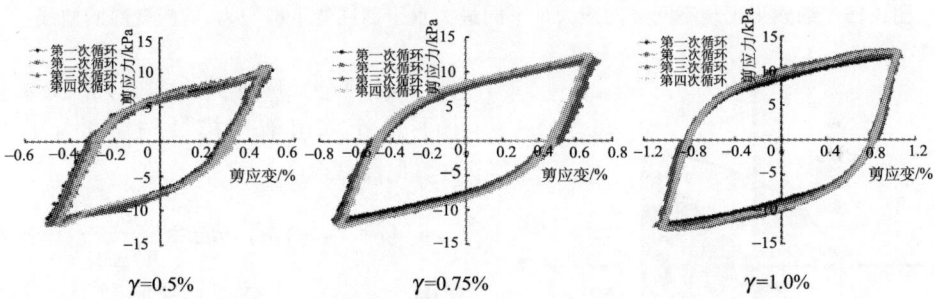

(a) 竖向应力50kPa

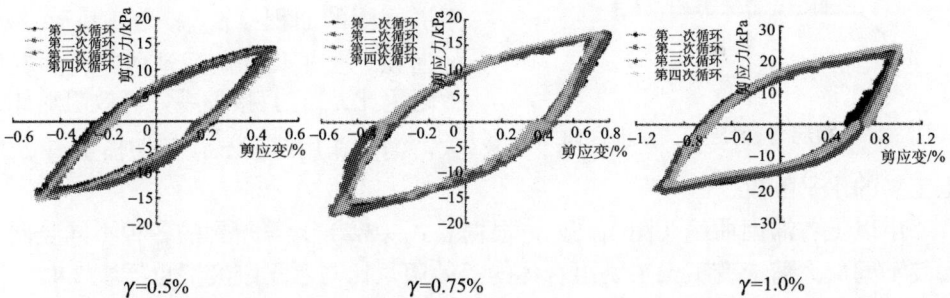

(b) 竖向应力100kPa

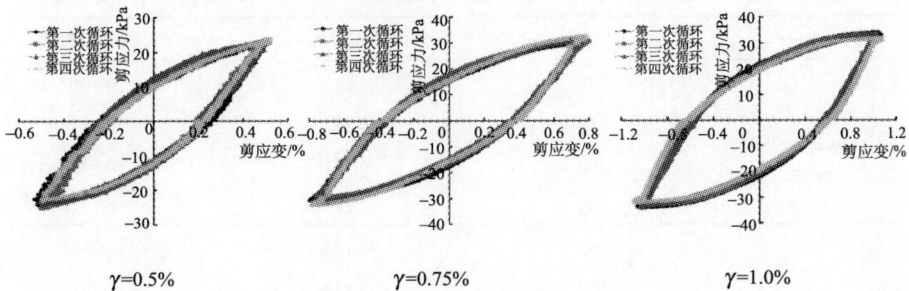

(c) 竖向应力200kPa

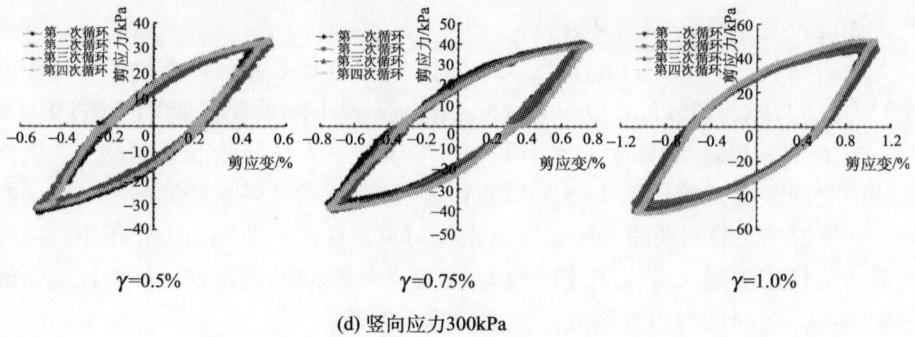

$\gamma=0.5\%$　　　　　$\gamma=0.75\%$　　　　　$\gamma=1.0\%$

(d) 竖向应力300kPa

图 3.15　细砂土工袋不同竖向应力、不同最大水平剪应变下剪应力-剪应变滞回曲线

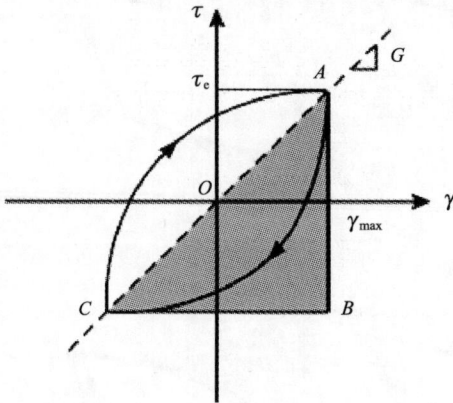

图 3.16　剪应力-剪应变关系滞回曲线

根据应力-应变关系滞回曲线，可以由下式计算出剪切模量与等效阻尼比（参见图 3.16）：

$$G = \tau_e / \gamma_{max}, \quad h_{eq} = \frac{A_L}{\pi S_{\triangle abc}} \quad (3.2)$$

式中，τ_e、γ_{max} 分别为滞回圈顶点的剪应力和最大剪应变；A_L 为应力-应变关系滞回圈的面积；$S_{\triangle abc}$ 为三角形 ABC 的面积。土工袋的阻尼消能特性与其等效阻尼比 h_{eq} 有直接关系，等效阻尼比越大，消能作用越明显；剪切模量 G 反映土工袋的水平刚度。

由以上各滞回曲线（图 3.15），根据公式（3.2）计算得到的各种不同竖向压力及不同最大剪应变下土工袋组合体的等效阻尼比与水平刚度汇总于表 3.4。

表 3.4　河沙土工袋不同竖向压力及最大剪应变条件下的等效阻尼比与水平刚度

最大剪应变/%	竖向压应力/kPa	水平刚度/MPa	等效阻尼比
0.25	50	3.4	0.1917
	100	3.922	0.1845
	200	6.521	0.1422
	300	7.209	0.1224
0.5	50	2.174	0.2656
	100	3.818	0.2017
	200	4.513	0.1944
	300	6.447	0.1522

最大剪应变/%	竖向压应力/kPa	水平刚度/MPa	等效阻尼比
0.75	50	1.61	0.3019
	100	2.292	0.2621
	200	4.163	0.2157
	300	5.195	0.1937
1.0	50	1.176	0.4098
	100	2.115	0.334
	200	3.245	0.2657
	300	4.73	0.251

图 3.17 为根据表 3.4 绘制的河沙土工袋等效阻尼比随竖向压应力与最大剪应变的变化。可以看出：①在相同的最大剪应变情况下，土工袋等效阻尼比随竖向压应力的增大而减小，但减小趋势逐渐趋于缓慢，表明随着竖向压应力的增加，土工袋的消能减振效果会有所减小，但减小趋势逐渐趋于缓慢。因此，当竖向压应力增大到一定值时，其对土工袋的减振效果影响不大；②在相同的竖向压力作用下，土工袋等效阻尼比随着最大剪应变的增加而逐渐增大，且近似呈线性增加趋势，说明水平方向剪切变形越大土工袋的减振效果越好。

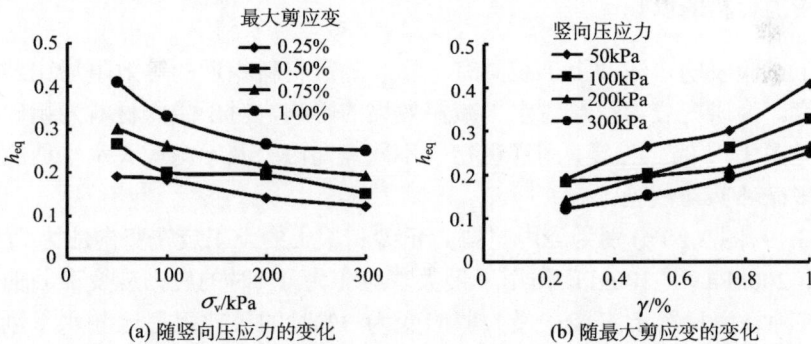

(a) 随竖向压应力的变化　　　　　　(b) 随最大剪应变的变化

图 3.17　河沙土工袋等效阻尼比随竖向压力及最大剪应变的变化

图 3.18 示河沙土工袋水平刚度（用剪切横量表示）随竖向压应力及最大剪应变的变化。由图可见：①在相同的剪应变情况下，土工袋的水平刚度随竖向压应力的增大而增大，说明当竖向压应力较小时，土工袋的柔性较大，减振效果较好；②在相同的竖向压应力作用下，土工袋水平刚度随着最大剪应变的增加而逐渐降低，说明土工袋具有可变的水平刚度，当剪应变较小时水平刚度较大，当剪应变较大时水平刚度较小。

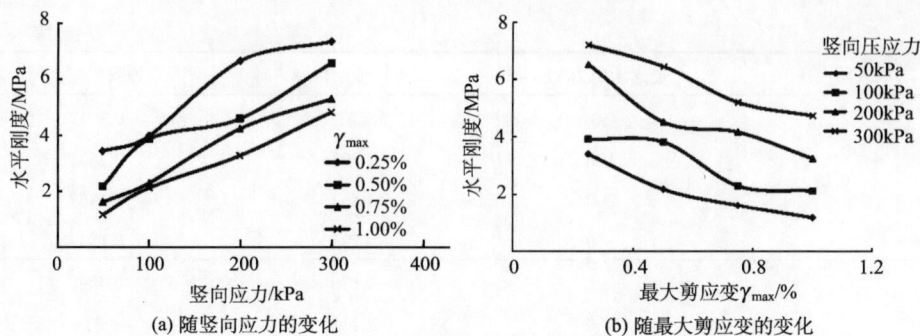

(a) 随竖向应力的变化　　　　(b) 随最大剪应变的变化

图 3.18　河沙土工袋水平刚度随竖向压应力与最大剪应变的变化

由以上试验结果可见，河沙土工袋在各种不同的竖向压应力及最大水平剪应变情况下，其等效阻尼比均在 0.1～0.4 之间，与一般橡胶隔震材料的等效阻尼比（h_{eq}=0.1～0.3）非常接近，远大于混凝土结构（h_{eq}=0.05）与钢结构（h_{eq}=0.02）的等效阻尼比，从而表明如果将土工袋设置在房屋建筑基础下，可以起到与通常采用的橡胶隔震材料相似的减震效果，且土工袋具有可变的水平刚度，满足隔震支座对水平刚度性能的要求，即在强风或微小地震时具有足够的初始水平刚度，使得上部结构水平位移极小，不影响正常使用要求，在中强地震发生时，其水平刚度变小，上部结构水平滑动，使"刚性"的抗震结构体系变为"柔性"的隔震结构体系。

3.2.1　袋内材料的影响

以上试验表明，河沙土工袋具有与橡胶隔震材料相近的等效阻尼比及可变的水平刚度。为研究袋内材料对水平减振效果的影响，对于袋内材料为粗砂和壤土（级配见图 3.1）的土工袋，同样进行了不同竖向应力及不同最大水平剪应变条件下的水平循环剪切试验。

图 3.19、图 3.20 分别为袋内材料为粗砂和壤土的土工袋在竖向应力为 50kPa、100kPa、200kPa 和 300kPa 作用下最大剪应变为 1%时的应力应变滞回曲线。表 3.5 为三种袋内材料土工袋在最大剪应变为 1%时的等效阻尼比与水平刚度，图 3.21 为等效阻尼比与水平刚度随竖向应力的变化。

表 3.5　三种不同袋内材料的土工袋在最大剪应变为 1%时的水平刚度与等效阻尼比

袋内材料	竖向应力/kPa	水平刚度/MPa	等效阻尼比
	50	1.176	0.4098
	100	2.115	0.334
天然河沙	200	3.245	0.2657
	300	4.73	0.251

袋内材料	竖向应力/kPa	水平刚度/MPa	等效阻尼比
粗砂	50	0.957	0.3564
	100	1.661	0.3339
	200	2.068	0.3009
	300	4.712	0.2847
壤土	50	0.982	0.3022
	100	1.841	0.2891
	200	2.836	0.2881
	300	4.791	0.2640

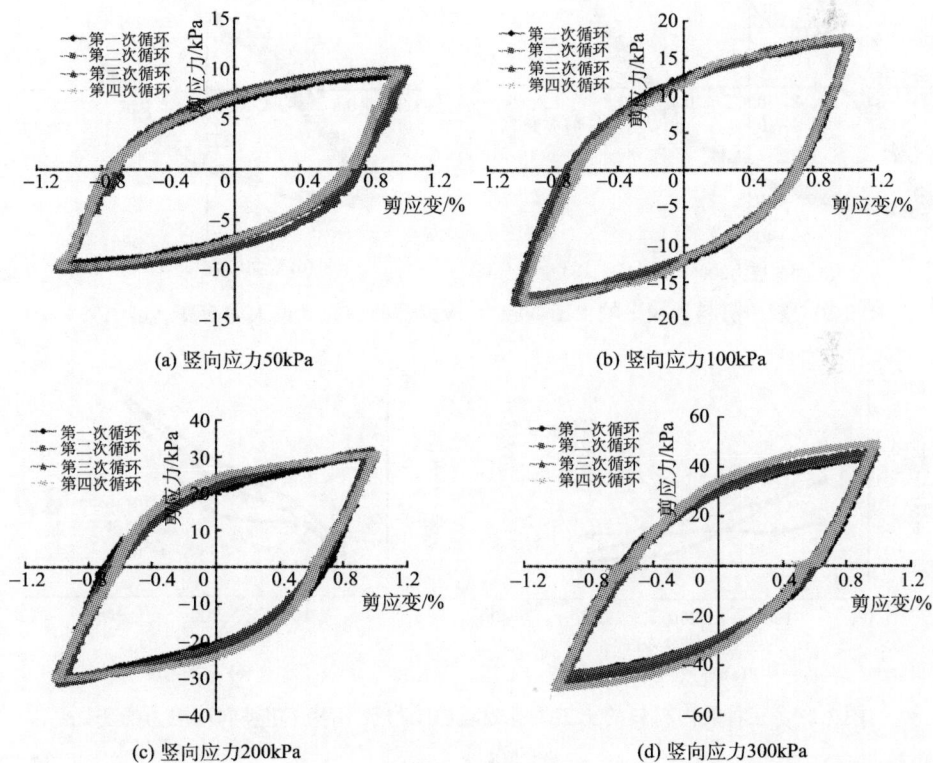

(a) 竖向应力50kPa　　(b) 竖向应力100kPa　　(c) 竖向应力200kPa　　(d) 竖向应力300kPa

图 3.19　袋内材料为粗砂的土工袋最大剪切应变 1%时应力-应变滞回曲线

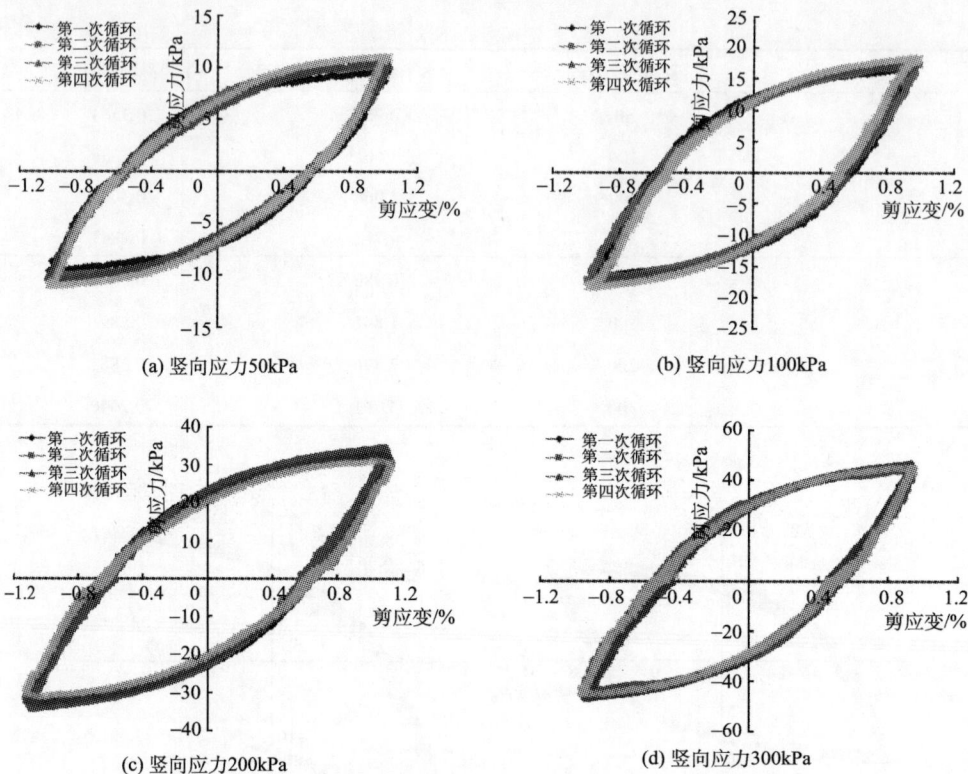

(a) 竖向应力50kPa

(b) 竖向应力100kPa

(c) 竖向应力200kPa

(d) 竖向应力300kPa

图 3.20　袋内材料为壤土的土工袋应力-应变滞回曲线（最大剪应变 $\gamma_{max}=1\%$）

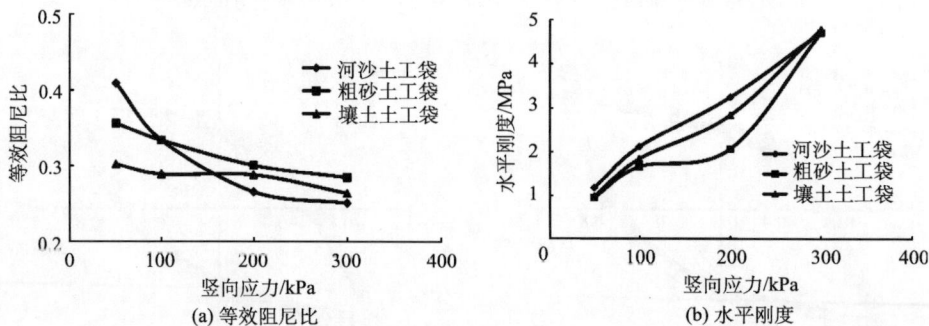

(a) 等效阻尼比

(b) 水平刚度

图 3.21　三种袋内材料的土工袋等效阻尼比与水平刚度随竖向压应力的变化

最大剪应变 $\gamma_{max}=1\%$

　　从表 3.5 及图 3.21 中可以看出：①对于三种不同袋内材料的土工袋，其等效阻尼比均随竖向压应力的增大而减小，但减小趋势逐渐趋于缓慢。内装河沙的土工袋等效阻尼比在竖向应力较小时（50kPa），相对于其他两种袋内材料的土工袋大许多，但随后相差不大。试验得到的三种不同袋内材料的土工袋的等效阻尼比在 0.25～0.4 之间，足以满足基础减振的要求。②三种不同袋内材料的土工袋的水平刚度均随竖向压应力的增加而增大，即具有可变的水平刚度，但在相同的剪应变及竖向应力作用下其水平刚度相差不大。

3.2.2 袋内材料含水率的影响

对于尺寸为 40cm×40cm×10cm 的河沙土工袋，分别调整河沙含水率为 2.90%、0.75%、0%（自然面干状态），进行了竖向应力为 100kPa、最大剪应变为 1%情况下的水平循环剪切试验。图 3.22 为三种不同含水率下河沙土工袋的应力-应变关系滞回曲线，相应的等效阻尼比及水平刚度汇总于表 3.6。试验结果表明，袋内河沙含水量对土工袋等效阻尼比和水平刚度影响较大。含水量较低即材料干燥的情况下，土工袋等效阻尼比较大，减振效果更为明显。当袋内河沙含水率从低到高逐渐增加时，土工袋等效阻尼比随之减小，水平刚度逐渐增大。这是由于土工袋减振消能能力很大部分是由袋内材料的摩擦耗能提供，袋内材料含水量增加时，由于水的润滑作用导致材料颗粒间的摩擦力减小，从而袋内材料的摩擦耗能减小。因此袋内材料含水率高不利于土工袋减振效果的有效发挥。

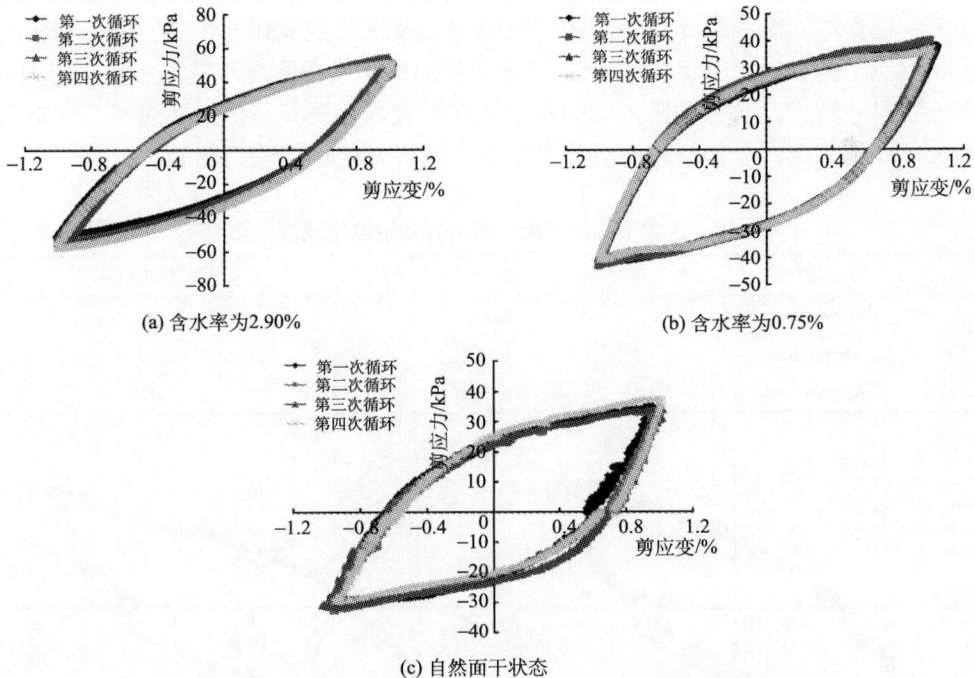

(a) 含水率为2.90%

(b) 含水率为0.75%

(c) 自然面干状态

图 3.22 三种不同含水率的河沙土工袋应力-应变关系滞回曲线

表 3.6　　三种不同含水率河沙土工袋等效阻尼比及水平刚度

袋内材料含水率/%	等效阻尼比	水平刚度/MPa
2.90	0.2383	5.423
0.75	0.3176	4.011
自然面干状态	0.3340	3.411

3.2.3　土工袋尺寸的影响

以上针对 40cm×40cm×10cm（长×宽×高）的土工袋，袋内材料分别为粗砂、细砂（河沙）和壤土，通过水平循环剪切试验，验证了土工袋的等效阻尼比足够大，远远大于袋内材料本身的等效阻尼比，且具有随竖向应力可变的水平刚度。在实际工程应用中，可能使用不同尺寸的土工袋。为此，针对袋内材料为河沙的土工袋，补充进行了 20cm×20cm×4cm 与 30cm×30cm×6cm 两种尺寸的土工袋在竖向应力 100kPa、最大剪应变 1%情况下的水平循环剪切试验。

图 3.23 为三种不同尺寸土工袋的应力-应变滞回曲线（竖向应力 100kPa、最大剪应变 1%）。从图中可以看见，土工袋应力-应变滞圈随着土工袋尺寸增大而增大。根据滞回圈曲线计算得到的等效阻尼比及水平刚度列于表 3.7 中，相应的柱状图示于图 3.24 中。可见，土工袋等效阻尼比和水平刚度与其尺寸大小有关。土工袋尺寸越大，其等效阻尼比和水平刚度越大，表明其减振效果越好。这是因为大尺寸土工袋，袋内材料容易相互错动，摩擦耗能作用较为明显。

表 3.7　　三种不同尺寸土工袋的等效阻尼比及水平刚度

土工袋尺寸	等效阻尼比	水平刚度/MPa
20cm×20cm	0.2352	2.500
30cm×30cm	0.2822	2.977
40cm×40cm	0.3340	3.411

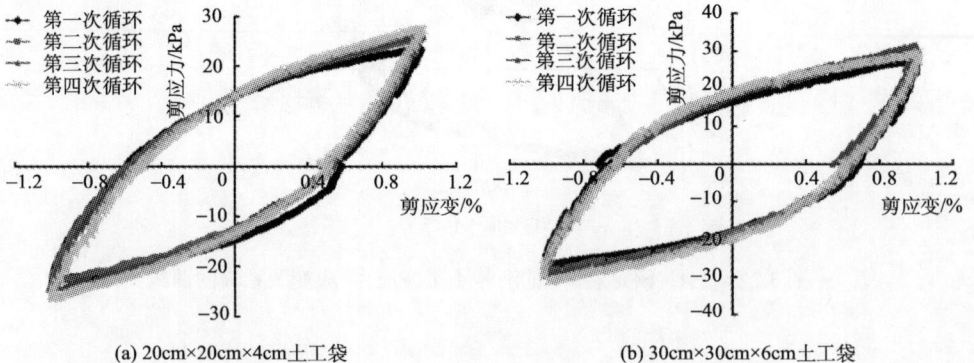

(a) 20cm×20cm×4cm土工袋　　　　　　　　　(b) 30cm×30cm×6cm土工袋

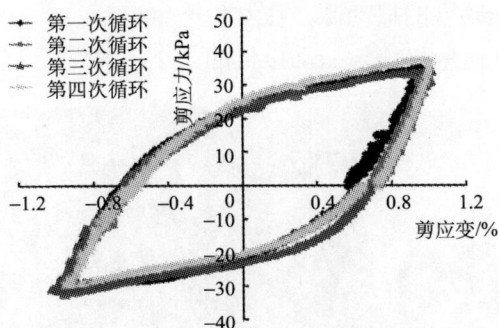

(c) 40cm×40cm×10cm土工袋

图 3.23　不同尺寸土工袋应力-应变滞回曲线（竖向应力 100kPa，最大剪应变 γ_{max}=1%）

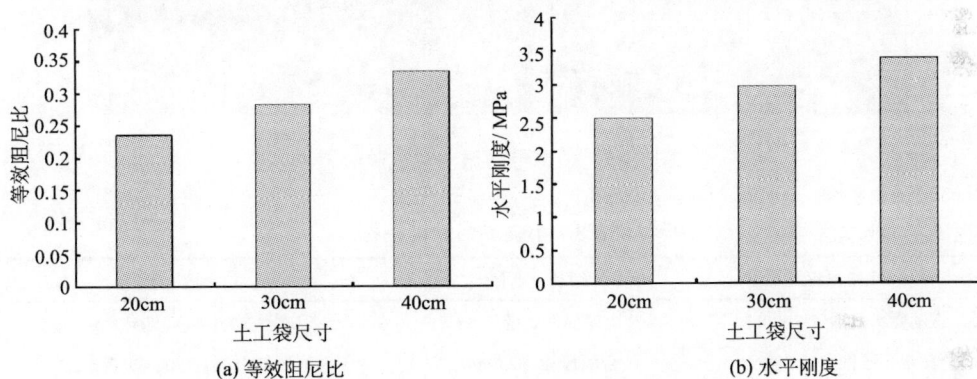

(a) 等效阻尼比　　　　　　　　　　(b) 水平刚度

图 3.24　不同尺寸大小土工袋的等效阻尼比及水平刚度

3.3　土工袋小型振动台试验

3.3.1　试验设备

为研究土工袋的水平减振效果，进行了土工袋的小振动台试验。振动台为 DY-600-5 型电动式（如图 3.25 所示），其性能参数指标如表 3.8 所示。振动台由固定磁场和位于磁场中通有交流电流的线圈相互作用所产生的振动力驱动。主要由信号发生器、功率放大器、激励电源、振动台体和测量与控制系统五部分组成，各部分的主要作用如下：

信号发生器：提供振动台所需的控制电流；

功率放大器：把信号发生器提供的电源和电压进行放大，供给振动台足够的电源和电压；

激励电源：为振动台提供强大的磁场所需的直流电源；

振动台体：是振动台的振动源，在这里产生振动；

测量与控制系统：用以测量振动量值的大小，并对振动台进行各种控制。

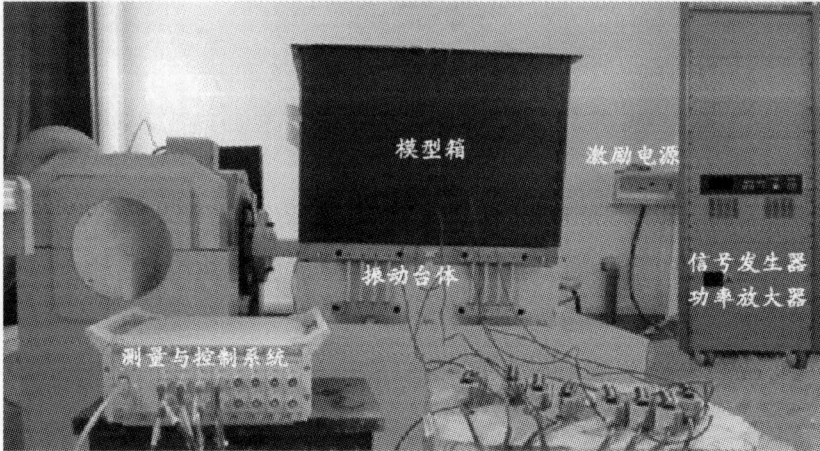

图 3.25　小型电动振动台试验装置

表 3.8　小振动台性能指标

系统指标	振动台台体	功率放大器
振动频率范围 2-2000Hz	运动部件质量 12kg	最大输出功率 5kV·A
额定正弦推力 5.88kN	台面尺寸 φ230mm	外形 W550×H1700×D800mm
最大加速度 490m/s²	容许偏心力矩 490N·m	功率放大器重量 240kg
最大速度 1.00m/s	外形 W790×H710×D600mm	功率放大器工作方式：开关
最大位移 51mm-P-P	台体质量 600kg	系统所需功率 10.5kV·A
最大荷载 300kg		

3.3.2　试验方案

土工袋或袋内材料试样放置在一内部尺寸为长 0.7m×宽 0.7m×高 0.4m 的模型箱内，并用螺栓固定于振动台台面上。模型箱用 3mm 厚钢板焊制而成。为了减小模型箱侧壁的水平振动约束，在模型箱四侧壁设置了厚 10mm 的海绵垫，在模型箱底部铺设了 3mm 厚的聚氯乙烯泡沫板以防止波的反射干扰，并在泡沫板表面设置了一层砂纸以减小土工袋与底板间的滑动。试验所用土工编织袋与前面所用相同，袋内材料选用天然河沙。土工袋尺寸为：30cm×30cm×7cm。

为比较水平减振效果，分别进行了土工袋与河沙的振动台试验，如图 3.26 所示。对于土工袋试样，模型箱内设置 4 层土工袋，每层按 2×2 方式布置 4

个土工袋，其周围及袋子之间的空隙均采用袋内材料河沙进行填充。在模型箱底部及土工袋层间布置加速度传感器。河沙试样采用分层铺设方法制样，每层厚 7cm，在与土工袋试样对应位置布置加速度传感器。最后在试样上方加一质量为 50kg 的混凝土块，以模拟实际建筑物的荷载，并在其上方布置一加速度传感器。

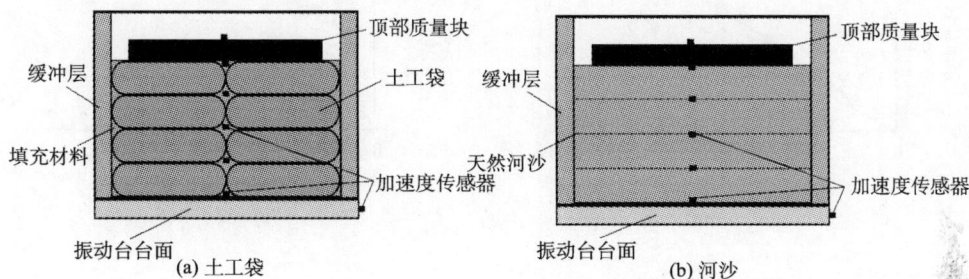

图 3.26　土工袋与河沙振动台试验布置图

对土工袋及河沙试样均进行了不同输入频率、不同振动加速度大小的振动试验，振动台台面加载方式如表 3.9 所示。

表 3.9　振动台台面加载方式

输入频率	振动加速度
5Hz	0.1g、0.2g、0.3g、0.4g、0.5g、0.6g、0.7g、0.8g
10Hz、20Hz、40Hz、80Hz、200Hz	0.2g、0.4g、0.5g、0.6g、0.8g、1.0g、1.5g、2.0g、2.5g、3.0g

3.3.3　试验结果

1. 顶部质量块响应加速度

图 3.27 为振动台不同输入频率时土工袋及河沙试样顶部质量块响应加速度与振动台台面输入加速度的关系曲线。图中虚直线表示顶部质量块响应加速度与振动台台面输入加速度相等。试验点位于虚直线下方表示加速度有衰减，相反，则表示有放大作用。由图可以看出以下几点：①对于振动台台面振动频率为 5Hz（低频）的工况，土工袋试样的顶部质量块响应加速度与振动台台面输入加速度基本相等或略有放大；而对于河沙试样，当振动台台面振动加速度 $a \leqslant 0.4g$ 时，顶部质量块响应加速度与振动台台面输入加速度基本相等，当振动台台面振动加速度 $a > 0.4g$ 时，顶部质量块响应加速度明显大于振动台台面输入加速度，放大作用明

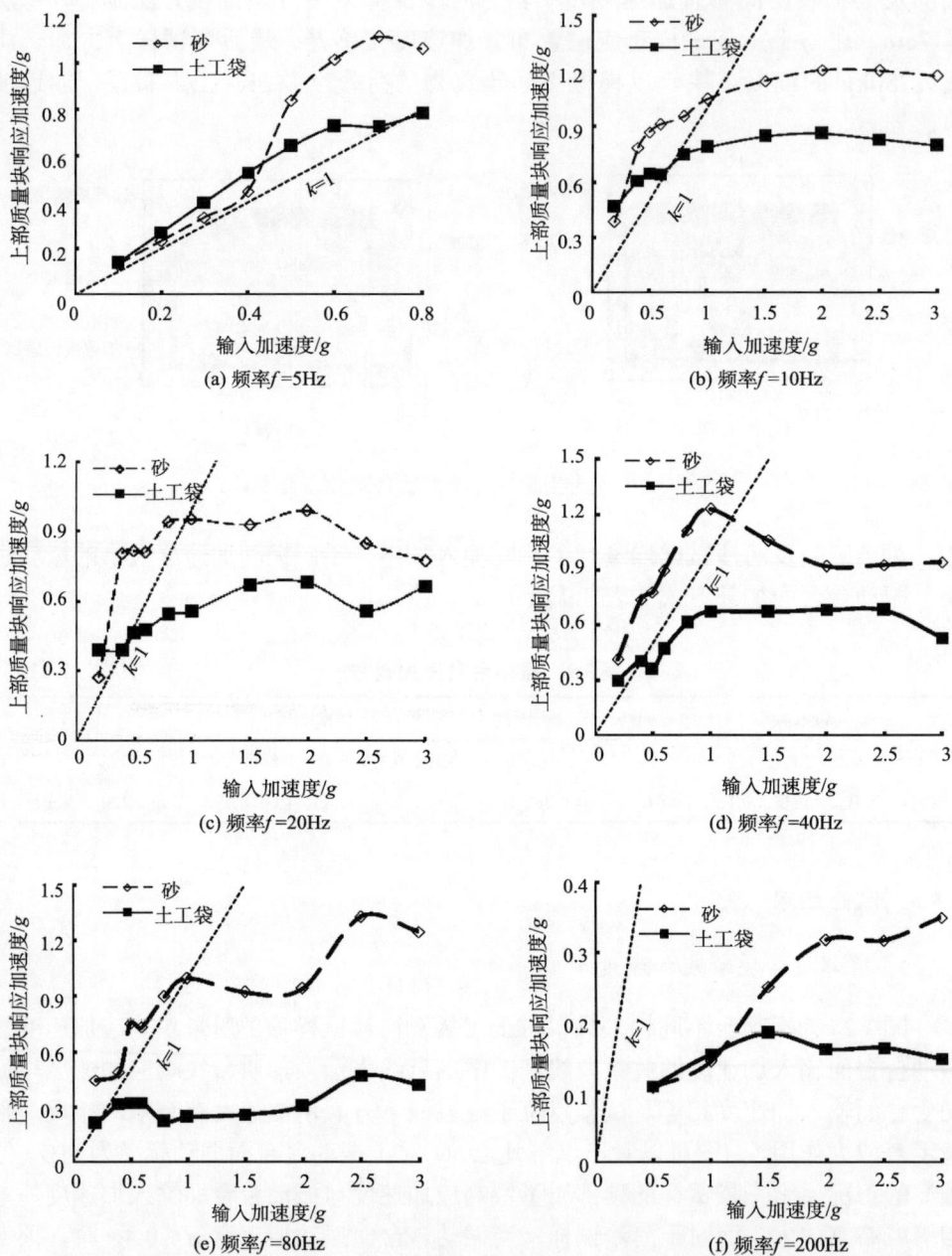

图 3.27　顶部质量块响应加速度与振动台台面输入加速度关系曲线

显；②振动台台面振动频率大于 5Hz 时，各种不同大小的振动台台面输入加速度下，土工袋试样的顶部质量块响应加速度明显比河沙试样的小，即土工袋的减振效果明显优于袋内材料河沙；③当振动台台面振动频率为 200Hz 时，对于各种不同大小的振动台台面输入加速度，土工袋和河沙试样顶部质量块的响应加速度均有较大程度的衰减，即：对于高频波土工袋和河沙均有较好的水平减振效果，但土工袋试样减振效果更为明显。

2. 层间加速度分布

图 3.28 为相同输入频率、不同台面振动加速度下土工袋及袋内材料河沙层间最大振动加速度相对于模型箱底部（第 0 层）的放大倍数。由图可见：在各种输入频率下，对于袋内材料河沙，除第二层以外，各层最大加速度放大倍数均大于 1，且第三层会出现最大加速度放大倍数明显增加的趋势。也就是说，对于河沙试样，沿高度方向振动加速度基本无衰减，相反还有一定程度的放大，且这种振动放大作用与振动加速度的大小关系不大；对于土工袋试样，在振动频率相对较小，即 10Hz 与 20Hz 时，各层土工袋最大加速度放大倍数均是顶层和底层相对较大（较小振动加速度时会略大于 1），中间各层均远小于 1，一般均在第三层与第四层之间出现拐点，这与土工袋的消能减振作用主要集中在三层土工袋以内有关，而第四层即顶层土工袋加速度增大可能是由于顶部质量块质量相对较轻，此外，可能是由于模型箱本身刚度不够大对其放大作用造成一定影响所致；当振动频率 $f \geqslant$ 40Hz 时，土工袋各层振动加速度从下至上逐层递减，且在同一振动频率下，随着输入振动加速度的增加，各层振动最大加速度相对于模型箱底层的放大倍数逐渐减小，即对振动加速度的衰减作用逐渐增大。因此，从土工袋与袋内材料的减振效果对比试验可见，土工袋具有较好的减振效果，且输入振动加速度越大其减振效果越好。

图 3.29 为相同台面振动加速度、不同振动频率下各层土工袋及河沙最大振动加速度相对于模型箱底部（第 0 层）的放大倍数。由图可见，对于河沙试样，除第二层以外，各层最大加速度放大倍数均大于 1，且第三层会出现最大加速度放大倍数明显增加的趋势，因此对于单纯的袋内材料天然河沙，从下至上对振动加速度基本上无衰减作用，相反有一定程度的放大作用，且从总体趋势来看，同种台面振动加速度作用下，各层最大加速度放大倍数与振动台输入频率关系不大；对于土工袋试样，除顶层和底层最大加速度放大倍数相对较大（较小振动加速度时会略大于 1）外，中间各层均远小于 1，表明土工袋层间加速度相对于底部均有较大程度的衰减，且一般均在第三层与第四层之间出现拐点，说明土工袋的消能减振作用在第三层达到最大，而第四层即顶层加速度增大主要是由于顶部质量块质量较轻，使得该层加速度传感器受上部荷载作用的约束作用较小。从总体趋势

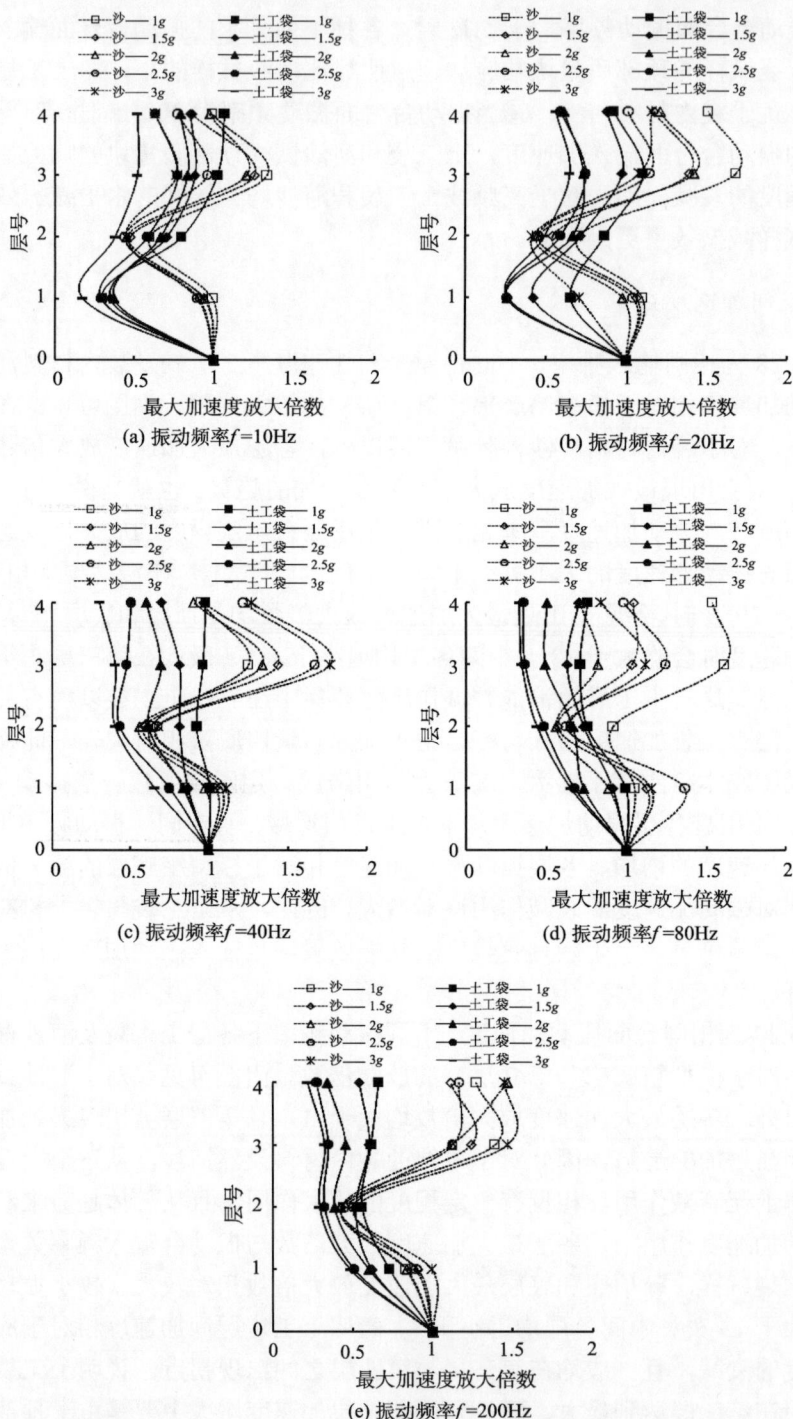

(a) 振动频率 f =10Hz

(b) 振动频率 f =20Hz

(c) 振动频率 f =40Hz

(d) 振动频率 f =80Hz

(e) 振动频率 f =200Hz

图 3.28 相同振动频率、不同振动加速度下土工袋及河沙层间最大加速度放大倍数

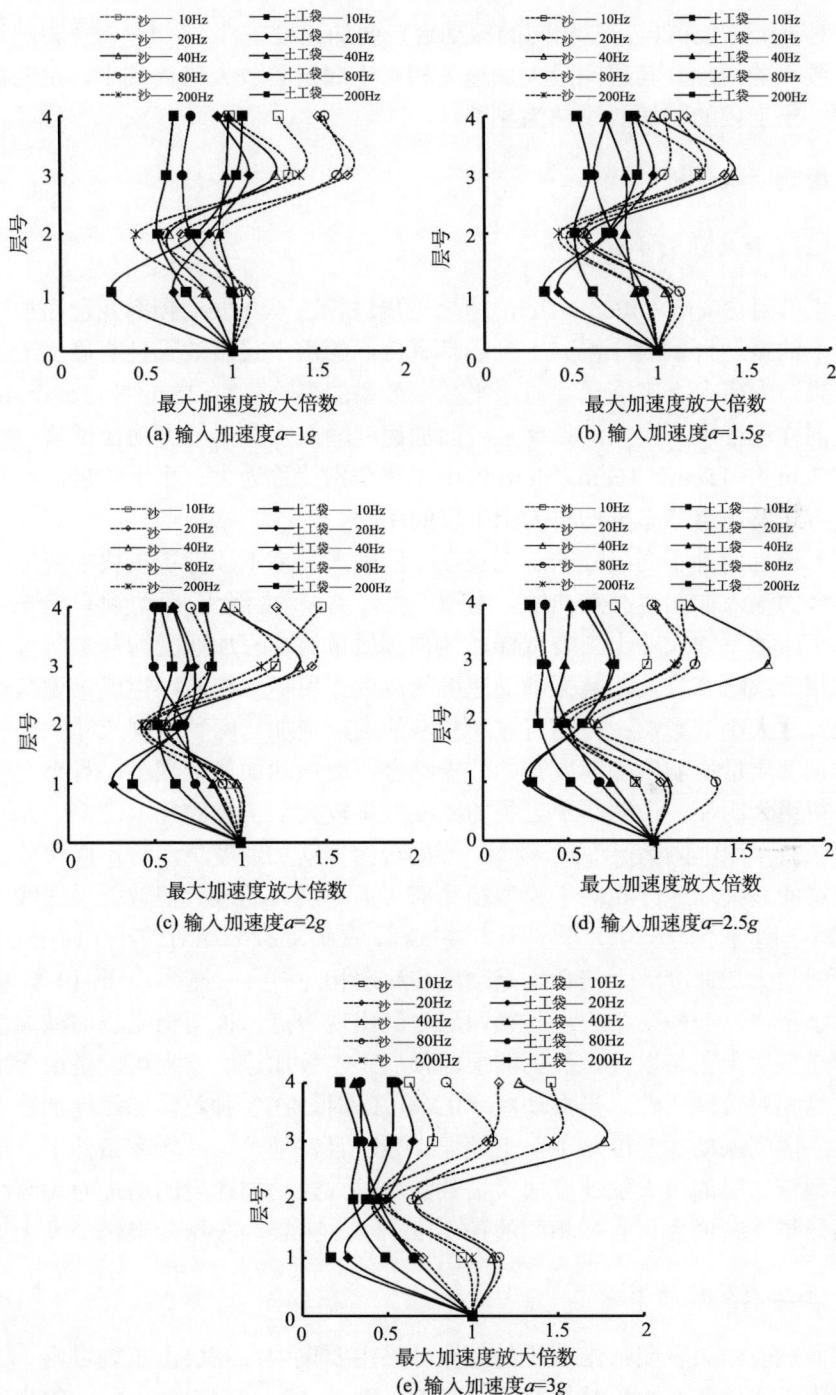

(a) 输入加速度 a=1g

(b) 输入加速度 a=1.5g

(c) 输入加速度 a=2g

(d) 输入加速度 a=2.5g

(e) 输入加速度 a=3g

图 3.29　相同台面输入加速度、不同振动频率下土工袋及河沙层间最大加速度放大倍数

来看，对于土工袋试样，在相同的振动台台面加速度条件下（1～3g），随着振动台输入频率的增加，其层间最大加速度相对于底层的放大倍数减小，说明振动频率越大，土工袋的减振效果越为显著。

3.3.4　影响因素分析

1. 土工袋尺寸大小的影响

以上针对 30cm×30cm×7cm 的土工袋进行了不同振动频率及台面加速度输入工况下的振动台试验，得到土工袋具有良好的水平减振效果且明显优于袋内材料的结果。为研究土工袋尺寸对水平减振效果的影响，对 15cm×15cm×4cm 的土工袋同样进行了不同振动频率及台面加速度输入工况下的振动台试验。30cm×30cm×7cm 与 15cm×15cm×4cm 的土工袋分别简称为大、小土工袋。小土工袋的铺设方法及传感器布置均与大土工袋的相同。

图 3.30 为两种不同尺寸的土工袋在不同输入频率下顶部质量块响应加速度与振动台台面输入加速度关系曲线。由图可见，当振动台台面振动频率较低（5Hz）时，对于两种不同尺寸土工袋试样，其顶部质量块响应加速度均基本与台面输入加速度相等或略有放大，且振动加速度的放大作用基本相同，也就是说基本不受土工袋尺寸大小的影响；但随着振动频率的逐渐增加，两种不同尺寸大小的土工袋试样顶部质量块响应加速度开始较振动台台面振动加速度减小，且小土工袋试样减小得更为明显，说明小土工袋的减振效果较大土工袋的好。

图 3.31 为相同振动台输入频率、不同台面振动加速度下两种不同尺寸的土工袋试样层间最大加速度相对于模型箱底部（第 0 层）的放大倍数关系曲线。由图可见：对于两种不同尺寸大小的土工袋试样，在振动频率相对较小（10Hz、20Hz）时，层间最大加速度放大倍数均是顶层和底层相对较大（基本小于 1），中间各层均远小于 1，一般在第三层与第四层之间出现拐点，说明土工袋的减振效果主要集中在三层土工袋以内，而第四层即顶层土工袋加速度增大可能是由于顶部质量块质量相对较轻所致；当振动频率 $f \geqslant$ 40Hz 时，在各种不同的振动加速度作用下土工袋层间振动加速度从下至上逐层递减，且在同一振动频率条件下，层间相对于模型箱底层的最大加速度放大倍数随着输入振动加速度的增加而逐渐减小，即减振效果逐渐增大，且在相同的条件下，小土工袋的减振效果优于大土工袋。

2. 土工袋层数的影响

前面试验结果表明：土工袋的减振效果主要集中在三层土工袋以内。为进一步研究土工袋层数对水平减振效果的影响，针对 15cm×15cm×4cm 的小土工袋（袋内材料为河沙），分别进行两层、三层、四层和五层情况下的振动台试验。

土工袋铺设方法与前述试验相同，即每层采用 2×2 的方式布置，振动台台面振动加载方式亦与前述试验相同。

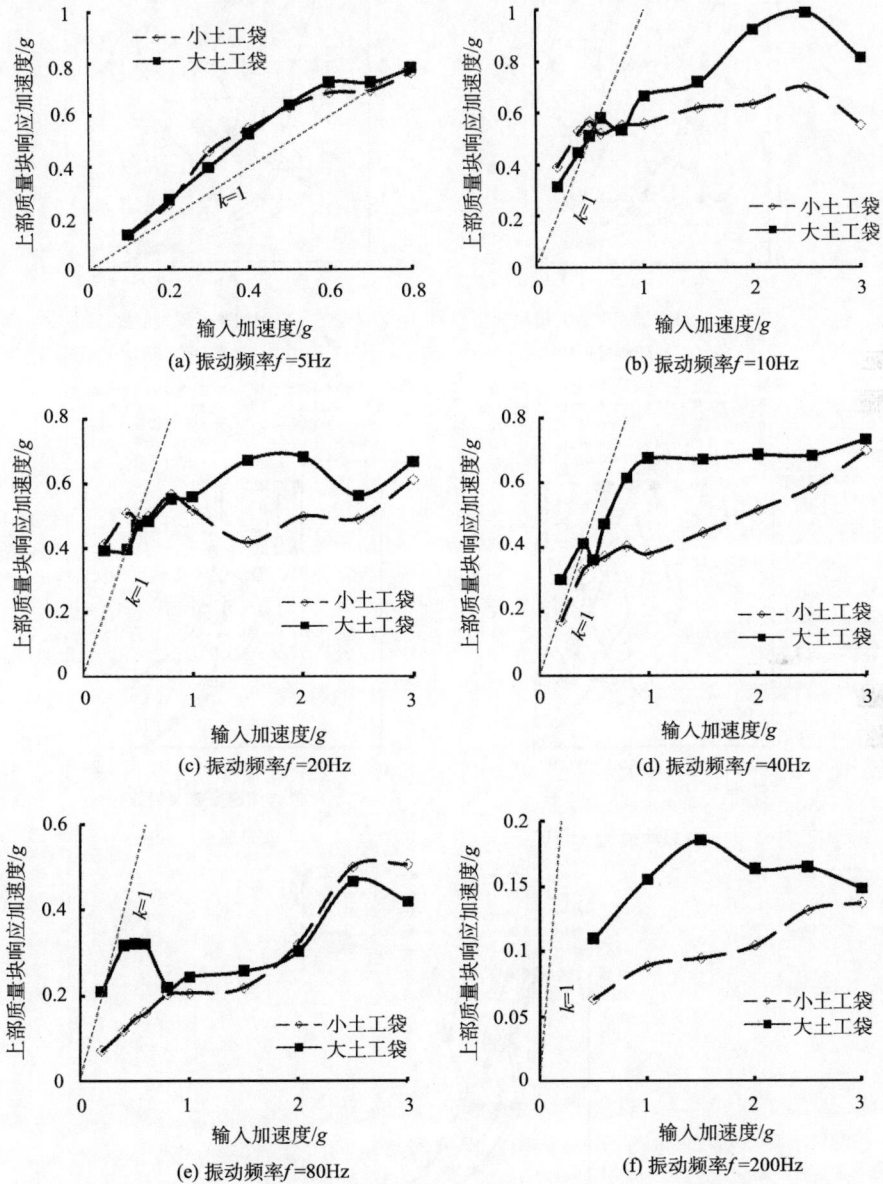

(a) 振动频率 f=5Hz

(b) 振动频率 f=10Hz

(c) 振动频率 f=20Hz

(d) 振动频率 f=40Hz

(e) 振动频率 f=80Hz

(f) 振动频率 f=200Hz

图 3.30　两种不同尺寸的土工袋顶部质量块响应加速度与振动台台面输入加速度的关系

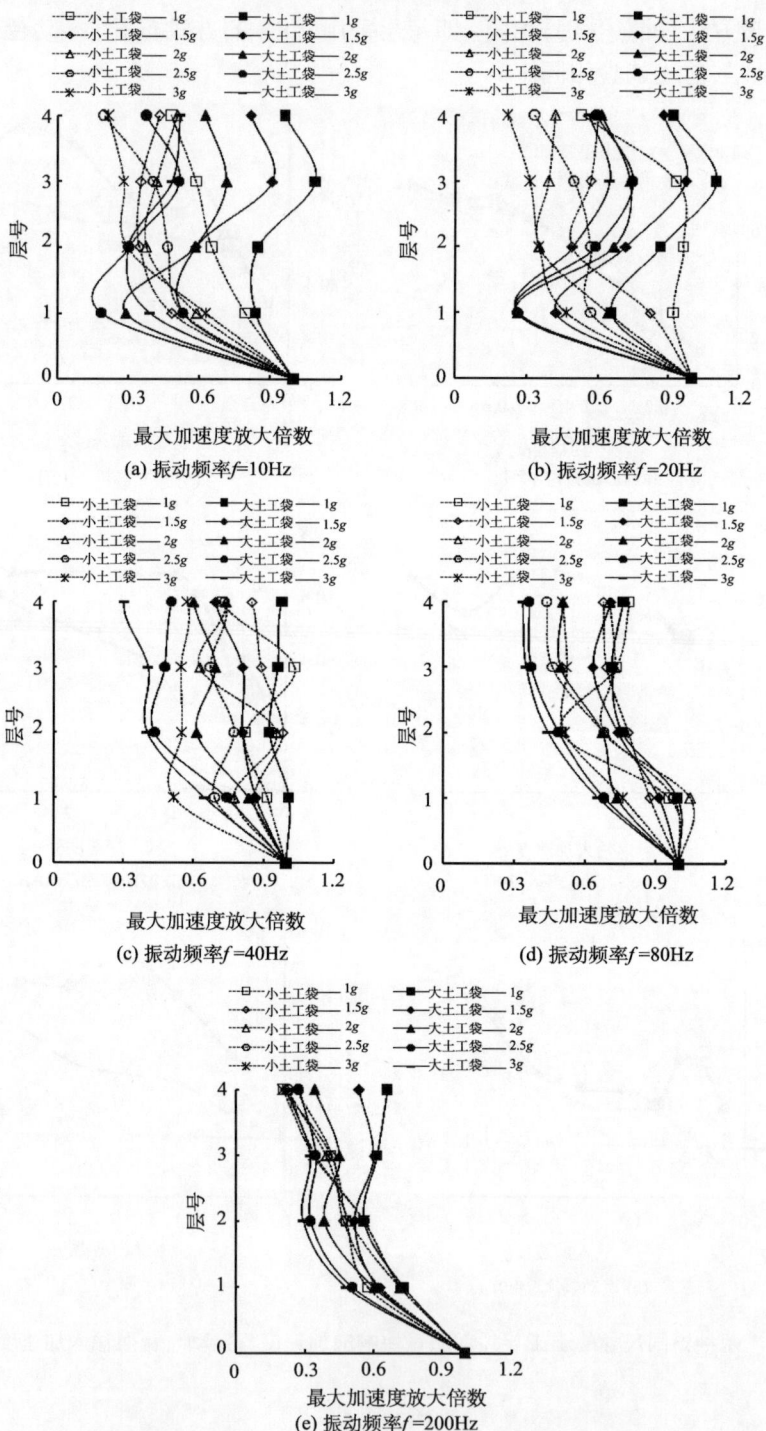

图 3.31　不同振动加速度下土工袋与天然河沙各层最大加速度放大倍数

　　图 3.32 为在各种不同的振动台振动频率作用下，四种不同层数的土工袋试样在各种不同的振动加速度下上部质量块响应加速度随着台面振动加速度的变化关系曲线。由图可见，在同一振动频率作用下，对于各种不同层数的土工袋试样均是随着输入振动加速度的增加上部质量块的响应加速度也随之增大，对比不同层数的土工袋试样上部质量块在相同的振动频率和振动加速度作用下上部质量块响应加速度来看，土工袋层数越多上部质量块响应加速度越小，从而表明土工袋层数越多其水平减振效果越好，可见增加土工袋层数对减振效果有利。

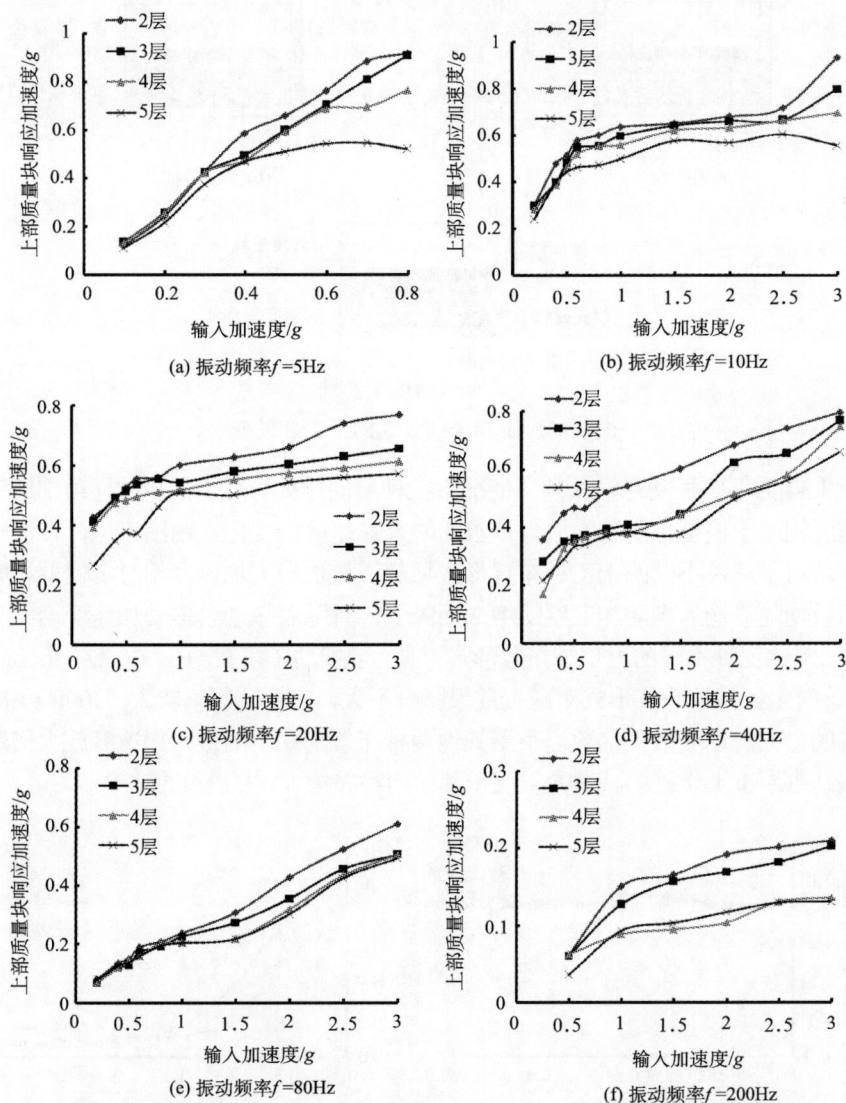

图 3.32　不同层数土工袋试样顶部质量块响应加速度与输入加速度关系

3. 土工袋排列方式的影响

由以上试验结果可见，土工袋的水平减振效果受土工袋尺寸大小、土工袋层数、振动频率及振动加速度的影响，以下研究土工袋的排列方式对水平减振效果的影响。

采用尺寸为 15cm×15cm×4cm、袋内材料为河沙的小土工袋，分别进行土工袋成列、成桩（桩间充填袋内材料）及交错布置三种不同排列方式（参见图 3.33）下的振动台试验，振动加载方式亦与前述试验相同。

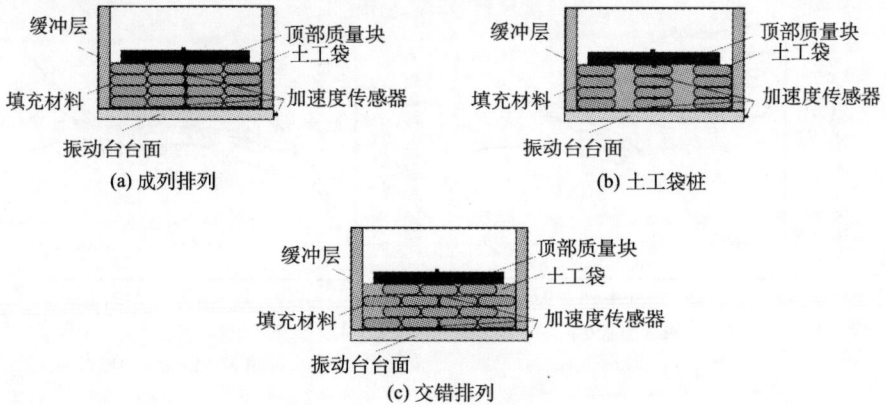

(a) 成列排列　　　　　(b) 土工袋桩

(c) 交错排列

图 3.33　不同排列方式的土工袋模型

图 3.34 为不同振动台输入频率情况下三种不同排列形式土工袋试样顶部质量块最大加速度相对于模型箱底部的放大倍数随输入加速度的变化。由图可见，在同一振动频率下，对于三种不同的土工袋布置形式顶部质量块最大加速度相对于模型箱底部的放大倍数均随着输入振动加速度的增加而降低，且随着振动台振动加速度增大降低幅度减小。对比三种不同的土工袋布置形式可见，当振动频率在 5Hz、10Hz、20Hz、40Hz和 80Hz 时土工袋的布置形式对减振效果影响不大，当振动频率较大（200Hz）时，土工袋桩的最大加速度放大倍数远小于其他两种布置形式下的最大加速度放大倍数，说明高振动频率下土袋桩的减振效果优于其他两种布置方式的土工袋。

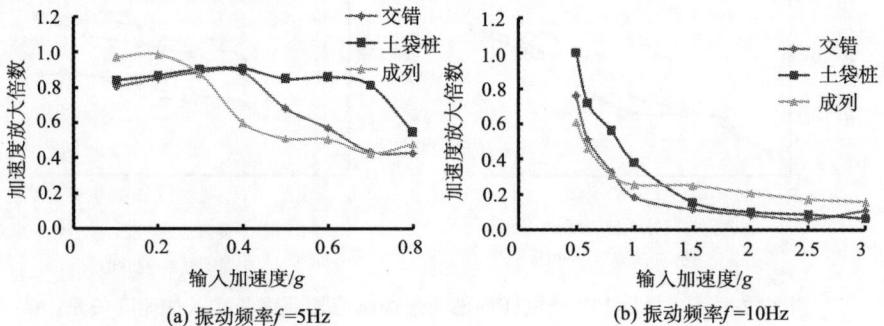

(a) 振动频率f=5Hz　　　　　(b) 振动频率f=10Hz

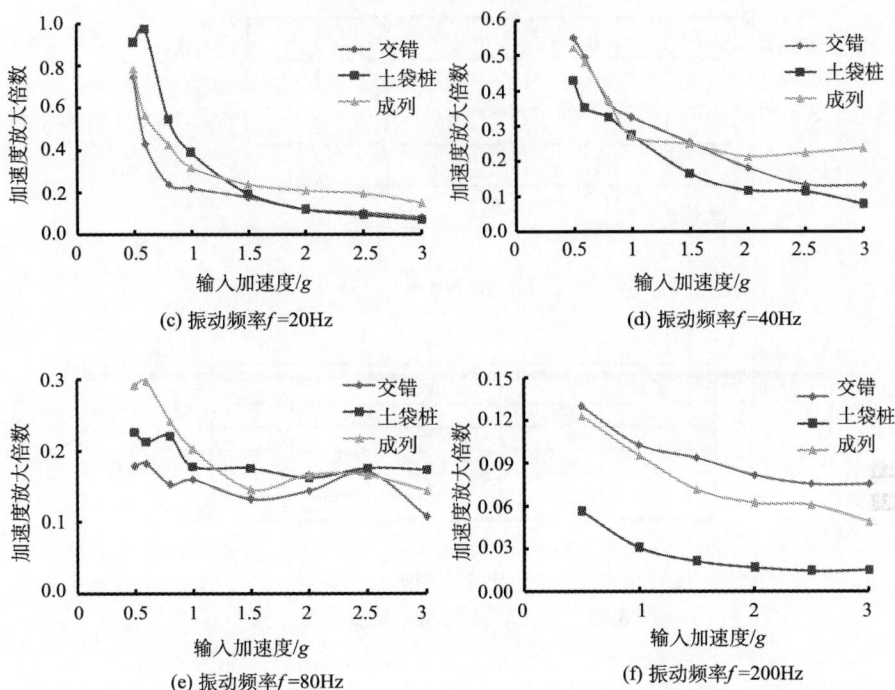

(c) 振动频率f=20Hz

(d) 振动频率f=40Hz

(e) 振动频率f=80Hz

(f) 振动频率f=200Hz

图 3.34　三种排列方式下土工袋试样顶部质量块最大加速度放大倍数

3.4　土工袋现场沟槽减振隔振试验

在某试验现场，开挖一个长 4m×宽 1.5m×深 1m 的基坑，将开挖出的壤土（干密度 ρ = 1.6g/cm³，含水率 w = 17%）装入黑色编织袋（材料参数同前文所述）中，装填量约为土工袋总容积的 70%～80%，压实后形成尺寸大致为 60cm×40cm×15cm（长×宽×高）的土工袋；将其回填至基坑内，有序铺设成层，宽度方向排成 4 列，土工袋间隙用较细的壤土填充，每铺完一层用 HZR100 型平板振动夯（重 130kg，夯实力为 200kPa，配备马力 5.5HP，振动频率 48Hz）进行压实整平，共铺设 6 层土工袋，形成土工袋充填式沟槽。最后在土工袋顶面再铺填约 10cm 厚的土层，压实后与天然地基面齐平。图 3.35 为土工袋沟槽及加速度传感器布置。为对比分析土工袋与原地基的竖向减振效果，在沟槽深度方向，沿基坑长轴中心线，布置了两列加速度传感器，一列布置在基坑端部的天然地基中（测点 1～4），另一列布置在基坑内的土工袋夹层中（测点 5～8），每层传感器埋设高程相同；在地表面布置了 4 个测点，以研究土工袋沟槽的隔振效果。

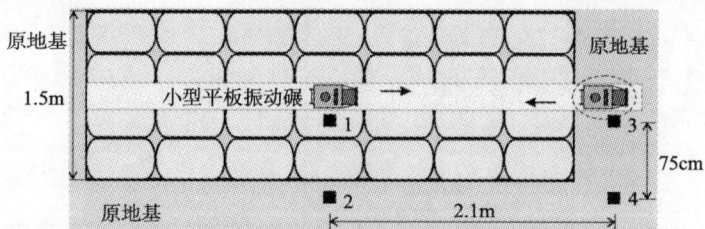

(a) 平面布置图

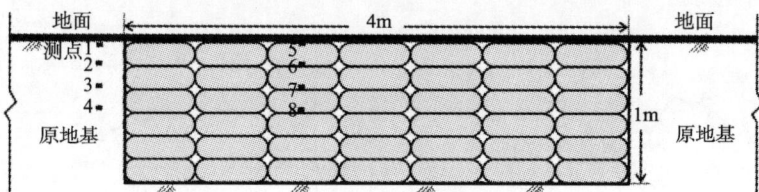

(b) 竖向剖面

图 3.35　土工袋基坑及加速度测点布置

1. 竖向减振效果

试验时，先后将 HZR100 型平板振动夯置于两列竖向测点的顶部作为点振源，分别持续振动 1min，得到 1~8 号测点的加速度响应情况，如图 3.36、图 3.37 所示。可见，加速度的响应都随着深度逐渐削减。比较测点 2、6 发现，振动经过第 1 层土工袋后比经过相同深度的土体削弱更明显。

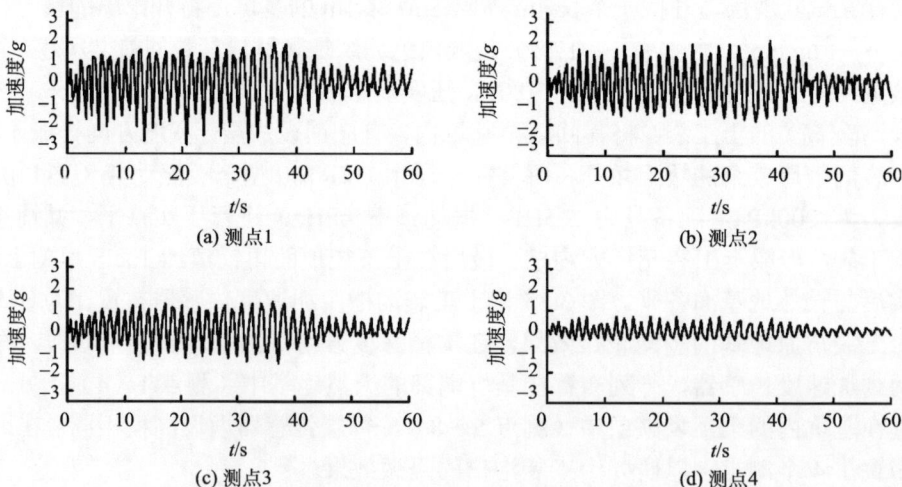

图 3.36　天然地基内各测点的加速度响应曲线

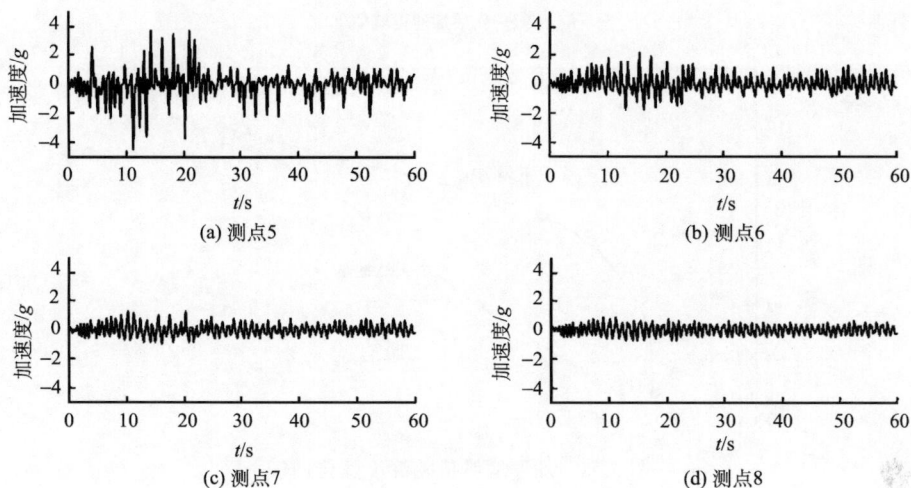

(a) 测点5　　　　　　　　　　　　　　(b) 测点6

(c) 测点7　　　　　　　　　　　　　　(d) 测点8

图 3.37　土工袋沟槽内各测点的加速度响应曲线

　　从加速度响应曲线中获取时段内加速度峰值，依此计算出从上至下的加速度衰减率。由于平板振动夯在天然地基表面与土工袋沟槽表面的振动初始输入不同（比较测点 1、5），因此，将实测结果进行归一化处理，使测点 1、5 的加速度峰值均标准化为 1g，归一化处理后结果如表 3.10 所示。可见，经土工袋处理后地基的归一化后最大加速度值明显小于天然地基，从上到下加速度的衰减率也比天然地基的要大，即土工袋处理后地基的竖向减振效果要比天然地基要好。

表 3.10　土工袋沟槽及天然地基中归一化后加速度峰值及其沿深度的衰减率

深度/cm	天然地基		土工袋沟槽	
	归一化后加速度峰值/g	衰减率/%	归一化后加速度峰值/g	衰减率/%
10	1.0	0	1.00	0
25	0.73	27	0.40	60
40	0.52	48	0.22	78
55	0.25	75	0.19	81

　　图 3.38 为天然地基和土工袋沟槽中归一化后加速度峰值随深度变化曲线。可见，振动向下传播时两者的加速度峰值都降低，且在 55cm 深度处十分靠近；其中天然地基的加速度峰值随深度呈近似线性衰减，而土工袋沟槽的加速度峰值呈对数衰减趋势。对于土工袋沟槽来说，在 10～25cm 的深度范围内，其加速度衰减较快；在 25～40cm 的深度范围内，其加速度峰值仅为天然地基中的 50%左右；在 40cm 深度以下，加速度衰减不明显，渐渐趋于稳定。说明在实际工程中铺设 2～3 层土工袋，一般就能满足竖向减振要求。

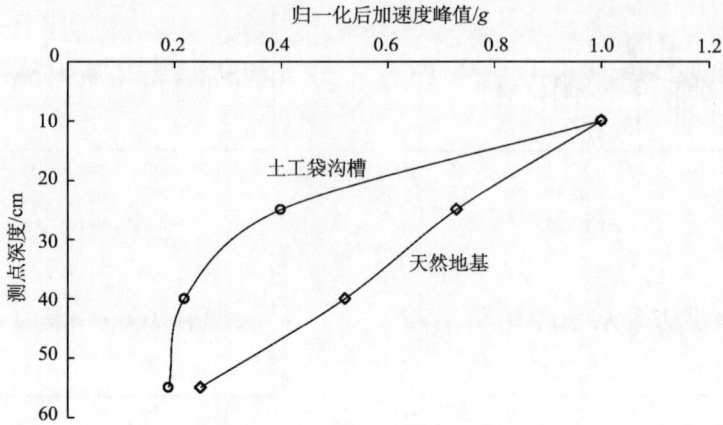

图 3.38　加速度峰值随深度变化曲线

2. 水平向隔振效果

为验证土工袋沟槽水平向的隔振效果，在地表面布置了 4 个测点，如图 3.35（a）所示。采用 AVD 测振仪同步测得各点的加速度响应，AVD 加速度传感器的测量信号频率为 0.05~2000Hz，量程 ±1g。试验时，将沿基坑长轴线往返移动的 HZR100 型平板振动夯作为线振源；AVD 测振仪对 4 个测点处的加速度进行了 6 个时段测试，每个时段持续 5s。

各测点在 6 个时段中实测最大加速度值及减振率列于表 3.11，土工袋沟槽及天然地基的减振率对比绘于图 3.39 中。可见，土工袋沟槽的水平向加速度衰减率比天然地基的大很多，6 组测试的衰减率都在 80% 以上，平均值达到 86.88%，而天然地基平均衰减率仅有 53.35%。其原因主要是土工袋在水平向存在间隙，有效阻碍了振动向周围的扩散。

表 3.11　测点加速度峰值及其水平向衰减率

时段	土工袋沟槽顶部			原地基表面		
	测点 1/g	测点 2/g	减振率/%	测点 3/g	测点 4/g	减振率/%
1	2.33	0.44	81.12	0.62	0.39	37.10
2	2.02	0.27	86.63	0.21	0.12	42.86
3	2.59	0.32	87.64	2.59	0.68	73.75
4	1.99	0.35	82.41	0.58	0.31	46.55
5	5.08	0.34	93.31	0.39	0.19	51.28
6	7.43	0.73	90.17	3.5	1.1	68.57
平均减振率/%	86.88			53.35		

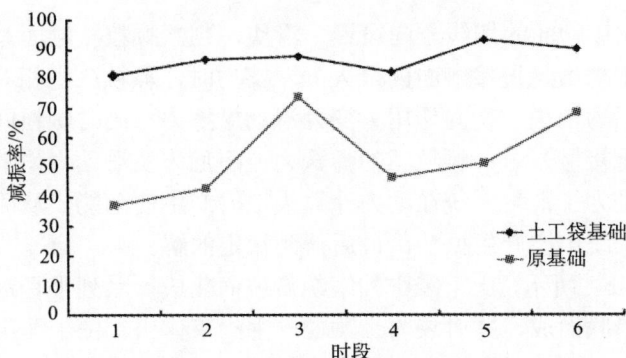

图 3.39　6 个时段减振效果对比图

3.5　土工袋减振消能机理

土工袋的减振消能性能已通过一系列室内、现场试验得到验证，其作用原理在于在振动荷载作用下，袋子的伸缩变形和袋子内部土颗粒之间的摩擦运动各消耗一部分能量。在振动荷载作用下，土工袋整体发生压缩变形，引起袋子伸长，从而在袋子中产生一个张力 T，由于张力的作用消耗了部分振动能量；同时，袋子张力反过来约束土工袋内部的土体，使得土工袋内部土颗粒间的接触力 N 增大。根据摩擦定律，接触力 N 增大，土颗粒间的摩擦力也就增大，土颗粒间摩擦运动消耗能量也增加。如果是多个土工袋的组合体，土工袋之间的空隙截断了部分振动能传播的途径，也是消能减振的主要因素之一。

以下通过颗粒离散单元法（DEM）的数值模拟，从能量耗散的角度研究土工袋的减振消能机理。

3.5.1　土工袋 DEM 数值模拟方法

1. 土工袋的接触模型

离散单元法（DEM）[7-9]按时步迭代的方法求解每个离散单元的运动方程，继而求得离散介质整体的运动形态。计算时假定散粒单元是刚性的，不会因挤压而发生改变，但允许单元接触处有一定的重叠变形。在颗粒离散单元中，宏观系统的力学行为通过细观颗粒间的接触模型体现出来。在土工袋的离散元模拟计算中，袋内土颗粒间的接触简化为弹簧-阻尼器-滑块模型，如图 3.40（a）所示；而袋子颗粒间的接触简化为皮筋-阻尼器模型，如图 3.40（b）所示。

如图 3.40（a）所示，土体颗粒的法向、切向均并行设有弹簧和黏滞阻尼器，弹簧的法向、切向刚度分别为 k_N，k_S，黏滞阻尼器的法向、切向阻尼系数分别为

η_N，η_S；在颗粒接触面的切线方向设置一滑块，判断颗粒接触面是否滑移，即当切向弹簧力的绝对值超过接触面的最大静摩擦力时，颗粒产生相对滑移，切向弹簧力与切向阻尼力消失，切向作用力变为滑动摩擦力；同时颗粒间设有分离器，当颗粒分离（无接触）时，颗粒间的弹簧力、阻尼力及滑动力均消失。设置黏滞阻尼器的作用是为了消耗系统在动力计算模拟时产生的动能，从而保证通过一定数量的迭代后系统不会产生振荡，最后得到稳定的解。

如图3.40（b）所示，土工袋中的编织袋被简化成一系列半径远小于土颗粒半径的圆盘颗粒串联而成，并对袋内土颗粒产生约束作用。由于编织袋这种柔性材料，在实际受力过程中只存在轴向的拉力作用，不发生剪切破坏，故在袋子颗粒 a 与 b 之间只设置法向作用力，包括一个皮筋模型和一个黏滞阻尼器，黏滞阻尼器的作用同前所示，阻尼系数为 η_{bN}。而这里设置的皮筋模型是为了反映袋子只受拉不受压的特殊性质，即当颗粒 a 与 b 之间的距离超过了初始值时，表现为拉力效果，弹性系数 k_{bN} 和阻尼系数 η_{bN} 发挥作用；而当颗粒 a 与 b 之间的距离小于等于初始值时，表现为自由状态，弹性系数 k_{bN} 和阻尼系数 η_{bN} 均变为零。

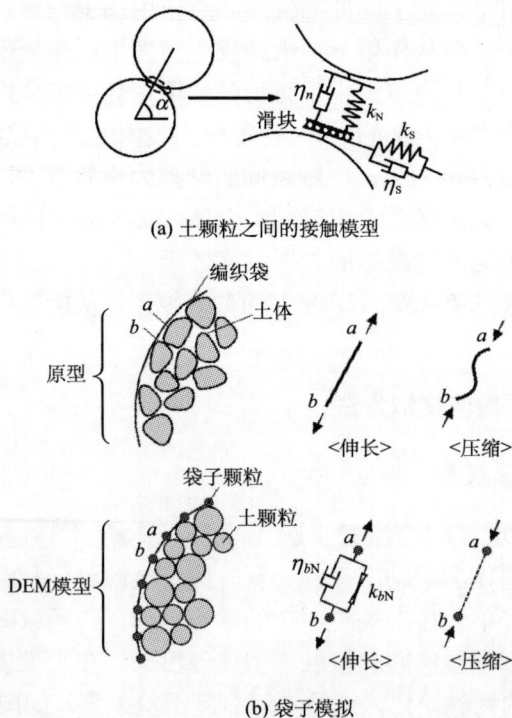

(a) 土颗粒之间的接触模型

(b) 袋子模拟

图 3.40　土工袋 DEM 模拟计算接触模型

2. 力-位移关系

采用瞬时动态松弛法，根据系统内部的应力变化对每个颗粒的空间位置逐个进行调整。某个时刻颗粒在受到外力和自身重力的作用下产生位移，从而确立新的空间位置，引起与相邻颗粒间接触关系的变化，原先的接触点可能消失，也可能产生新的接触点，打破原来的平衡状态，在不平衡力和力矩的作用下，产生新的位移，如此

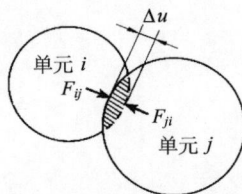

图 3.41　圆盘颗粒的接触作用形式

循环，力从一个颗粒传递给其他颗粒，直到各颗粒的作用力均达到平衡为止。而这种力的传递通过颗粒的接触实现。在颗粒离散单元法中，一般假定两颗粒间的相互作用力与颗粒重合量 Δu 有关，如图 3.41 所示。

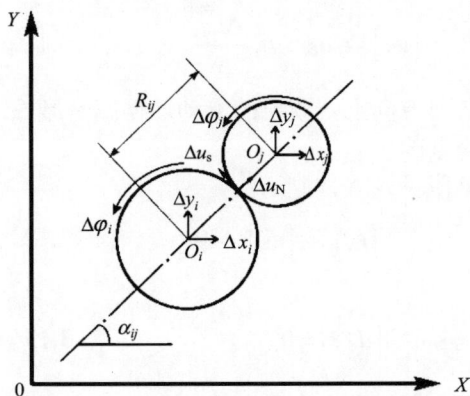

图 3.42　颗粒间相对位移增量计算示意图

以半径分别为 R_i 和 R_j 的两个圆盘颗粒为例，当它们圆心之间的距离 R_{ij} 小于两颗粒半径之和时，颗粒间发生重合，表示两颗粒已经接触。因此颗粒的接触条件可以简单表示为

$$R_i + R_j > R_{ij} \tag{3.3}$$

假设颗粒 i 的圆心坐标为（x_i, y_i），颗粒 j 的圆心坐标为（x_j, y_j），如图 3.42 所示，在一个计算时步 Δt 内，颗粒 i、j 的位移增量用（$\Delta x_i, \Delta y_i, \Delta \varphi_i$）、（$\Delta x_j, \Delta y_j, \Delta \varphi_j$）表示，则两颗粒间的相对位移增量可表示为

$$\begin{aligned}\Delta u_N &= (\Delta x_i - \Delta x_j)\cos\alpha_{ij} + (\Delta y_i - \Delta y_j)\sin\alpha_{ij} \\ \Delta u_s &= -(\Delta x_i - \Delta x_j)\sin\alpha_{ij} + (\Delta y_i - \Delta y_j)\cos\alpha_{ij} + (R_i \cdot \Delta\varphi_i + R_j \cdot \Delta\varphi_j)\end{aligned} \tag{3.4}$$

式中，Δu_N，Δu_s 分别表示颗粒 i，j 间沿接触面的法向、切向相对位移增量，其中 Δu_N 以压为正，Δu_s 以逆时针方向为正。α_{ij} 为颗粒圆心连线与坐标轴 X 的夹角。

颗粒间或颗粒与边界的接触均用弹簧和阻尼器来模拟，通过弹力-位移定律，可计算出由相对位移增量 Δu_N 引起的法向接触力增量 Δe_N 和由相对速度 $\Delta u_N / \Delta t$ 引起的法向阻尼力增量 d_N：

$$\Delta e_N = k_N \Delta u_N \tag{3.5}$$

$$d_N = \eta_N \frac{\Delta u_N}{\Delta t} \tag{3.6}$$

式中，k_N 为法向刚度系数；η_N 为法向阻力系数。

任意时刻 t，两颗粒间总法向接触力为

$$[f_N]_t = [e_N]_t + [d_N]_t \tag{3.7}$$

式中，

$$\begin{aligned} [e_N]_t &= [e_N]_{t-\Delta t} + \Delta e_N \\ [d_N]_t &= d_N \end{aligned} \tag{3.8}$$

当 $[e_N]_t < 0$ 时，$[e_N]_t = [d_N]_t = 0$。

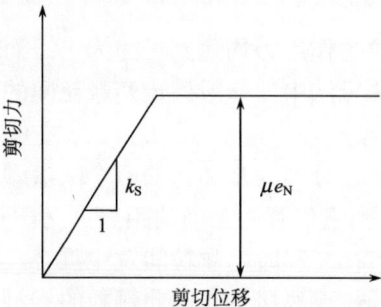

图 3.43　颗粒间切线方向力和位移
关系图（库仑摩擦定律）

同时，在两颗粒间的总切向接触力可写成：

$$[f_S]_t = [e_S]_t + [d_S]_t \tag{3.9}$$

式中，

$$[e_S]_t = [e_S]_{t-\Delta t} + \Delta e_S = [e_S]_{t-\Delta t} + k_S \Delta u_S \tag{3.10}$$

$$[d_S]_t = d_S = \eta_S \frac{\Delta u_S}{\Delta t} \tag{3.11}$$

在切向方向上，颗粒的滑动遵循库仑摩擦定律，参见图 3.43。

如果 $[e_N]_t < 0$，则

$$[e_S]_t = [d_S]_t = 0, \tag{3.12}$$

当 $|[e_S]_t| > \mu[e_N]_t$ 时，

$$[e_S]_t = \mu[e_N]_t \cdot \text{sign}([e_S]_t)，\quad [d_S]_t = 0 \tag{3.13}$$

式中，$\mu = \tan\phi_\mu$，ϕ_μ 为颗粒间摩擦角。

3. 颗粒加速度、速度和位移计算

在任意时刻 t，一旦确定了某个颗粒 i 各个接触点上的法向力和切向力，那么对于颗粒 i 所有接触点上总的力的分量 $[F_{xi}]_t$，$[F_{yi}]_t$ 和力矩 $[M_i]_t$ 可写成：

$$\left.\begin{aligned} [F_{xi}]_t &= \sum_j \left(-[f_N]_t \cos\alpha_{ij} + [f_S]_t \sin\alpha_{ij}\right) + m_i g_x \\ [F_{yi}]_t &= \sum_j \left(-[f_N]_t \sin\alpha_{ij} + [f_S]_t \cos\alpha_{ij}\right) + m_i g_y \\ [M_i]_t &= -r_i \sum_j \left([f_S]_t\right) \end{aligned}\right\} \tag{3.14}$$

式中，m_i，(g_x, g_y) 分别表示颗粒 i 的质量和重力分量。

然后，根据牛顿第二定律，颗粒 i 在任意时刻 t 的加速度可用下式表示：

$$\left. \begin{array}{l} \left[\ddot{x}_i\right]_t = \dfrac{\left[F_{xi}\right]_t}{m_i} \\[3mm] \left[\ddot{y}_i\right]_t = \dfrac{\left[F_{yi}\right]_t}{m_i} \\[3mm] \left[\ddot{\varphi}_i\right]_t = \dfrac{\left[M_i\right]_t}{I_i} \end{array} \right\} \tag{3.15}$$

式中，I_i 代表颗粒的运动惯性矩。

在一个计算时步 Δt 内，对上式进行积分可求得颗粒 i 的速度和位移增量：

$$\left. \begin{array}{l} \left[\dot{x}_i\right]_t = \left[\dot{x}_i\right]_{t-\Delta t} + \left[\ddot{x}_i\right]_t \cdot \Delta t \\[2mm] \left[\dot{y}_i\right]_t = \left[\dot{y}_i\right]_{t-\Delta t} + \left[\ddot{y}_i\right]_t \cdot \Delta t \\[2mm] \left[\dot{\varphi}_i\right]_t = \left[\dot{\varphi}_i\right]_{t-\Delta t} + \left[\ddot{\varphi}_i\right]_t \cdot \Delta t \\[2mm] \left[\Delta x_i\right]_t = \left[\Delta \dot{x}_i\right]_t \cdot \Delta t \\[2mm] \left[\Delta y_i\right]_t = \left[\Delta \dot{y}_i\right]_t \cdot \Delta t \\[2mm] \left[\Delta \varphi_i\right]_t = \left[\Delta \dot{\varphi}_i\right]_t \cdot \Delta t \end{array} \right\} \tag{3.16}$$

在时刻 t，颗粒的位置坐标和转动角度更新为

$$\left. \begin{array}{l} \left[x_i\right]_t = \left[x_i\right]_{t-\Delta t} + \left[\Delta x_i\right]_t \\[2mm] \left[y_i\right]_t = \left[y_i\right]_{t-\Delta t} + \left[\Delta y_i\right]_t \\[2mm] \left[\varphi_i\right]_t = \left[\varphi_i\right]_{t-\Delta t} + \left[\Delta \varphi_i\right]_t \end{array} \right\} \tag{3.17}$$

3.5.2　能量耗散计算

土工袋单体的能量耗散分为袋内土颗粒与袋子本身所消耗能量两部分。颗粒的外力功可按公式 $W = F_x \cdot x + F_y \cdot y$ 来计算，重力做功为 $W_g = mg \cdot \Delta h$，动能利用公式 $W_k = \sum \dfrac{1}{2} mv^2$ 计算。

DEM 计算中内力功可等效为弹性应变能、阻尼（即滞回）耗能及摩擦耗能三部分，分袋子内部土颗粒与袋子本身内力功两部分分别进行计算。

1. 袋子内部土颗粒

袋子内部土颗粒做功可按以下各部分分别进行计算。

法向弹性能：$W_{eN} = \sum \left[e_N\right]_t \Delta u_N$

法向阻尼（即滞回）耗能：$W_{dN} = \sum \left[d_N\right]_t \Delta u_N$

当颗粒未发生滑动时，

切向弹性能：$W_{eS} = \sum \left(\dfrac{1}{2} k_S \cdot |\Delta u_S| + [e_S]_{t-\Delta t} \right) \Delta u_S$

切向阻尼（即滞回）耗能：$W_{dS} = \sum \eta_S \Delta u_S^2 / \Delta t$

若颗粒发生滑动，则摩擦力做功为：$W_f = \sum [e_S]_t \cdot \Delta u_S$

2. 袋子本身

由于袋子做伸缩变形，因此仅考虑存在法向要素，其模型与土颗粒法线方向模型相同。即

弹性能：$W_{ep} = \sum \dfrac{1}{2} k_{pN} \Delta u_{pN}^2$

阻尼（即滞回）耗能：$W_{dp} = \sum \eta_{pN} \Delta u_{pN}^2 / \Delta t$

3.5.3　DEM 计算参数的确定

DEM 计算参数包括计算时步和颗粒材料接触法向弹性刚度系数、切向弹性刚度系数、黏滞系数、颗粒摩擦角。

1. 计算时步 Δt

计算时步 Δt 是计算各颗粒运动方程的时间积分增量。在计算中，Δt 的取值对解的收敛稳定影响较大。计算时步 Δt 根据单自由度体系的运动方程式求得

$$\Delta t < \Delta t_c = 2\sqrt{\dfrac{m}{k}} \tag{3.18}$$

式中，m 为颗粒的质量；k 为弹簧刚度。根据经验，通常采用 $\Delta t = \Delta t_c / 10$。

2. 颗粒材料接触参数

颗粒间接触模拟采用的法向弹性刚度系数和切向弹性刚度系数分别为 k_N、k_S，相应的黏滞系数分别为 η_N、η_S，颗粒与板间接触模拟采用的法向弹性刚度系数和切向弹性刚度系数分别为 k_N'、k_S'，相应的黏滞系数分别为 η_N'、η_S'。根据弹性圆柱及圆柱与板的接触理论[10]，直径为 D_1 和 D_2，弹性模量为 E，泊松比为 ν 的颗粒在单位长度荷载 q 的作用下法线方向弹性刚度系数 k_N 的计算公式为

$$k_N = \dfrac{\pi \cdot E}{2(1-\nu^2)\left(\dfrac{2}{3} + 2\ln\sqrt{1.6 \dfrac{D_1+D_2}{2q} \cdot \dfrac{E}{1-\nu^2}} \right)} \tag{3.19}$$

直径为 D，弹性模量为 E，泊松比为 ν 的颗粒与弹性模量为 E'，泊松比为 ν' 的弹性板在单位长度荷载 q 的作用下法线方向弹性刚度系数 k_N' 的计算公式为

$$k_{\mathrm{N}}' = \cfrac{\pi \cdot E}{2(1-\nu^2)\left(\cfrac{1}{3} + \ln\sqrt{1.6\cfrac{D}{q}\cdot\cfrac{E \cdot E'}{(1-\nu^2)E' + (1-\nu'^2)E}}\right)} \tag{3.20}$$

切线方向弹性刚度系数 k_{S} 和 k_{S}' 按照表面粗糙圆柱接触理论[11]进行计算，公式为

$$k_{\mathrm{S}} = a \cdot G\sqrt{q} \tag{3.21}$$

$$k_{\mathrm{S}}' = a \cdot \frac{G + G'}{2}\sqrt{q} \tag{3.22}$$

式中，G 为颗粒的弹性剪切模量；G' 为弹性板弹性剪切模量；q 为单位长度所受的垂直荷载；a 通常取值为 4.7×10^{-5}（$\mathrm{m^2/N}$）$^{1/2}$。

黏滞系数取单自由振动体系的临界衰减系数 η_c，表示为

$$\eta_c = 2\sqrt{km} \tag{3.23}$$

多年来，本课题组对铝棒材料进行了系列 DEM 数值模拟[12-14]。因此，在研究土工袋减振消能机理时，也采用了铝棒材料。铝棒颗粒间摩擦角 ϕ_μ 由铝棒的摩擦试验确定为 16°。

根据上述计算参数确定方法，下文土工袋 DEM 的计算参数取值见表 3.12。

表 3.12　DEM 所用的材料参数

参数	袋内土颗粒之间	袋子颗粒之间	袋子与土之间	土与刚性边之间	袋子与刚性边之间
k_{N}/（N/m²）	9.0×10^9	9.0×10^8	9.0×10^8	1.8×10^{10}	1.8×10^9
k_{S}/（N/m²）	1.2×10^8	0	1.4×10^7	2.4×10^8	2.8×10^7
η_N/（N·s/m²）	7.9×10^4	4.3×10^3	2.5×10^3	1.1×10^5	3.5×10^4
η_S/（N·s/m²）	9.0×10^3	0	1.2×10^4	1.2×10^4	4.3×10^2
ϕ_μ/（deg.）	16	16	16	16	16
ρ/（kg/m³）	2700	2700	2700	2700	2700
Δt/s	2.0×10^{-7}	2.0×10^{-7}	2.0×10^{-7}	2.0×10^{-7}	2.0×10^{-7}

3.5.4　土工袋单体减振效果

1. 计算模型

图 3.44 为土工袋单体 DEM 计算模型。假定颗粒为刚性圆，计算中采用的袋内土颗粒有 9mm、7mm、5mm 和 3mm 四种粒径，其颗粒个数比为 1∶3∶10∶30。对于土工袋袋子颗粒，统一采用粒径为 0.9mm 的小颗粒，任意两颗粒间的距离均

为 1.5mm，为缩短计算时间，土工袋采用 20cm×5cm 的小土工袋。

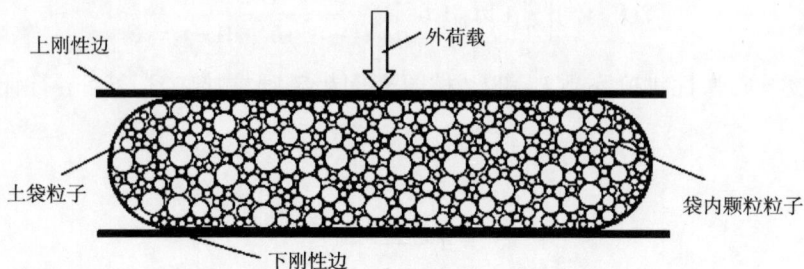

图 3.44　土工袋单体 DEM 计算模型

2. 竖向加载过程中能量守恒验证

为验证 DEM 数值模拟计算中能量计算的正确性，对图 3.44 所示的土工袋单体进行了竖向加载，其荷载通过上部刚性边均布传递到土工袋上，从 10N 开始加载，并以 10N 的增量逐级增加直至 100N，对于每一级荷载均加载至其内部颗粒基本稳定后再施加下一级荷载。

考虑到对土工袋单体进行加载计算时，对于每一级荷载作用下均加压至其内部颗粒基本稳定，此时袋子整体动能很小，可以忽略。因此土工袋的内力功可分为弹性应变能、阻尼耗能以及摩擦耗能三部分，将该三部分能量随外力的变化绘于图 3.45 中。由图可见，土工袋内力功绝大部分均被黏滞阻尼部分所消耗。

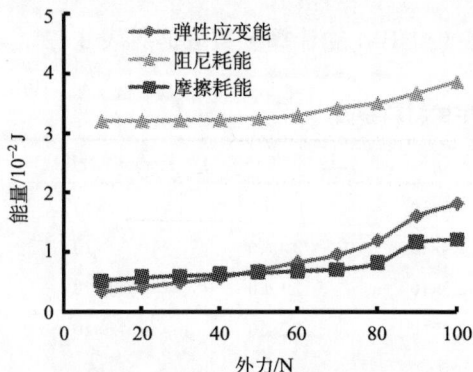

图 3.45　各部分内力功随外力变化

表 3.13 为加载过程中土工袋的内力功与外力功的大小及其误差。由表可见，加载过程中不同外力作用下土工袋的内力功与外力功误差均在 3%以内，即外力功与内力功基本相等，符合能量守恒定律，表明 DEM 计算中各部分能量计算正确。

表 3.13　土工袋单体内力功与外力功

外力/N	外力功/10^{-2}J	内力功/10^{-2}J	误差/%
10	4.01	4.05	0.99
20	4.2	4.19	0.24
30	4.33	4.3	0.7

续表

外力/N	外力功/10^{-2}J	内力功/10^{-2}J	误差/%
40	4.46	4.42	0.9
50	4.64	4.6	0.87
60	4.79	4.81	0.42
70	5.01	5.09	1.57
80	5.44	5.53	1.63
90	6.49	6.45	0.62
100	6.76	6.91	2.17

3. 不同加载速率竖向循环荷载作用下土工袋单体的能量变化

考虑到 DEM 数值模拟是一个拟静力的计算过程，无法反映土工袋在动力荷载作用下的作用机理。因此，通过施加竖向循环荷载的方法来近似模拟土工袋袋子本身及其内部土体颗粒在动力作用下的特性。模拟计算过程为：通过刚性边对单个土工袋施加竖向循环荷载，荷载大小从 0 开始，并以 10N 的增量逐渐增加至 100N，再卸载至 0，共循环加载三次。加载速率分别为 500N/s、1000N/s、2000N/s 和 5000N/s。

图 3.46 为四种不同加载速率下土工袋的外力功随外力的变化。由图可见，在第一次循环加载过程中土工袋外力功迅速增长，从第一次循环过程中的卸载开始土工袋的外力功随着加荷与卸荷的进行而呈波浪状增减，这是由于第一次加载完成后土工袋变形已基本充分，卸载过程中土工袋有部分回弹，外力功有一定的减小，但在继续加载时土工袋有少量的压缩变形，外力功有少量增长。从四种不同

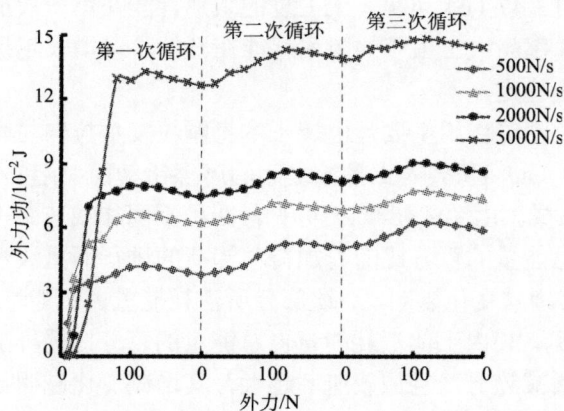

图 3.46　不同加载速率与循环荷载作用下土工袋的外力功随外力的变化

加载速率下土工袋外力功的变化趋势来看，加载速率越大土工袋的外力功在开始阶段增长越缓慢，但随后增长速率较快，且在较大外力时仍会持续增长，这主要是由于当外荷载较小且加载速率较大时，外力作用时间较短，袋子压缩变形量很小，外力所做功较小，随着外力的逐渐增大，袋子变形量逐渐增大，因此其外力功不断增加，且加载速率越大，袋子后期变形量越大，而该变形量是在较大外力作用下产生的，因此加载速率越大在较大荷载作用下外力功增长越快。

　　土工袋的内力功包括弹性应变能、摩擦耗能、阻尼耗能和动能四部分，考虑到土工袋各颗粒的动能比较小，基本可以忽略，因此仅对其他三部分能量进行分析。图3.47为四种不同加载速率作用下土工袋的弹性应变能、摩擦耗能、阻尼耗能随外力的变化。由图3.47（a）可见，土工袋的弹性应变能随着加荷与卸荷的进行而呈明显波浪状增减趋势，即在加荷阶段土工袋的弹性应变能增加，而在卸荷阶段则降低，这主要是由于袋子张力随着外力的增减而增减，袋子张力的变化引起袋子发生伸长与压缩，袋子本身的颗粒以及袋内土体颗粒之间的位移整体上均随之发生增大或减小，而弹性应变能主要随颗粒之间距离的变化而变化。从四种不同加载速率下土工袋的弹性应变能随外力的变化关系对比来看，加载速率越大土工袋的弹性应变能在开始阶段增长越缓慢，但随后增长较迅速，这主要是由于当外荷载较小且加载速率较大时，外力作用时间较短且较小，袋子压缩变形量很小，弹性应变能较小，随着外力的逐渐增大，袋子变形量逐渐增大，因此弹性应变能不断增加，且加载速率越大，袋子后期变形量越大，而该变形量是在较大外力作用下产生的，此时颗粒之间的弹性力也较大，因此加载速率越大在较大荷载作用下弹性应变能增长越快，且其值也越大。由图3.47（b）可见，由于所消耗能量的不可恢复性，土工袋的摩擦运动所消耗能量在三个循环加载过程中持续增加，加载速率越大土工袋的摩擦运动所消耗能量在开始阶段增长越缓慢，但随后增长速率较迅速。由图3.47（c）可见，土工袋的阻尼耗能在第一次加载结束后基本保持不变，且加载速率越大土工袋的阻尼耗能在开始阶段增长越缓慢，但随后增长速率较迅速并趋于稳定。

　　土工袋的减振消能作用主要是由袋子本身颗粒发生拉伸与收缩变形而引起的能量耗散[图3.48（a）]和袋内土颗粒之间的摩擦错动而引起的能量耗散[图3.48（b）]两部分所组成。由图3.48（a）可见，四种不同加载速率下袋子本身伸缩变形所消耗能量占总能量的百分比随着加荷与卸荷的进行而呈波浪状增减趋势，且加载速率越大，其增减变化越明显，该部分所消耗能量占总能量的百分比也越大。由图3.48（b）可见，袋内土体消耗能量占总能量的百分比同样随着加荷与卸荷的进行而呈波浪状增减趋势，且加载速率越大，其增减变化越明显，但其消耗能量占比较小。

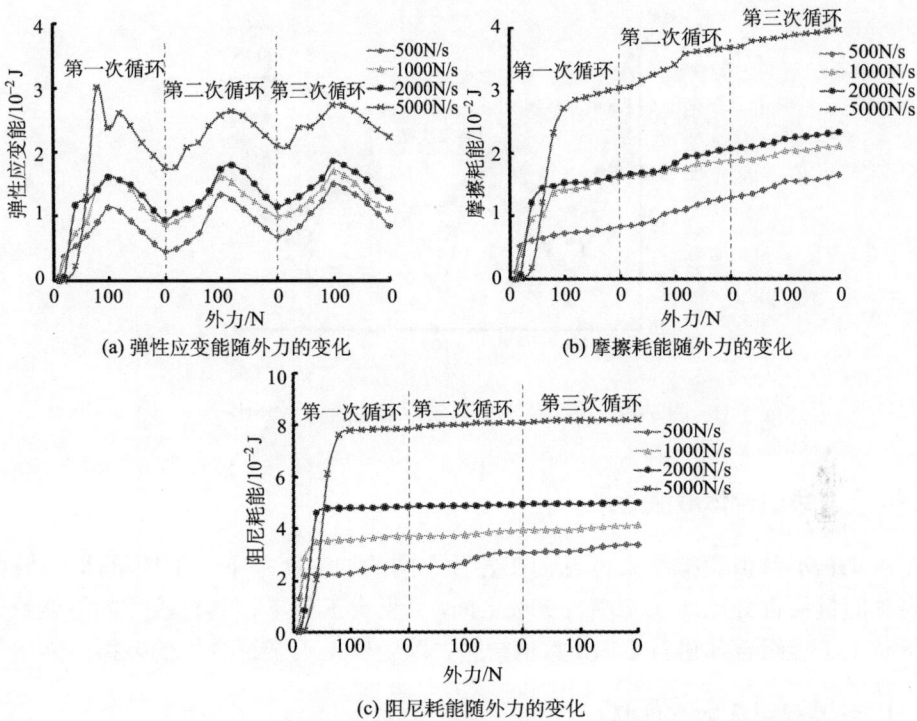

(a) 弹性应变能随外力的变化

(b) 摩擦耗能随外力的变化

(c) 阻尼耗能随外力的变化

图 3.47　不同加载速率与循环荷载作用下土工袋内力功随外力的变化

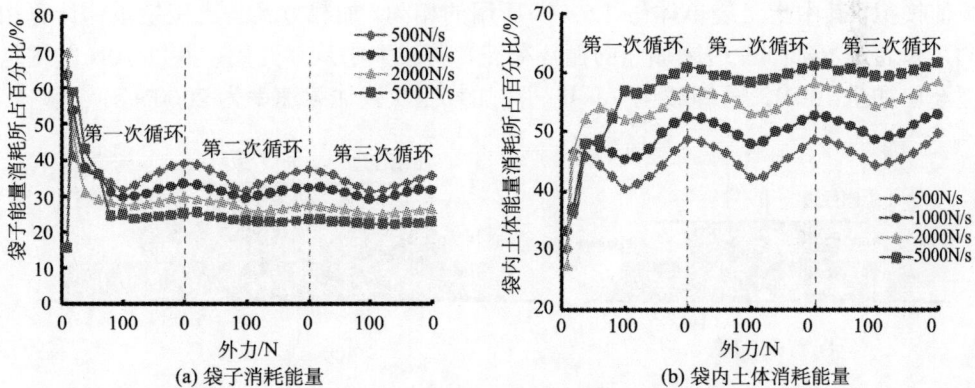

(a) 袋子消耗能量

(b) 袋内土体消耗能量

图 3.48　袋子消耗能量及袋内土体消耗能量占总能量的百分比

　　图 3.49 为四种不同加载速率下土工袋总消耗能量占总能量（外力功）的百分比随外力的变化。由图可见，土工袋总消耗能量占总能量的百分比随着加荷与卸荷的进行而呈波浪状增减趋势。总体来看，土工袋总消耗能量占总能量的百分比在 70%～90%之间，可见将土工袋具有较好的消能效果。

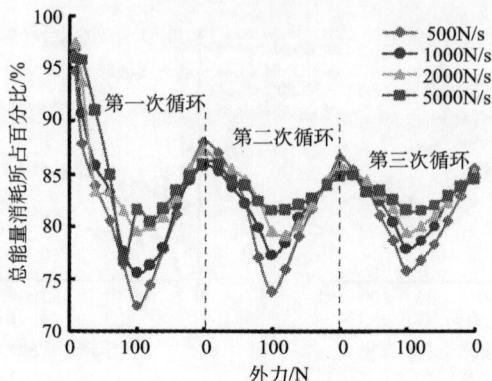

图 3.49　土工袋单体总消耗能量所占百分比

3.5.5　土工袋组合体减振效果

由 DEM 数值模拟结果可见，在各种不同的加载速率下土工袋单体总消耗能量占总能量的百分比均在 70%~90%之间，可见土工袋单体具有较好的消能效果。以下对土工袋组合体进行 DEM 数值模拟，以分析土工袋组合体的减振消能效果。

1. 计算模型及加载过程

分别对图 3.50 所示的两层、三层和四层交错布置的土工袋组合体进行 DEM 数值模拟，其中土工袋单体与 3.5.4 节所用的相同。加载方式与土工袋单体计算相同，即通过上部刚性边施加竖向循环荷载，荷载大小从 0 开始，并以 10N 的增量逐渐增加至 100N，再卸载至 0，共循环加载三次。加载速率为 2000N/s。

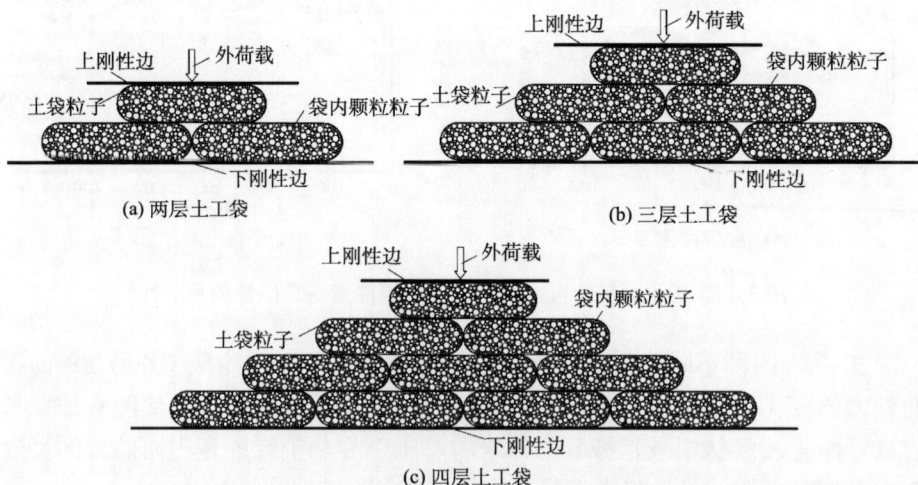

(a) 两层土工袋　　　　　　　　　　　　　　(b) 三层土工袋

(c) 四层土工袋

图 3.50　土工袋组合体 DEM 计算模型

2. 计算结果与分析

　　与土工袋单体相似,首先对土工袋组合体的外力功进行分析。图 3.51 为三种不同层数土工袋在加载速率为 2000N/s 时循环加载条件下土工袋的外力功随外力的变化关系曲线。由图可见,与土工袋单体外力功在循环加载过程中随着加荷与卸荷的进行而呈波浪状增减趋势不同,土工袋组合体在三个循环加载过程中外力功基本无减小趋势。对于土工袋组合体,在第一次循环的加载过程中,三种不同层数的土工袋的外力功均随着外力的增加而迅速增长。对于两层土工袋的情况,从第一次循环过程中的卸载开始外力功基本不再增加,即第一次加载结束后土工袋的外力功已基本达到最大值,外力在随后的循环加载过程中基本不做功,对于三层土工袋,从第一次循环过程中的卸载开始外力功略有增加,而对于四层土工袋的情况,在三个加载循环过程中,土工袋外力功均持续增长。对比三种不同层数的土工袋在循环加载条件下的外力功可见,土工袋层数越多,外力功在第一次加载结束后增加越快,这主要是由于土工袋为柔性体,土工袋层数越多柔性越大,在加载循环过程中土工袋的变形越大,外力做功越多,土工袋的外力功越大。

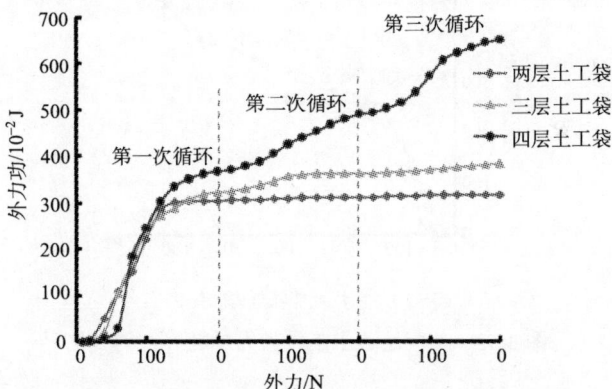

图 3.51　不同层数土工袋的外力功随外力的变化

　　将土工袋组合体的内力功分弹性应变能、阻尼耗能和摩擦耗能三部分分别进行考虑。图 3.52 为三种不同层数土工袋在加载速率为 2000N/s 时循环加载条件下三部分内力功随外力的变化。由图可见,无论是弹性应变能、阻尼耗能还是摩擦耗能,两层土工袋组合体均从第一次循环过程中的卸载阶段开始基本不再变化,三层、四层土工袋组合体则随荷载的增加而增加,而在卸载阶段降低量很小。

　　图 3.53 为三种不同层数土工袋组合体在加载速率为 2000N/s 时循环加载条件下土工袋袋子本身伸缩变形所消耗能量、袋内土体消耗能量及总消耗能量占总能

量（外力功）的百分比随外力的变化。由图可见，各种消耗能量从第二次循环加载开始基本不变。总体来看，土工袋组合体消耗能量占总能量的百分比均在85%～90%之间，大于土工袋单体能量消耗所占的百分比，且土工袋层数越多能量消耗所占百分比越大。由此可见，土工袋组合体的消能减振效果优于土工袋单体，且土工袋层数越多其消能减振效果越好。

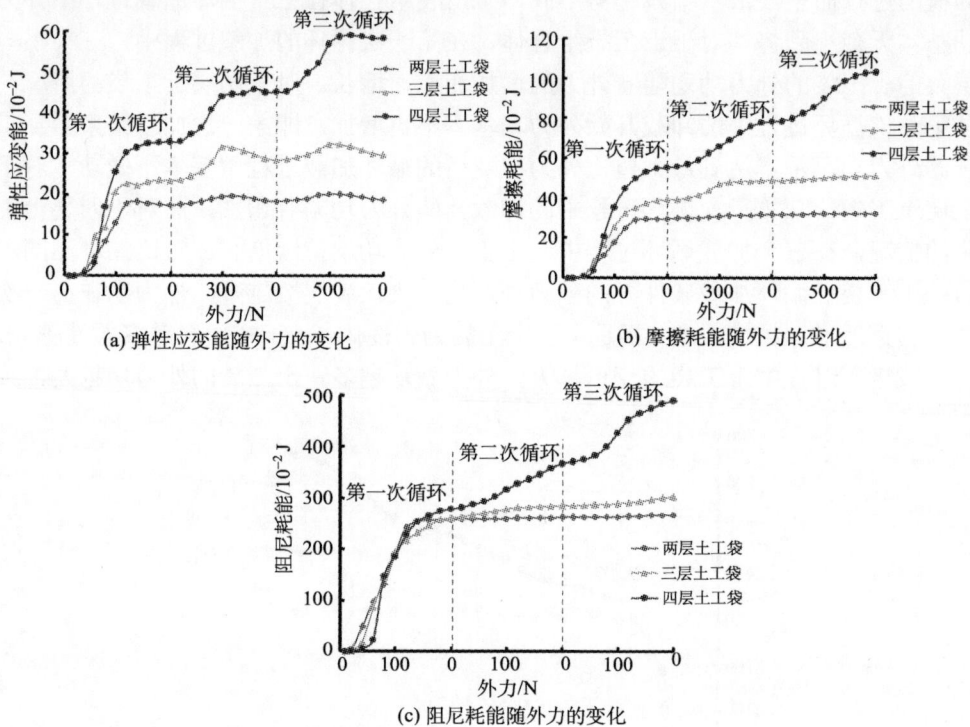

(a) 弹性应变能随外力的变化

(b) 摩擦耗能随外力的变化

(c) 阻尼耗能随外力的变化

图 3.52　不同层数土工袋内力功随外力的变化

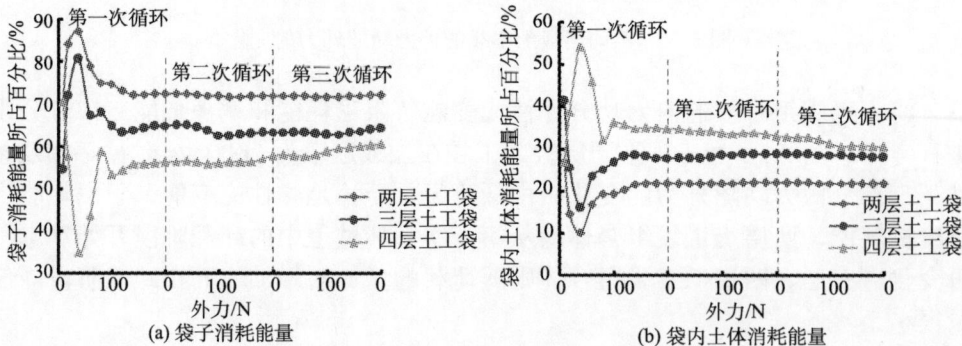

(a) 袋子消耗能量

(b) 袋内土体消耗能量

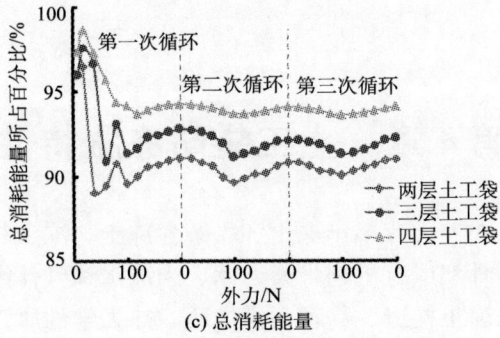

(c) 总消耗能量

图 3.53　土工袋组合体消耗能量所占百分比

第4章　土工袋防冻胀特性

我国北方地区分布着大片多年冻土和季节性冻土。冻土是复杂的多相和多成分体系，主要由矿物骨架或有机物骨架、冰、未冻水和气体组成，这些基本组成的差异使之有独特的冻土构造、物理力学性质、热力学性质以及冻结和融化的工程特性。冻土既具有一般土类的共性，又因为是一种因冰胶结而具有特殊性质的多相复杂体系，其最大特点是在热力学方面的不稳定性。

寒冷地区有很多建筑物因地基土冻胀作用而遭受破坏。在水利工程中，受冻胀影响最多的是渠系构筑物和渠道，渠道冻胀破坏主要是由渠床土冻胀造成衬砌体不均匀变形过大引起的，加之渠道衬砌普遍具有体积小、自重轻、所受约束力小等特点，难以抑制冻胀力而遭受破坏。渠道冻胀破坏程度主要取决于渠床的土质条件、土体含水量、负温条件及其工程结构型式等因素。北方寒冷地区灌区渠道、城市供水渠道、南水北调工程渠道及其建筑物在冻融循环作用下遭受到不同程度的冻胀破坏，渠道及其建筑物的冻胀不仅影响了工程正常的运行，增加了工程管理维修的难度和费用，而且也影响了工程的防渗效果。目前寒冷地区渠道防冻胀主要采取"适应、回避、消减或消除冻胀"等措施，以单一结构型式、刚性材料、换填土为主。土工袋既是一种柔性材料、具有较强的适应不均匀变形能力，又可以就地利用现场开挖土料避免弃土。在寒区利用土工袋处理渠道边坡的具体做法是：将一定冻深范围内的土体进行开挖，将其装入土工编织袋中，按照一定的排列方式堆放在渠道边坡和渠底，从而达到渠道防冻胀目的。

4.1　土工袋防冻胀机理

图 4.1 为土工袋防冻融、冻胀机理示意图。土工袋在堆砌与压实过程中，上部土工袋的荷载压力和袋内土体的自重作用使得袋子周长伸长。与此同时，如果土工袋处在低温环境中，袋内的土体会发生冻结，土颗粒间的孔隙中部分水会发生相变结晶成为冰（体积膨胀 9%左右），使得土颗粒的间隙体积变大，从而推动土颗粒移动，使土体产生塑性变形，土体体积增大。当土体的变形受到外部约束时，因土体体积增大而发生的冻胀变形会进一步产生冻胀力，该冻胀力直接作用在土工袋上，使得袋子周长再一次发生伸长变形。因压实与冻结过程产生的伸长变形使得土工袋产生了一个张力 T_1，该张力对袋内的土体起到了约束作用，阻止土体冻胀量的增大。因此，将土装入土工袋中可以有效地减小低温环境中土体

的冻胀变形量。与此相反，土工袋中的冻结土体在正温环境下会发生融化，融化后的土体较冻结土体而言有一定量的下沉。但在其下沉过程中，由于受到上部土工袋的自重及外荷载作用，袋子周长一般会伸长变形，因而在袋子中会产生另一个张力 T_2，张力 T_2 对袋内的土体同样起到了约束作用，减小了土体的融沉量。张力 T_1、T_2 的作用使得袋内土颗粒之间的接触力 N 增加，从而使得土颗粒间的摩擦强度增大（由于土体强度本质上源于土颗粒间的摩擦强度，符合摩擦定律 $F = \mu N$，μ：土颗粒间摩擦系数）。同时，土颗粒间的接触力增加会降低土体中冰的冻结点，影响土中水的相态转换，以及会减少未冻区水分向冻结前缘带的迁移量。

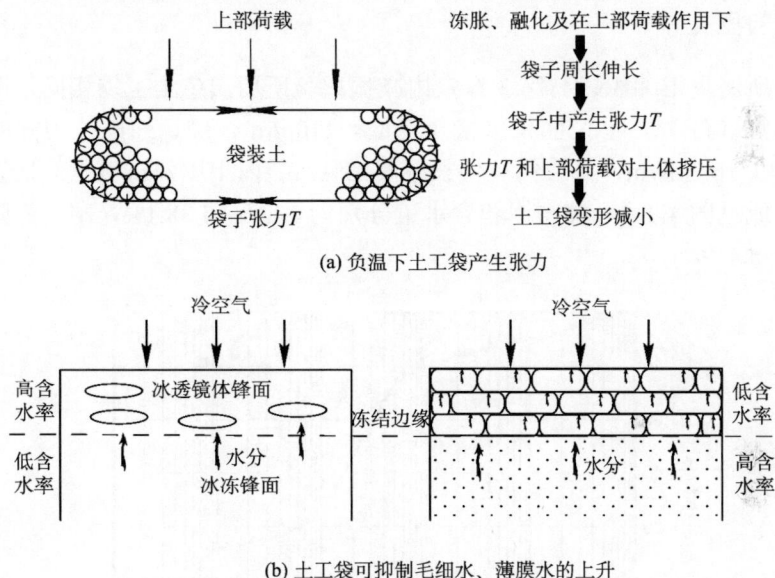

(a) 负温下土工袋产生张力

(b) 土工袋可抑制毛细水、薄膜水的上升

图 4.1　土工袋防冻胀机理示意图

　　土体在负温环境中发生冻结，会在土体内部形成温度梯度与吸力梯度。在这两种梯度的作用下，土体底部的水分（尤其是地下水）会向土体表面迁移，表面土体的含水量逐渐增大，在冻结过程中，其冻胀量也会相应地增加。而土工袋由于其袋间有一定的空隙，可以有效地抑制毛细水和薄膜水通过土工袋进行迁移，从而阻止地下水向上部土工袋进行迁移。因此，在冻结过程中，袋内土体的含水量几乎不变，其冻胀量较纯土体而言要小很多。

　　渠道土体发生冻胀有三个要素：①冻胀敏感性的土质；②土壤含水量超过起始冻胀含水量（特别是有外界水源补给）；③达到土体冻结的负温。将冻胀敏感性的土质装入土工袋可以有效抑制土体的冻胀，同时土工袋能够抑制毛细水、薄膜水通过土工袋向上（冻结区）迁移，阻止上部土体含水量的增加。土工袋能够有效地解决上述冻胀三要素中的两个要素。因此，土工袋可以有效地削弱渠道及建筑物的冻融冻胀作用。

4.2　冻融循环下土工袋变形特性试验

为了验证土工袋防冻胀的效果，分别在封闭系统中（模拟无地下水补给）和开放系统中（模拟有地下水补给）进行了土工袋组合体和土体冻胀融沉特性的对比试验[15,16]。

4.2.1　试验概况

试验所用土工编织袋与第3章室内减振试验所用黑色土工袋相同，即：原材料为聚丙烯（PP），单位面积重量（克重）110g/m^2，经、纬向拉力强度分别为25kN/m 与 16.2kN/m，经、纬向伸长率≤25%；袋内土以及试验土体均为黏土，其颗粒组成见图4.2，天然与饱和含水量分别为17.6%与38.1%，塑、液限分别为16.6%与36.4%。

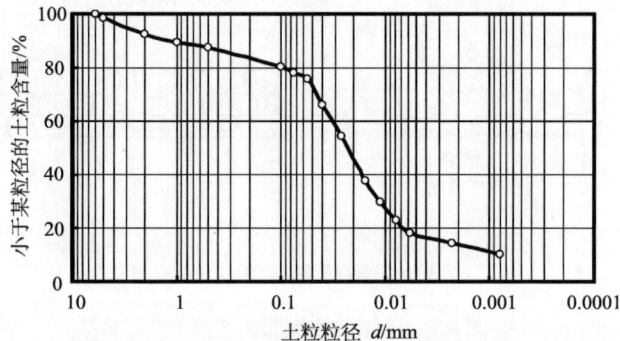

图 4.2　试验黏土粒径分布曲线

试验在自主研发的冻融冻胀模型装置内进行。该试验装置主要出冻融冻胀试验箱、模型箱、马氏瓶、百分表以及控温测温系统组成，如图4.3所示。冻融冻胀试验箱尺寸为160cm×60cm×91cm（长×宽×高）；模型箱1和模型箱2尺寸均为57.3cm×47cm×49cm（长×宽×高），放置在冻融冻胀试验箱内，由高强度有机玻璃制成，模型箱四周和底部均包裹厚5cm的泡沫保温隔热材料，以保证土工袋组合体和土体在冻结时自上向下单向制冷，与自然界冻结情况相似；地下水补给系统采用2个尺寸为25cm×60cm （直径×高）的马氏瓶，分别与模型箱1、模型箱2底部相连接；试验中分别在土工袋组合体和土体表面以下6cm、12cm、24cm三个不同深度处埋设温度传感器，根据实测温度值了解土工袋组合体和土体在

48h 内完全冻结、完全融化的情况；土工袋组合体及土体冻胀量与融沉量用百分表测量，通常布置 3 个测点，沿模型表面对角线方向布置。

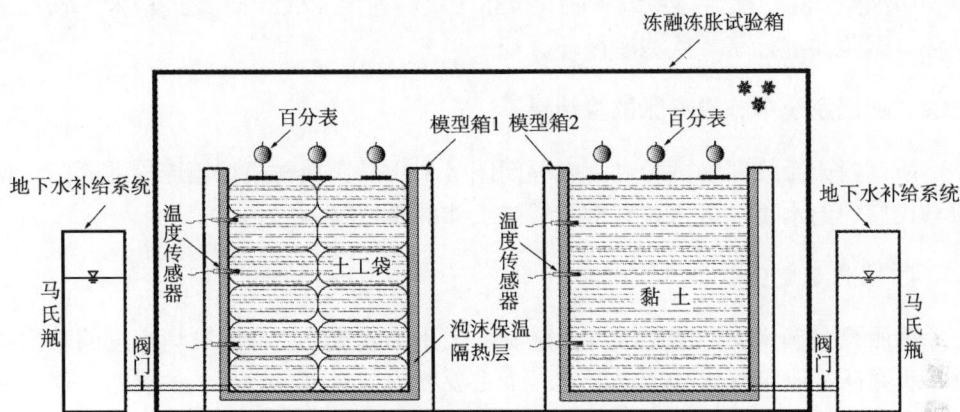

(a) 试验装置示意图

(b) 实物照片

图 4.3　土工袋组合体及土体冻融冻胀模型试验

　　试验所用黏土的初始含水量为 18.0%。将配制好的黏土等分为质量相等的两组。第一组黏土按照质量等分后装入土工袋中，然后将土工袋装入模型箱 1 中，形成土工袋组合体，最终土工袋组合体的高为 32cm，土工袋尺寸为 20cm×20cm×40cm（长×宽×高），土工袋从模型箱 1 底部开始水平逐层放置，沿高度方向依次交错排列；第二组黏土装入模型箱 2 内，土体高为 32cm。模型箱 1 和模型箱 2 中的黏土干密度均为 1.62g/cm³。在土工袋组合体和土体装入模型箱之前，需要在两个模型箱的内壁上均匀地涂抹一定厚度的凡士林，以减小土工袋组合体和土体冻胀、融沉时与模型箱内壁的摩擦。

根据北方寒冷地区温度变化情况，试验选择的冻结温度为-15℃、融化温度为 17℃，即在模型和测量仪器准备完毕后，使模型在温度为-15℃的冻融冻胀试验箱中冻结 48h，然后在室温下融化 48h（室温约为 17℃），此过程为 1 次冻融循环，试验共进行了 4 次冻融循环。

4.2.2 封闭系统中冻融冻胀试验结果

所谓封闭系统即为试验过程中关闭图 4.3 中马氏瓶与模型箱连接的阀门，使得马氏瓶中的水不能进入装有土工袋或土体的模型箱。

1. 冻胀量变化

冻胀量是确定土的冻胀级别、冻胀力大小、建筑物受冻胀破坏程度的基本依据，也是防冻胀工程设计所需要的一个主要参数。衬砌渠道是一种线路工程，沿线渠道的土质、水分补给条件和渠道走向变化很大，而且渠道及其建筑物地基常在浸水条件下工作，寒冷地区渠道沿线的冻胀量差异很大，对建筑物的破坏程度也不同，因此，冻胀量对渠道及其建筑物基础的稳定性有重要意义。

封闭系统中不同冻融循环次数下土工袋和土体冻胀量与时间的关系见图 4.4。由图可知，随着冻融循环次数的增加，土工袋与土体的冻胀量略微增大，土工袋的冻胀量小于土体的冻胀量。在冻结开始 24h 内，土工袋与土体的冻胀量变化最明显并分别达到最大冻胀量。第 1 次冻融循环后土工袋的最大冻胀量为 0.12cm，土体的最大冻胀量为 0.14cm；第 4 次冻融循环后土工袋及土体的最大冻胀量分别为 0.32cm 与 0.41cm，冻胀量增量分别为 0.2cm 及 0.27cm。

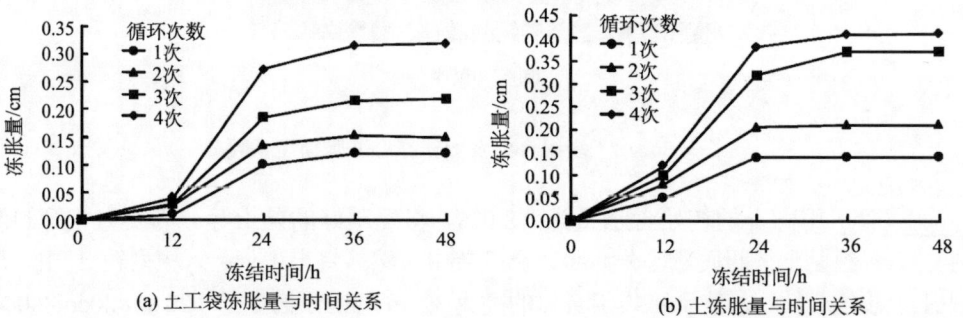

图 4.4　封闭系统中不同冻融循环作用下土工袋和土体冻胀量与时间关系

试验结果表明，相同工况下的土工袋冻胀量明显小于土体的冻胀量。这主要是由于在负温环境下袋内土体中水结晶成为冰，土体体积增大产生冻胀变形，进一步地产生冻胀力，使得土工袋周长发生伸长变形，产生张力，袋子张力阻止了袋内土体的进一步冻胀。由于袋子张力的约束作用使得土工袋内部土体的土颗粒间接触力明显大于常规土体的土颗粒间接触力，其效果相当于在袋子内部土体中加入了固结剂。另外，袋内土体在负温作用下冻胀产生的冻胀力而引起袋子的张力和上部土工袋的自重作用相当于附加荷载。增加外部荷载对土体冻胀有显著的抑制作用。一方面，土体外部附加压力增加，增大了土颗粒间的接触应力，降低土体中冰的冻结点，影响土中水的相态转换。另一方面，外荷载的作用会减少未冻区水分向冻结前缘带的迁移量，因为约束压力会影响水分迁移抽吸力。

2. 融沉量变化

在北方寒冷地区兴建工程及其建筑物时，例如渠系工程中常见的基础结构有渠道衬砌、桩墩基础、板型基础和挡土墙等，如果设计时未能预知因地基融化发生的沉降，在工程使用过程中，沉降量有可能会超过建筑物的容许极限，将引起建筑物及其上部结构出现变形，甚至破坏。渠系工程抗冻胀设计规范（SL 23-2006）和水工建筑物抗冰冻设计规范（SL 211-2006）中用允许法向冻胀位移作为防冻胀设计的控制指标。允许法向冻胀位移值是指衬砌板在冻胀融沉作用下，不产生累计冻胀或残余位移的允许值，而确定渠道及其建筑物的融沉量是进一步确定允许法向冻胀位移值的前提。

土的融沉过程是一种伴随着冰的融化而发生的固结现象，只有冻土温度上升到某一界定值，且当冰晶吸收足够的热量后，才能实现固相冰向液态水的转化。图 4.5 为封闭系统中不同冻融循环作用下土工袋和土体融沉量与时间的关系。由图可以看出，经历不同次数冻融循环后，土工袋的融沉量小于土体的融沉量。第 4 次冻融循环后（历时 48h），土工袋及土体的最大融沉量分别为 0.31cm 与 0.43cm。

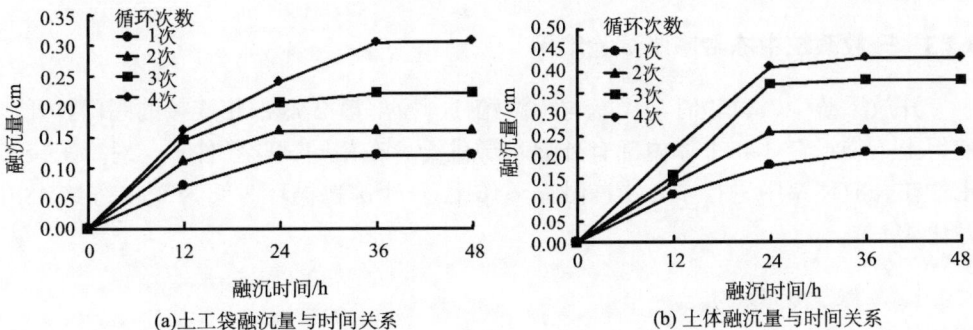

(a)土工袋融沉量与时间关系　　　　(b) 土体融沉量与时间关系

图 4.5　不同冻融循环作用下土工袋和土体融沉量与时间关系

3. 土工袋和土体的含水量变化

土工袋组合体和土体经历 4 次冻融循环作用后的含水量变化见图 4.6。由图 4.6（a）可知，4 次冻融循环后的土工袋组合体表面 0～4cm 处的含水量为 17.3%，土工袋组合体表面 4cm 以下的含水量为 17.6%，土工袋组合体表面含水量降低是由于在 4 次冻融循环过程中有少量水分蒸发。土工袋组合体表面 4cm 以下部分的含水量均未发生变化，这是由于 4 次冻融循环过程中土工袋之间没有水分迁移。由图 4.6（b）可知，4 次冻融循环作用后，土体内部的含水量变化较大，土体表面以下 8cm、16cm、24cm、32cm 处的含水量分别为 18.2%、17.6%、16.5%、16.8%，经历不同冻融循环作用后土体内部水分重新分布，说明冻融循环作用使得毛细水和薄膜水在土体内部发生迁移。

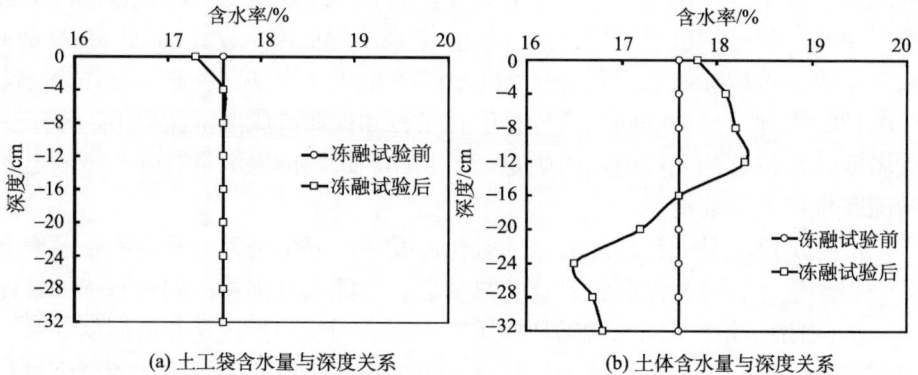

(a) 土工袋含水量与深度关系　　　　　　　　(b) 土体含水量与深度关系

图 4.6　封闭系统中土工袋和土体含水量与深度关系

4.2.3　开放系统中冻融冻胀试验结果

开放系统中，试验时马氏瓶与模型箱 1、模型箱 2 底部相连接的阀门打开，使得土工袋组合体和土体内部有外界水源供给。在相同试验条件下，对土工袋和土体在开放体系中进行了 4 次冻融循环作用。一个冻融循环时间为 96h（冻结 48h，融化 48h）。

1. 冻胀量变化

图 4.7 为开放系统中不同冻融循环次数下土工袋与土体冻胀量随时间的变化。对比图 4.4 可以看出，开放系统中土工袋和土体的冻胀量均大于封闭系统中相应的冻胀量，经历 4 次冻融循环后土工袋的冻胀量小于土体的冻胀量。随着冻融循环次数的增加，土体的冻胀量不断增大，而土工袋的冻胀量变化不大。在开放系

统中，地下水不断地向土工袋组合体和土体补给水分，迁移毛细水冻结形成冰聚体、原位水冻结成为冰，由于相同质量的冰的体积要比水大 9%，所以开放系统中土工袋和土体的冻胀量要比封闭系统中的来得大。在开放系统中，土工袋冻胀量小于土体冻胀量，4 次冻融循环后土体的冻胀量是土工袋冻胀量的 1.9 倍。其主要原因是土工袋组合体之间缝隙和土工袋接触面之间相对隔水，地下水向上补充的毛细水和薄膜水无法通过土工袋向冻结锋面迁移，而且因袋内土体冻胀而产生的袋子张力对其内部土体有一个作用反力，相当于在袋内土体上施加了一个附加荷载。

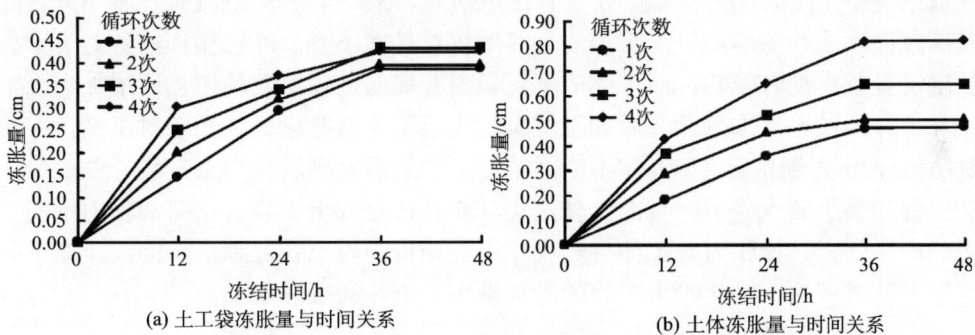

(a) 土工袋冻胀量与时间关系　　　　　　　　　　(b) 土体冻胀量与时间关系

图 4.7　开放系统中不同冻融循环作用下土工袋和土体冻胀量随时间的变化

经历 4 次不同冻融循环土工袋与土的毛细水补给量见图 4.8。由图可知，不同冻融循环过程中土工袋组合体毛细水补给量小于土的毛细水补给量，且随着冻融循环次数增加，有部分水分渗透进入最底层土工袋内部，而毛细水无法进一步通过土工袋之间补给，因此土工袋对毛细水上升有一定的抑制作用。不同冻融循环过程中土工袋毛细水补给量呈递减趋势，第 1 次融化过程变化较大，主要是由于马氏瓶中部分水分进入模型箱土工袋内的土体中。

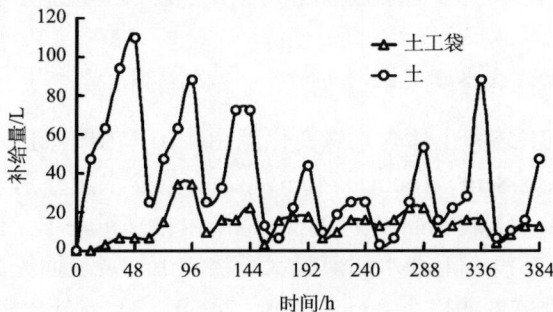

图 4.8　开放系统中不同冻融循环次数下土工袋和土的地下水补给量

2. 融沉量变化

冻土的融化下沉实质上是冻土在融化过程中土体孔隙缩小、冻土中的冰转变为水，在自重作用下出现排水，土颗粒产生相对位移。相关研究表明，冻结黏性土的含水量小于和等于塑限含水量时，在融化过程中土体会出现微小热膨胀，当其含水量超过塑限含水量后，冻土融化时产生融化下沉，本次试验试样的含水量大于塑限含水量。

从图 4.9 可知，土工袋和土体的融沉量在前 36h 内达到最大并且趋于稳定，开放系统中土工袋的融沉量小于土体的融沉量，36~48h 的融沉量基本不变。随着冻融循环次数的增加，土工袋的最终融沉量基本不变。冻融循环次数对土工袋的融沉量基本没有影响，而土体的融沉量随着冻融循环次数的增加而增加。土工袋和土体经过 4 次冻融循环后的融沉量均大于第 1 次冻融循环后的融沉量，主要是冻融作用使得土工袋和土体不断固结。土体的最大融沉量为土工袋的 2.2 倍，其原因为将土装入袋子时袋内土被压实，而且在上部土工袋自重荷载作用下使土工袋产生张力，该张力对土体有约束作用，使得袋内土孔隙缩小。因此，在不同冻融循环过程中，融化时土工袋的融沉量小于土体的融沉量。

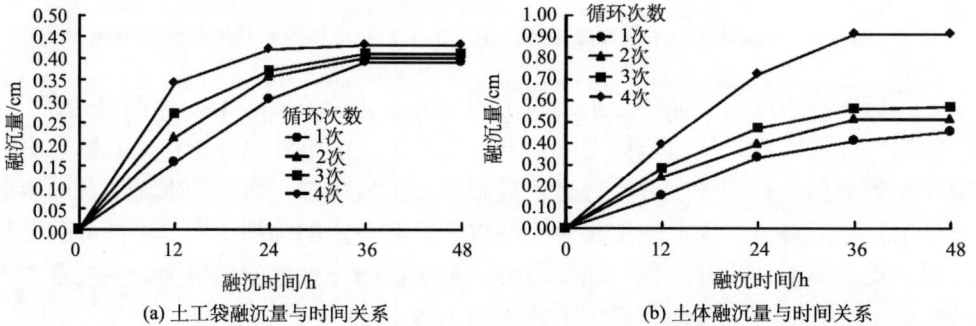

(a) 土工袋融沉量与时间关系　　　　　　(b) 土体融沉量与时间关系

图 4.9　开放系统中不同冻融循环作用下土工袋和土体融沉量与时间关系

3. 土工袋和土体含水量变化

开放系统中土工袋和土体含水量变化见图 4.10。由图 4.10（a）可知，开放系统中土工袋表面以下 8cm、16cm、24cm、32cm 处含水量分别为 17.6%、17.6%、17.6%、25.1%，即土工袋表面以下 24cm 范围内含水量基本无变化，说明冻融循环过程中土工袋内部没有毛细水和薄膜水迁移，土工袋表面无冰晶出现；而由图 4.10（b）可知，土体表面以下 8cm、6cm、24cm、32cm 处含水量分别为 18.8%、19.2%、19.7%、31.1%，较冻融循环前含水量均有增加，说明土体在冻融循环过程中毛细水和薄膜水上升，发生了水分迁移。冻土冻结过程中自土体表面以下一般分上部冻结固态、中部冻结边缘区、下部未冻土区，冻结边缘区的上界面为冰透镜体锋面（或冰分凝锋面），其下部为冰冻锋面（或冻结锋面）。自冰冻锋面向冰透镜体锋面方向，孔隙冰含量不断增长，未冻水膜向下逐渐减薄，在吸力梯度和温度梯度作用下，毛细水和薄膜水从未冻区向冻结区冰透镜体锋面处聚集并冻结，因此在开放系统中，土体内部含水量发生变化。

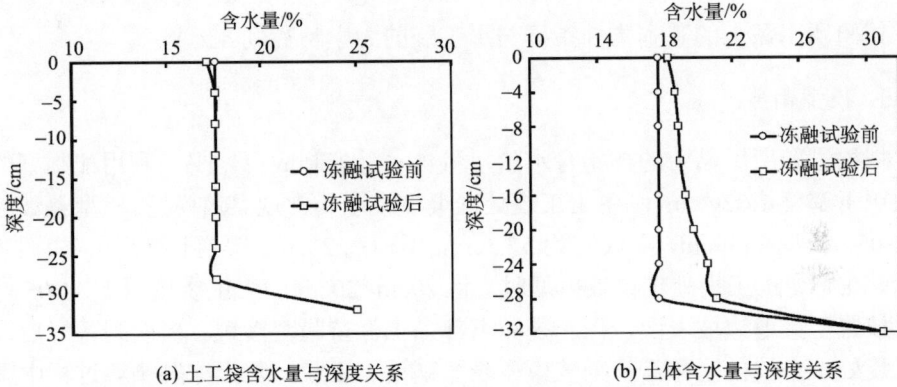

(a) 土工袋含水量与深度关系　　　(b) 土体含水量与深度关系

图 4.10　开放系统中土工袋和土体含水量沿深度变化

通过封闭系统和开放系统中土工袋组合体与土体的冻胀融沉特性试验，得到了以下几点结论，从而验证了土工袋具有抗冻胀的效果。

1）封闭系统、开放系统中土工袋组合体冻胀量、融沉量均小于土体冻胀量、融沉量；

2）开放系统中，地下水对土工袋组合体的补给量远小于对土体的补给量，说明土工袋对毛细水、薄膜水上升有一定的抑制作用；

3）经历 4 次冻融循环后，开放系统中土体的冻胀量大于封闭系统中土体冻胀量，但土工袋组合体的冻胀量与封闭系统中相比变化不明显。

4.3　土工袋处理渠坡防冻胀室内模型试验

通过土工袋组合体与土体的冻胀融沉特性试验，验证了土工袋具有防冻胀效果，以下进一步通过室内模型试验验证土工袋处理渠道的防冻胀效果。试验同样分别在封闭系统与开放系统中进行，封闭系统模拟填方渠道的冻融冻胀情况，开放系统模拟挖方渠道的冻融冻胀情况。

北方寒冷地区引起渠道冻胀破坏的基土冻胀范围为 1.0m 左右，1.0m 范围内渠道基土的冻融冻胀特性变化对于渠道防冻胀至关重要。因此，在土工袋处理渠道中只需考虑将渠道表层 1.0m 范围内的土体用土工袋进行处理。根据寒冷地区渠道的特点，按照一定比例将渠道缩放后进行室内冻融冻胀模型试验，将 20cm×20cm（长×宽）的土工袋按照一定的顺序放置在渠道边坡表面，通过室内模型试验研究土工袋处理渠坡和常规渠坡（指未经土工袋处理的渠坡）的冻融冻胀特性及土工袋的防冻胀效果[17]。

4.3.1　试验基本情况

试验所用黏土的基本物性指标与土工袋的力学特性同 4.2 节。

1. 模型制备

根据试验所用黏土的初始含水量，将含水量配制成 21.1%，利用配制好的黏土按照干密度 1.62g/cm³ 制备土工袋处理渠坡模型和常规渠坡模型。模型渠坡坡比 1∶1.05，模型高 39cm，渠底宽为 57.3cm，渠顶宽 20cm，渠道长 47cm，如图 4.11 所示。在制备土工袋处理渠坡模型时，将 20cm×20cm 的土工袋按照 1∶1.05 坡比依次放置于渠道边坡表面，土工袋和下部黏土保持紧密接触。模型制备好后，在土工袋处理渠坡模型和常规渠坡模型表面铺设土工膜，防止冻融循环过程中渠坡模型的水分蒸发。

2. 试验仪器埋设

试验所用的冻融冻胀模型装置同 4.2 节，主要仪器包括温度传感器、位移传感器、取土器。在渠道模型内部埋设 4 个温度传感器，从渠道模型顶部向底部纵向布置，埋设深度分别为 5cm、15cm、25cm 和 35cm，温度传感器与温度采集系统连接；设置 4 个位移传感器，其中渠道模型顶部 1 个，沿渠道边坡表面对角线方向 3 个，位移传感器与位移采集系统连接；待冻融循环试验结束以及渠道模型完全融化后用取土器取出不同深度处的土样，用烘干法测定土样含水量。温度与位移传感器布置示于图 4.11 中，其中：S1、S2、S3、S4 为土工袋处理渠道温度传感器埋设位置，S5、S6、S7 为土工袋处理渠道边坡表面位移传感器布置位置，S8 为土工袋处理渠道顶部位移传感器位置；B1、B2、B3、B4 为常规渠道温度传感器埋设位置，B5、B6、B7 为常规渠道位移传感器布置位置，B8 为常规渠道顶部位移传感器位置。

3. 试验过程

将制备好的土工袋处理渠坡模型和常规渠坡模型放入图 4.3 所示的冻融冻胀试验箱，两模型在-15℃低温下冻结48h，然后在室温（约 17℃）下融化48h，此过程为 1 次冻融循环。为研究寒冷地区毛细水和薄膜水上升对渠道的冻胀破坏，开放系统中的土工袋处理渠坡和常规渠坡模型底部通过管道分别与 2 个马氏瓶连接，保证在冻结和融化过程中地下水位为 2cm。两模型分别在封闭系统、开放系统中进行 10 次冻融循环试验。

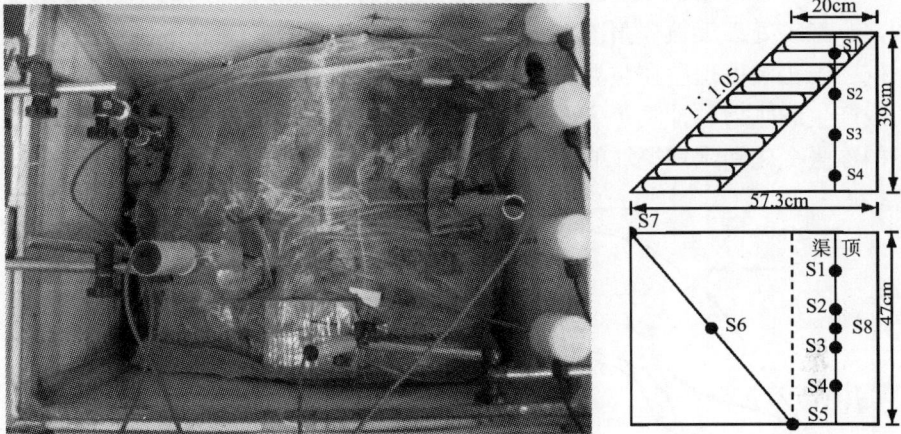

(a) 土工袋处理渠坡模型

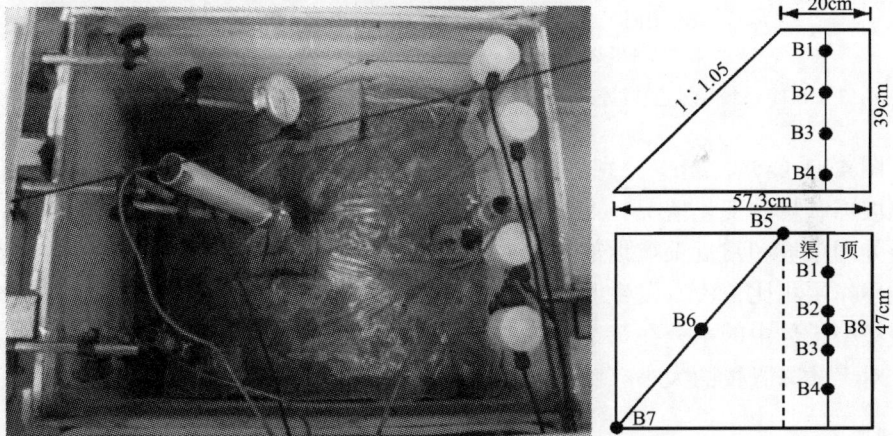

(b) 常规渠坡模型

图 4.11　土工袋处理渠坡和常规渠坡模型及观测仪器布置图

4.3.2　封闭系统中冻胀试验结果

1. 渠坡冻胀量变化

图 4.12（a）、（b）分别为封闭系统中第 1 次冻融循环土工袋处理渠坡和常规渠坡模型冻胀量的变化情况。从图中可知，两模型渠坡模型经历 48h 后冻胀量均达到最大值，最大冻胀量均发生在渠道模型顶部（S8 测点与 B8 测点），土工

袋处理渠坡模型冻胀量最大值为 0.56cm，常规渠坡模型冻胀量值最大为 0.96cm；土工袋处理渠坡模型 S5、S6、S7 测点的冻胀量分别为 0.36cm、0.3cm、0.28cm，常规渠坡模型 B5、B6、B7 测点的冻胀量分别为 0.88cm、0.90cm、0.67cm。由此可知，土工袋处理渠坡模型冻胀量小于常规渠坡模型冻胀量，其主要原因为在封闭系统中土工袋处理层在负温作用下袋内土体冻胀产生了冻胀力，加上袋子由于外荷载产生的张力，抑制了袋内土体的冻胀。土工袋处理层以下的土体在负温作用下的冻胀变化和常规渠坡的相同。

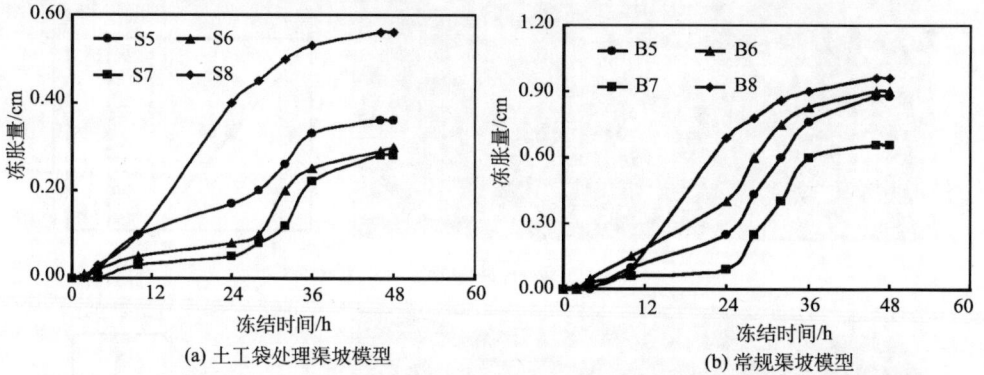

(a) 土工袋处理渠坡模型　　　　　　　　(b) 常规渠坡模型

图 4.12　封闭系统中土工袋处理渠坡与常规渠坡冻胀量与时间关系（第 1 次冻融循环）

图 4.13（a）、（b）分别为封闭系统中第 10 次冻融循环土工袋处理渠坡和常规渠坡冻胀量的变化情况。从图中可以看出，经历 10 次不同冻融循环作用后，土工袋处理渠坡和常规渠坡顶部的最大冻胀量分别为 0.58cm、1.1cm，与第 1 次冻融循环作用相比，没有发生明显的变化，其原因为封闭系统中无外界水源补给，渠坡模型土体中的水分在第 1 次冻融循环后几乎不发生重分布，由此也可以说明水分对土体冻胀量的大小有着重要作用。

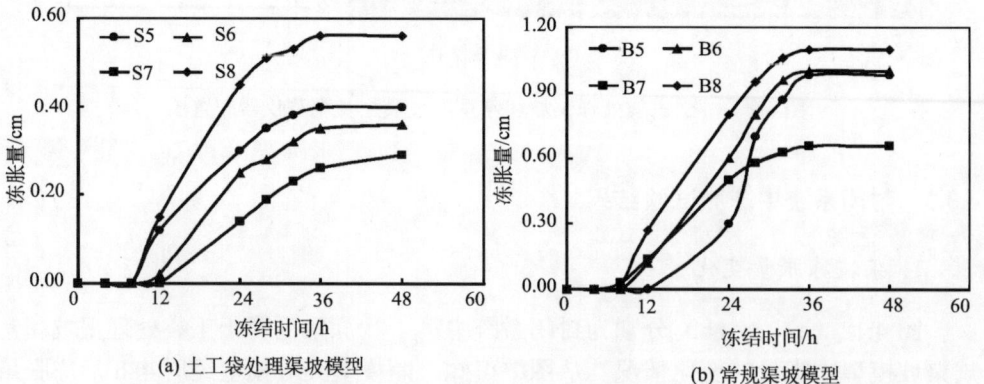

(a) 土工袋处理渠坡模型　　　　　　　　(b) 常规渠坡模型

图 4.13　封闭系统中土工袋处理渠坡与常规渠坡冻胀量与时间关系（第 10 次冻融循环）

2. 渠坡含水量变化

图 4.14 为两渠坡模型试验含水量测点。试验前、后分别沿垂直渠道边坡表面方向深度为 0cm、10cm、20cm、30cm、39cm 处用取土器取得不同深度的土样，用烘干法测其含水量。

图 4.15（a）、（b）分别为封闭系统中土工袋处理渠坡和常规渠坡经历 10 次冻融循环后不同深度含水量的变化。由图可知，对于土工袋处理渠坡模型，渠坡表层及 10cm 深测点土样冻融循环前后含水量基本无变化，10cm 深以下测点土体含水量发生了明显变化，0～

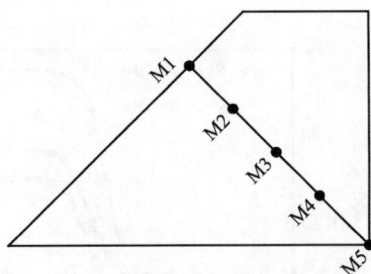

图 4.14　渠坡模型试验含水量测点

13cm 为土工袋处理层；对于常规渠坡模型，表面以下土体的含水量冻融循环前后发生了较大变化。Miller 第二冻胀理论认为：土体在负温下自上而下冻结，表面部分为冻结固态，下部为未冻结土，中间为冻结边缘区，冻结边缘的上表面为冰透镜体锋面，下边界为冰冻锋面（冻结锋面），土体冻胀发生在冻结边缘区内，从冰冻锋面向冰透镜体锋面方向，孔隙冰含量不断增长，未冻水逐渐减薄，形成吸力梯度，使得土体内部水源不断地从未冻结区向冰透镜体锋面聚集并冻结成冰而产生冻胀。常规渠坡表面以下和土工袋处理渠坡表面 13cm 以下土体含水量发生了变化，表明土体经历不同冻融循环作用后水分发生了迁移，引起土体内的水分重分布，而在土工袋处理层内土体含水量基本不变，说明在温度梯度作用下未冻结区水分无法通过土工袋向上部迁移。

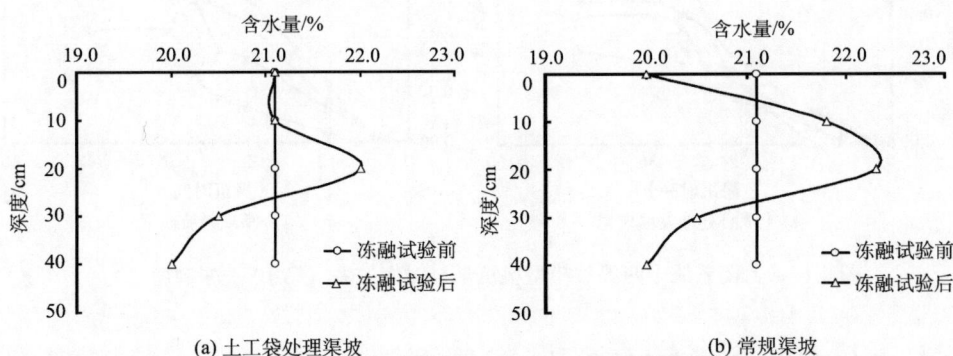

(a) 土工袋处理渠坡　　　　　　　　　　　　　(b) 常规渠坡

图 4.15　封闭系统中土工袋处理渠坡与常规渠坡冻融前后含水量变化

3. 渠坡融沉量变化

图 4.16 为封闭系统中两渠坡模型第 1 次冻融循环过程中的融沉量变化。土工

袋处理渠坡及常规渠坡模型的最大融沉量分别为 0.57cm 与 1.0cm，均发生在渠坡模型顶部，其值均大于该冻融循环过程中的冻胀量。

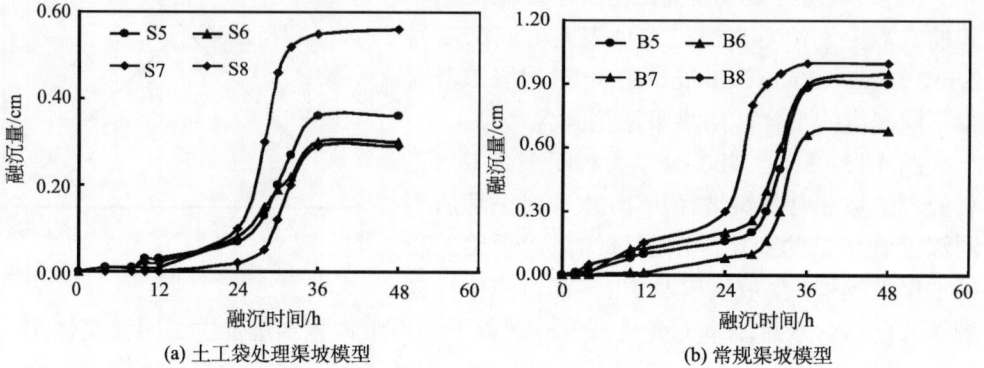

(a) 土工袋处理渠坡模型　　　　　　(b) 常规渠坡模型

图 4.16　封闭系统中两渠坡模型融沉量与时间关系（第 1 次冻融循环）

图 4.17 为封闭系统中两渠坡模型第 10 次冻融循环过程中的融沉量变化。土工袋处理渠坡及常规渠坡模型的最大融沉量分别为 0.6cm 与 1.19cm，均大于第 1 次冻融循环作用后的值，表明土体在冻融循环过程中呈现出固结现象，与实际工程情况中新建渠道状况基本相同。

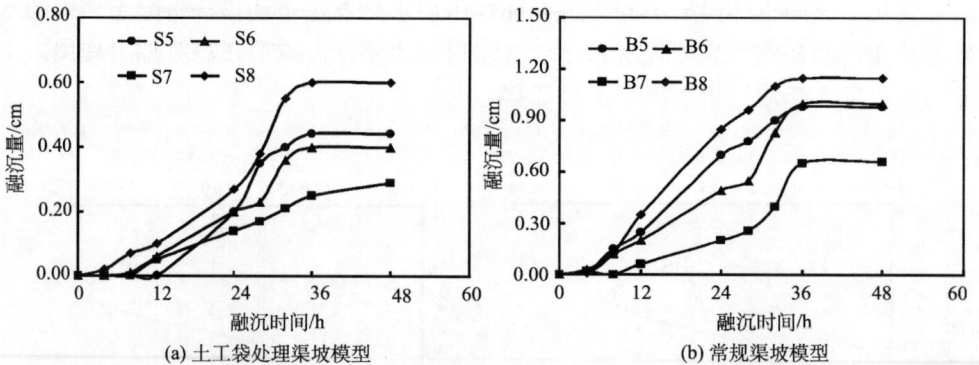

(a) 土工袋处理渠坡模型　　　　　　(b) 常规渠坡模型

图 4.17　封闭系统中两渠坡模型融沉量与时间关系（第 10 次冻融循环）

4.3.3　开放系统中冻胀试验结果

1. 渠坡冻胀量变化

开放系统中经过 1 次冻融循环作用后土工袋处理渠坡模型与常规渠坡模型冻胀量变化见图 4.18。由图可知，土工袋处理渠坡模型与常规渠坡模型的最大冻胀量分别为 0.85cm 与 1.90cm，分别发生在渠坡表面中部的 S6 与 B6 测点，均大于封闭系统中的最大冻胀量。

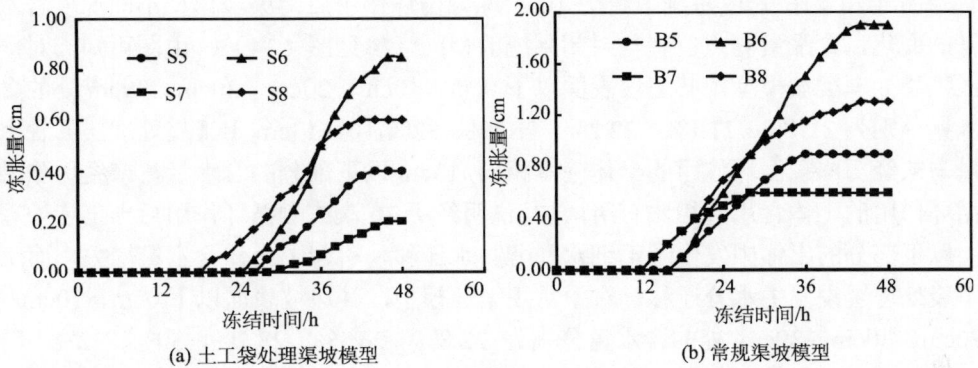

(a) 土工袋处理渠坡模型

(b) 常规渠坡模型

图 4.18　开放系统中土工袋处理渠坡与常规渠坡冻胀量与时间关系（第 1 次冻融循环）

图 4.19 为开放系统中经过 10 次冻融循环作用后的土工袋处理渠坡与常规渠坡的冻胀量变化，其最大冻胀量分别为 1.41cm 与 2.10cm。由此可见，土工袋处理渠坡的冻胀量小于常规渠坡的冻胀量，这是土工袋处理层的加筋作用和土工袋处理层以下的土体水分迁移引起的冻胀变形作用的结果。与经过 1 次冻融循环作用后的冻胀量相比，两渠坡模型的最大冻胀量均有所增加，说明在冻融循环过程中有毛细水和薄膜水通过土体上升。对比图 4.13 可知，开放系统中两渠坡模型的最大冻胀量均大于封闭系统中的相应值，表明外界水源向冻结前缘带迁移并形成了冰透镜体（由此产生的体积增量是迁移水体积的 1.09 倍）。从试验结果可知，开放系统中土工袋处理渠坡和常规渠坡最大冻胀量分别发生在 S6 与 B6 测点处，而实际工程中渠道最大冻胀量经常发生在渠道边坡中部或渠道边坡距离渠底 1/3 位置，试验结果与实际渠道最大冻胀量位置相同。

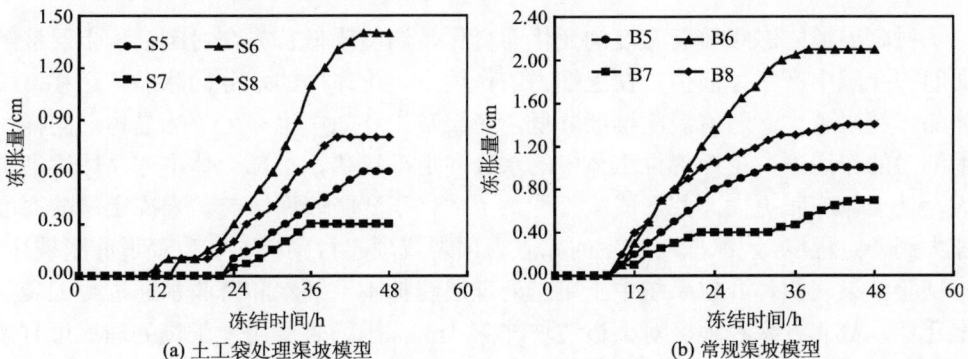

(a) 土工袋处理渠坡模型

(b) 常规渠坡模型

图 4.19　开放系统中土工袋处理渠坡与常规渠坡冻胀量与时间关系（第 10 次冻融循环）

2. 渠坡含水量变化

图 4.20 为在开放系统中经历 10 次冻融循环作用后两渠坡模型不同深度含水量的变化，含水量测点位置与封闭系统的相同（参见图 4.14）。由图可知，对于土工袋处理渠坡模型，其边坡表面以下 0cm、10cm、20cm、30cm、39cm 处的含水量分别为 21.1%、21.1%、22.2%、23.1%、32%，0～13cm 土工袋处理层的含水量与未经历冻融循环作用的土体基本相同，13cm 以下部分的含水量与未经历冻融循环作用的土体含水量相比有所增加，说明经历 10 次冻融循环作用后土工袋处理层以下部分的土体中发生了毛细水和薄膜水迁移，引起了土体含水量增大，而土工袋处理层没发生水分迁移；对于常规渠坡模型，其边坡表面以下 0cm、10cm、20cm、30cm、39cm 处的含水量分别为 22.8%、26.1%、28.2%、30%、32%，与冻融循环试验前的土体含水量相比有所增大，说明常规渠坡土体中发生了薄膜水和毛细水的迁移。常规渠坡不同深度的含水量大于相应深度土工袋处理渠坡的含水量，从而说明了冻结时常规渠坡的冻胀量大于土工袋处理渠坡的冻胀量。

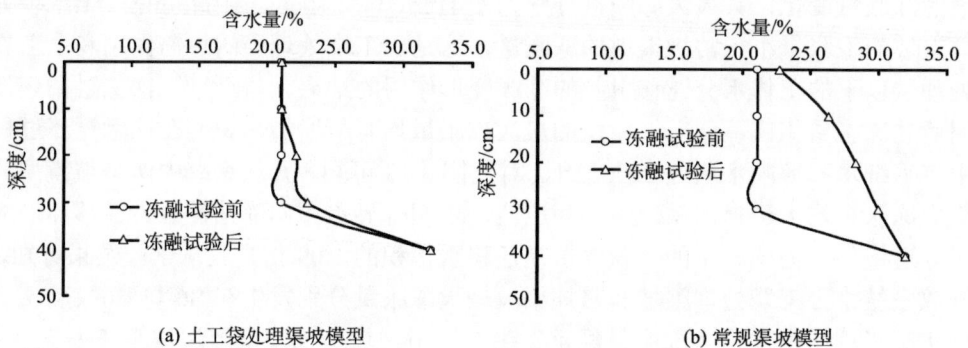

(a) 土工袋处理渠坡模型　　　　　　　(b) 常规渠坡模型

图 4.20　开放系统中渠坡模型冻融前后含水量变化

衬砌渠道的冻胀随着温度的变化而变化，温度降低首先在衬砌板和土层接触面间的孔隙中产生冰晶体，在毛细力的作用下，土体中的水分向冰晶体迁移，使冰晶体越来越大。随着温度继续降低，在渠基土孔隙中也产生了冰晶体，同样在毛细力的作用下，更深部位土体中的水分向上部迁移，上部土体中冰晶体逐渐增大，使土体冻胀更大，并形成冻土层，土体体积膨胀表面隆起。当冻土层的深度加大到一定程度，因冰冻而产生的冻胀力顶裂或顶起衬砌板而发生渠道冻胀破坏。本试验结果表明，开放系统中土工袋处理层能抑制毛细水和薄膜水通过土工袋向上迁移，故北方寒冷地区对渠道边坡冻深 1m 范围的表层用土工袋处理后可有效防渠道冻胀。

3. 渠坡温度变化

土体冻结过程中温度变化大致分为三个阶段：①土中水过冷阶段，即土中水处于负温但无冰晶存在；②温度跳跃阶段，土中水形成冰晶晶芽，在冰晶生长时释放结晶潜热，使得土体温度骤然升高；③持续冻结降温阶段，随着土中水部分相变成冰，水膜厚度减薄、土颗粒对水分子的束缚能增大及水溶液中离子浓度增高，冻结温度持续降低。

图 4.21 为开放系统中土工袋处理渠坡模型和常规渠坡模型在第 1 次冻结过程中温度随时间的变化情况。由图可知，土工袋处理渠坡模型顶部以下 5cm、15cm、25cm、35cm 处的温度分别为−7.3℃、−4.9℃、−3.3℃、−2.1℃，常规渠坡模型顶部以下 5cm、15cm、25cm、35cm 处的温度分别为−9.3℃、−7.6℃、−5.6℃、−4.0℃，冻结 48h 后土工袋处理渠坡模型不同深度的温度高于常规渠坡模型的相应温度。在冻结过程中，由于温度梯度作用，土体的热量由高温处向低温处传递，在热传导过程中，土工袋处理层处于蓄热状态，导致土工袋处理渠坡模型不同深度的温度变化滞后于土体的温度。

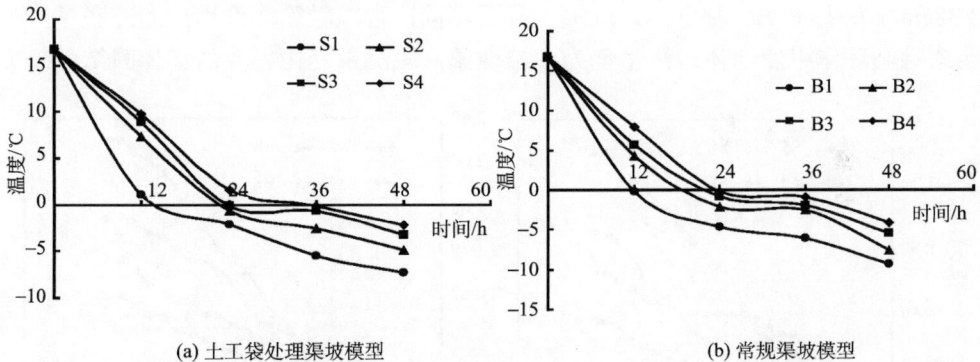

(a) 土工袋处理渠坡模型　　　　　　　　　　(b) 常规渠坡模型

图 4.21　开放系统中两渠坡模型第 1 次冻结过程中的温度变化

4. 渠坡融沉量变化

融沉量也是渠道防冻胀中的重要控制指标，过大的融沉量同样会导致渠道破坏。春季气温升高，渠道衬砌体以下的土体开始融化，实际工程中土体的过大融沉量会导致渠道衬砌体与衬砌体以下的土体脱离或者衬砌体与土体的整体下沉，在渠道行水期间，水流冲刷和水压力的作用也会导致渠道衬砌体坍塌或上抬，从而造成衬砌渠道的破坏。

图 4.22 为经历 1 次冻融循环作用后开放系统中土工袋处理渠坡模型和常规渠

坡模型融沉量的变化情况。从图可知，土工袋处理渠坡模型的最大融沉量为0.87cm，发生在 S6 测点；常规渠坡模型的最大融沉量为 1.92cm，发生在 B6 测点。

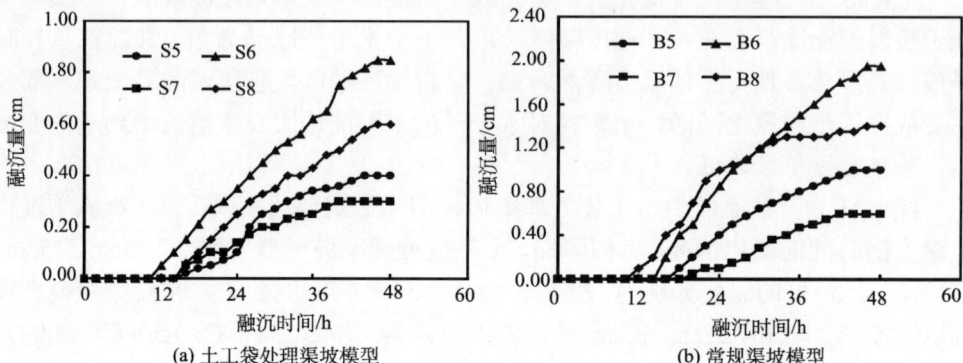

(a) 土工袋处理渠坡模型　　　　　(b) 常规渠坡模型

图 4.22　开放系统中渠道融沉量变化（第 1 次冻融循环过程）

图 4.23 为经历 10 次冻融循环作用后开放系统中土工袋处理渠坡模型和常规渠坡模型融沉量的变化情况，其最大融沉量分别为 1.21cm（发生在 S6 测点）与 2.38cm（发生在 B6 测点），均大于经历相同次数冻融循环作用后的冻胀量，说明冻融循环作用使土体最终呈现为固结现象，融沉量变化主要由土体固结引起。

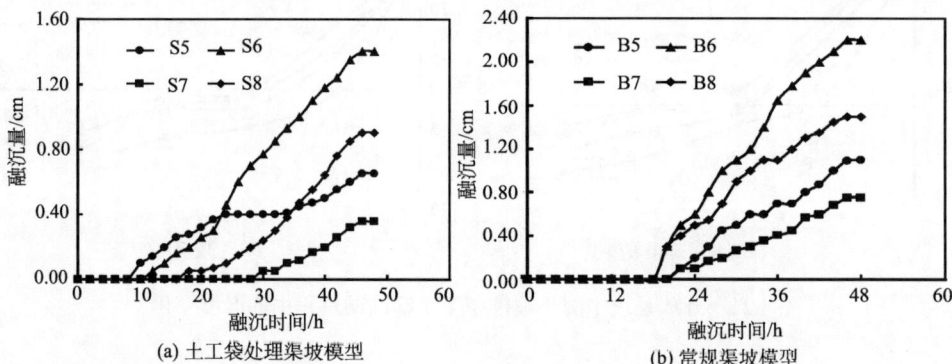

(a) 土工袋处理渠坡模型　　　　　(b) 常规渠坡模型

图 4.23　开放系统中渠道融沉量变化（第 10 次冻融循环过程）

通过封闭系统和开放系统中土工袋处理渠坡与常规渠坡的防冻胀室内模型试验，得到了以下几点结论：

1）在封闭系统中，土工袋通过袋子自身张力作用约束袋内土体的冻胀，土工袋处理渠坡冻胀量和融沉量均小于常规渠坡的冻胀量和融沉量；10 次冻融循环作用后土工袋处理渠坡的冻胀量和融沉量基本相等，而常规渠坡的融沉量大于冻胀量。

2）在开放系统中，土工袋处理渠坡通过抑制毛细水和薄膜水从土工袋之间上升，达到防冻胀效果。10 次冻融循环作用后土工袋处理渠坡的冻胀量小于常规渠坡的冻胀量。

3）封闭系统与开放系统中土工袋处理渠坡和常规渠坡的含水量变化规律有所不同。经历 10 次冻融循环作用后，土工袋处理层内的含水量在封闭系统与开放系统中基本不变，土工袋处理层以下土体及常规渠坡土体的含水量在开放系统中与试验前相比有所增大，表明土工袋处理层能抑制毛细水和薄膜水通过土工袋之间的上升。

土工袋防渠道冻胀技术是将渠道防冻胀结构形式、防冻胀新材料集合为一体的新技术，综合考虑了渠道冻胀成因的三因素"土质、负温、水分"中两个主要因素，即水分迁移和土质因素。土工袋可以就地有效利用当地渠道开挖废弃的土石材料，将其装入土工编织袋中进行渠道边坡防冻胀处理，可以减少换填土、弃土、石料来源不足等问题，同时土工袋防渠道冻胀有绿色、低碳、环保效果。土工袋渠坡防护作为一种新型渠道结构形式，能够有效提高渠道边坡的稳定性，可将渠道边坡加陡，增加渠道断面过水能力，从而减小渠道工程的占地。土工袋解决渠道防冻胀问题是北方地区渠道防冻胀技术的进一步发展。

第 5 章　土工袋处理地基基础

通过大量的试验研究与理论分析，解明了土工袋的力学性质及工程特性。在此基础上，土工袋的应用范围已逐渐从临时工程转为永久工程。本章首先介绍作为永久工程应用大家所关注的土工袋耐久性问题，然后介绍土工袋在地基基础工程中的应用，包括在房屋地基基础、道路工程中的应用以及土工袋处理软土地基现场承载力试验。

5.1　土工编织袋耐久性

土工编织袋的原材料多为聚丙烯（PP）或聚乙烯（PE）、聚氯乙烯（PVC）高分子聚合物，在化学结构上存在着易老化的弱点，表现为在大气环境中受阳光、温度、水汽等因素的影响，随着使用时间的增加，编织袋的外观失去光泽、质地脆化，拉伸强度、伸长率下降，直至失去使用价值。因此，土工袋的耐久性，即使用寿命一直是人们最关心的问题。

5.1.1　土工合成材料的老化机理

土工编织袋是土工合成材料的一种，土工合成材料的老化，即聚合物在光、热和氧的作用下发生了自动氧化反应，从而导致聚合物的降解。土工合成材料的老化机理是：

1）链的引发。在阳光（主要是紫外线）和热的作用下，聚丙烯大分子链在空气中氧的作用下断裂，形成活泼的游离基。

2）链的传递与增长。游离基自动催化生成过氧化游离基和大分子过氧化物，过氧化物分解又产生游离基，使链反应延续，链不断增长。

3）聚丙烯大分子过氧化物发生反应，使聚丙烯大分子链断裂，生成羰基化。

4）生成的羰基化合物（$-CH_2-CO-CH_2-$）强烈地吸收紫外线。被紫外线能量活化而处于激活态的羰基化合物发生断裂，使高聚合物降解。

5.1.2　土工合成材料老化的原因

引起高聚合物降解的原因除光、热和氧的作用外，还有水分、有害气体（NO_2 和 SO_2 等）、溶剂、低温、应力和应变、酶和细菌等微生物，其中最重要的是阳光中紫外线辐射的影响。

1）光：太阳光中的紫外线是影响高分子材料老化的主要原因，它具有足够解离大部分聚合物化学键的能量。紫外线波长 290～250nm 的光能量为 82～97kcal[①]/mol，而一般的有机化合物的键能约为 50～100kcal/mol，所以紫外线足以引起化学键断裂，使材料发生老化。另外，太阳光中的红外线也有影响，材料吸收红外线后转化为热能，加速材料的老化。大多数聚合物对紫外线很敏感，会使聚合物分解。

2）热：热在高分子材料老化中的主要作用是加速其他因素引起的降解过程，表现为材料的强度和伸长率下降。就大气气温单一因素来说，它对高分子材料老化影响不大。但在大气环境中，由于同时有光、氧等因素参与共同作用，这时的热因素对高分子材料的老化就起加速作用，气温越高，加速作用越大。在高温条件下聚合物将发生熔融破坏，其熔点为：聚丙烯为 175℃，聚乙烯为 135℃，聚酯和聚酰胺为 250℃。在水工建筑物应用中，一般不会有太高温度，聚合物不会因温度而分解。温度虽未达到熔点，但温度较高时，聚合物分子也可能发生变化，影响材料的弹性性能和强度。聚合物的力学性能随温度的不同而发生变化，温度降低，聚合物的柔性降低、质地变脆。

3）水分：水对高分子材料的老化起加速作用。如低压聚乙烯电线绝缘材料，分别在广州和吐鲁番进行了大气暴露老化试验，广州样品在 297 天失去伸长值，而吐鲁番样品在 377 天失去伸长值，说明了水分对高分子材料的加速老化作用。

4）臭氧：臭氧破坏不饱和主链，当聚合物薄膜的拉伸应变达 15%～25%时，容易被臭氧作用而开裂。聚合物中的丁基橡胶（IIR）、氯丁橡胶（CR）主链不饱和，故会被臭氧破坏。

5）微生物：聚合物一般能抵抗生物分解，但增塑剂或其他单体成分会在湿空气中产生生物分解，因而导致有的聚合物变软或发脆。

表 5.1 概括了土工合成材料老化的各种原因、老化作用结果及其影响因素。这些原因很少单独对土工合成材料老化进行作用，而是两个或两个以上的原因共同作用，如紫外线老化是太阳光中的紫外线部分破坏了土工合成材料的高分子结构，从而加速土工合成材料的氧化老化的过程。

表 5.1　土工合成材料老化的原因及其作用结果[18,19,20]

原因	来源	作用结果	影响变量
应力、压力	施工/使用	断裂、徐变、蠕变	应力的大小、填土的粒径
溶液/碳氢化合物	施工中：矿物质土	添加剂的流失、膨胀、变脆	温度、液体浓度
生物	施工/使用：鸟、动物、昆虫	局部破坏	土的类型和密度

---

① 1kcal=4.1868×10³J。

续表

原因	来源	作用结果	影响变量
热（+氧）	施工中：环境温度	分子链的断裂、氧化、抗拉强度降低	温度、氧的浓度
光（+氧）	施工中：UV 直射	分子链的断裂、氧化、抗拉强度降低	辐射强度、温度、湿度
水（pH）	使用时：酸性、中性、碱性土壤	分子链的断裂、抗拉强度降低	温度、pH
一般化学物	使用时：土壤和垃圾土	氧化、水解聚合物结构的损坏	温度、浓度
微生物	使用时：土壤中细菌等	聚合物分子链的断裂、抗拉强度降低	温度、土壤的 pH、微生物的类型

5.1.3　土工合成材料防老化的方法

土工合成材料的老化，如前所述，主要是在受光、热和氧的作用下发生自动氧化反应。光氧化的作用是在紫外光的激发下，同样发生了自动氧化反应。因此，要防止土工合成材料的老化，就是要设法阻止自动氧化反应或转移自由基成惰性物质，尽量避免链终止时造成的聚合物分子断链、降解。因此，防止土工合成材料老化、提高其耐久性主要从以下两方面进行：①原材料方面，添加抗氧剂和光稳定剂，抑制自动氧化或光氧化的进行，从而延长其寿命；②工程方面，做好保护（埋入土中、表面保护），防止紫外线直接照射。

1992 年 8 月~1998 年 12 月，上海勘测设计研究院科研所（水利部土工合成材料检测中心设在其内）开展了土工合成材料的大气暴露老化试验与砂土模拟覆盖老化试验，结果如图 5.1 所示。该试验用了两种土工布：一种是普通的聚丙烯（PP）编织布，拉伸强度为 18.5kN/m，延伸率 14%；另一种为经过防老化处理的聚丙烯（PP）编织布，拉伸强度为 19.7kN/m，延伸率 19%。图 5.1 为其试验结果。从图中可见，普通的聚丙烯（PP）编织布经过 6 个月的大气暴露老化试验，其强度已完全消失，强度平均月降解率为 16.7%；防老化聚丙烯（PP）编织布经过 53 个月的大气暴露老化试验，其剩余强度是 6.38kN/m，强度保持率为 32%。说明经过防老化处理后，聚丙烯（PP）编织布的抗晒性增强，耐久性大大提高。砂土模拟覆盖老化试验在 47cm×35cm×27cm 的周转箱内进行，先在箱底铺一层砂，然后铺土工织物，最后将周转箱装满黄沙，覆盖黄沙厚度 25cm 左右。73 个月的试验结果表明：无论是普通的聚丙烯（PP）编织布，还是经过防老化处理的聚丙烯（PP）编织布，其拉伸强度不仅没有降低，反而有所提高。说明覆盖的黄沙完全遮挡了紫外辐射，在 6 年的试验期内不产生老化。强度反而有所提高的原因是聚丙烯（PP）编织布的老化仍处于物理变化阶段，只是发生大分子链的伸展，以及结晶和非结晶区域的重组和取向的变化，从而引起强度的增加。此时还没有发生降解反应。由此可以推断：聚丙烯（PP）编织布在自然掩埋的使用条件下，其老化是极其缓慢的，使用寿命完全可以达到几十年。

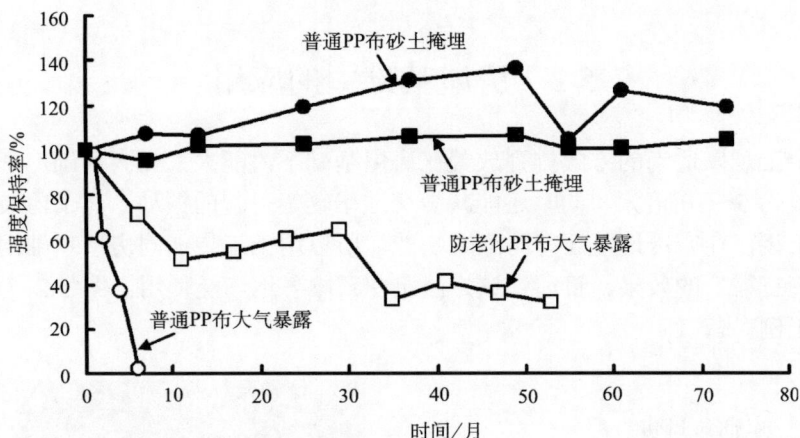

图 5.1　上海勘测设计研究院科研所进行的土工合成材料大气暴露与砂土掩埋老化试验

　　表 5.2 为南水北调中线工程膨胀土渠坡处理用的土工编织袋人工气候加速老化试验结果。土工袋原材料为聚丙烯，掺有 1%防老化剂（UV）。经 1200h 氙弧灯人工气候加速老化试验后，断裂强度保持率 94%，断裂伸长率保持率为 84%。此老化性能指标高于 GB/T 17690-1999《土工合成材料塑料扁丝编织土工布》标准要求（老化时间不小于 288h 条件下，断裂强度、断裂伸长率保持率为 70%左右）。因此，具有良好的耐久性能。据推测，此编织袋埋在土中，在无紫外线辐射的情况下，其使用寿命能达到 50～100 年。

表 5.2　南水北调中线工程膨胀土渠坡处理用编织袋老化试验结果

氙弧灯照射时间	检测项目	检测结果
0h	拉伸强度/（kN/m）	21.1
	伸长率/%	20.65
300h	拉伸强度保持率/%	106
	伸长率保持率/%	99
600h	拉伸强度保持率/%	96
	伸长率保持率/%	91
900h	拉伸强度保持率/%	94
	伸长率保持率/%	82
1200h	拉伸强度保持率/%	94
	伸长率保持率/%	84

5.2 房屋基础中的应用

将土工袋以适当的方式排列放置在房屋基础下，能大大提高基础地基的承载力（一般为 5～10 倍），同时还能减少交通车辆等引起的振动。对于内装粗颗粒土的土工袋，在寒冷地区还有防冻融功能。所以用土工袋加固房屋基础地基，具有"一箭三雕"的效果。目前，该方法已在日本各地广泛使用，图 5.2 为两个典型的施工例[21]。

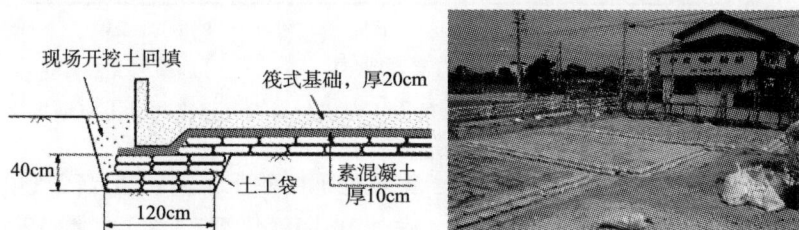

(a) 施工例1

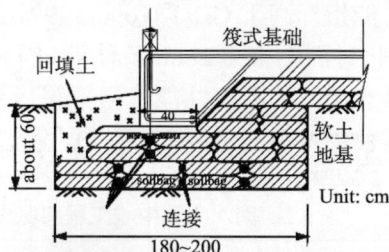

(b) 施工例2

图 5.2 土工袋加固房屋基础地基的施工例

工程实践表明，土工袋用作建筑物基础具有良好的减振效果。图 5.3 为某土工袋处理房屋基础振动加速度实测例。可见，P_2 测点的加速度测值明显小于 P_1 点测值，说明土工袋用于地基基础时可以减少路面车辆振动荷载对周围建筑物的影响。第 3 章介绍了土工袋的减振消能特性，据此我们提出了一种土工袋基础减振隔震的概念，并已获得国家发明专利《一种土工袋减震隔震建筑基础及其施工方法和应用》（公开号：CN101914922A）[22]，如图 5.4 所示。它是由土工袋、土工袋墩形基础、土工袋筏形基础和地坪所构成，即在建筑物柱的下方设置土工袋墩形基础、在承重墙下设置土工袋条形基础及在建筑物整个基础面上设置土工袋筏形基础的顺序，用土工袋纵横交错逐层叠放至地坪下，土工袋之间的缝隙用场地开挖土填平，每层土工袋用机械或人工夯实，在筏形基础的顶面为混凝土或钢筋混凝土的地坪。土工袋作为一种基础隔震材料，当地震发生时，土工袋隔绝或消耗绝大部分地震能，实现地震时工程结构只发生较轻微的运动和变形，起到"以柔克刚"的作用，从而保障建筑物的安全。由于土工袋价格低廉、施工简单，本发明技术尤其适宜在广大村镇中、低层房屋建筑的基础减振隔震中推广应用。

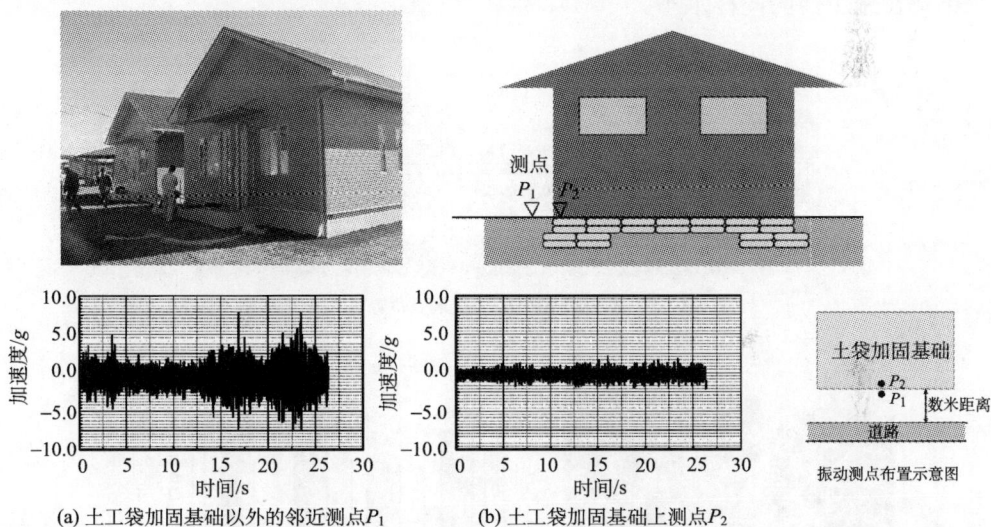

(a) 土工袋加固基础以外的邻近测点 P_1　　(b) 土工袋加固基础上测点 P_2

图 5.3　某土工袋处理房屋基础振动加速度实测例

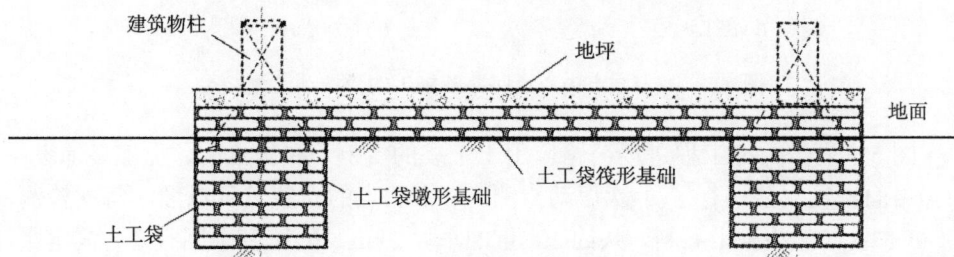

图 5.4　土工袋基础减振隔震概念图

5.3　道路工程中的应用

土工袋用于道路工程具有三个明显的作用：①提高路基承载力；②减小道路沿线由于地质条件变化复杂而引起的不均匀沉降；③降低交通车辆引起的振动。

图 5.5 为一个用土工袋进行道路路基减振的工程实例[1]。该道路位于某城市中心，减振的目的是减小交通车辆引起的振动。土工袋内装的是城市垃圾处理后遗留下来的粒状物。施工前、后分别在图 5.5（a）所示的 4 个测点（$P_1 \sim P_4$）进行了振动测量。图 5.5（c）为振动的量测结果，用 dB（分贝）值来表示。与施工前相比，振动减少了 8～15dB（分贝），且施工完 1 年 3 个月再次测量，振动水平仍维持在施工后的同样水平。

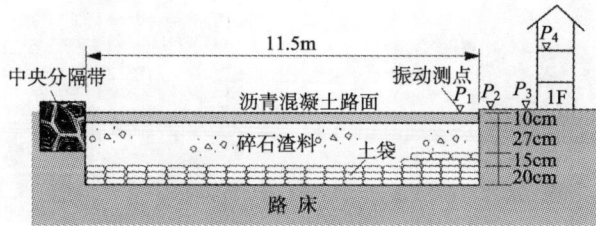

(a) 断面图与振动测点位置

(b) 施工状况

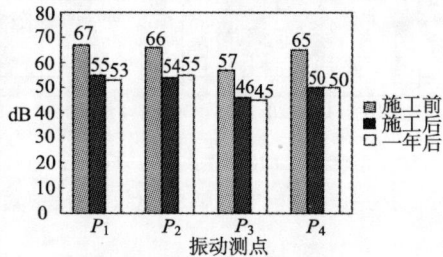

(c) 振动监测结果

图 5.5　某一城市中心道路路基施工例及振动监测结果

图 5.6 为一大型工程进场公路应用土工袋的实例。在施工前、土工袋铺设完、沥青路面浇筑完共进行了 3 次振动检测。4 个测点的布置见示意图。每次检测，10t 重的载重车装满土石料，共约 20t 重的车以 5km/h 的速度来回行走，测定竖向振动分贝值，结果示于同图中。可见，土袋施工后，尤其是路面保护做完后，土袋路基及其近旁车辆引起的振动有明显的减小。

原地基 (第1次检测)　　　　　土袋施工完 (第2次检测)　　　　沥青路面施工完 (第3次检测)

图 5.6　某一工程进场施工道路路基施工例

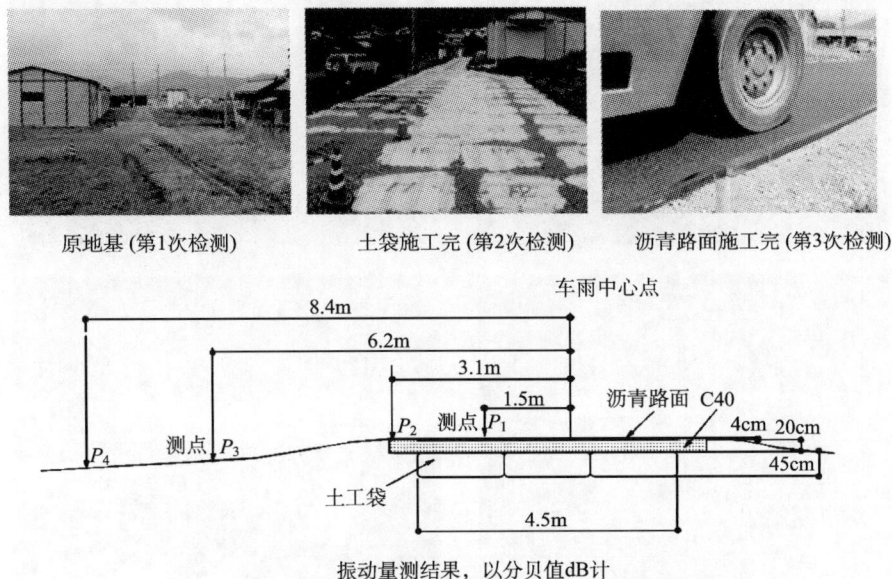

振动量测结果，以分贝值dB计

测量	第1次	第2次		第3次	
道路状况	原地基	土袋施工完，路面未浇		沥青路面施工完	
测点	测量值	测量值	与第1次的差值	测量值	与第1次的差值
P_1	63.3	62.0	1.3	38.8	24.5
P_2	57.5	52.8	4.7	37.7	19.8
P_3	53.6	44.2	9.4	32.8	20.8
P_4	53.3	43.7	9.6	31.0	22.3

图 5.6　某一工程进场施工道路路基施工例

　　图 5.7 为某一土工袋用于高等级公路的施工例。该处有 3～4m 厚的超软黏土，土袋施工段长约 25m。用土袋处理后，平板载荷试验得承载力为 224N/cm² （设计要求 180N/cm²）。完工通行 10 个月后，路面实测沉降约 2cm，而与其相邻的路段，同时期路面实测沉降约 7cm。

　　图 5.8 为在浙江湖州的一个工程实例。湖州老虎塘水库为向湖州市引水，有直径为 2m 的输水混凝土管要埋入农田中。当地农民仅允许施工期经过其农田，施工完毕要求恢复农田。因此，采用了将农田开挖土直接装入土工袋中，修筑一条临时施工便道，待输水混凝土管运输到工程所在地，埋设完毕后，去除编织袋，成功地实现了"去路还耕"。

图 5.7　在淤泥质土基上利用土工袋修筑高等级公路应用例

农田中施工　　　　　　　　　　　土袋施工完

土袋临时便道　　　　　　　　　　12t车在行走

图 5.8　　在水田里修筑临时道路，运输水管，而后恢复农田（浙江湖州老虎塘引水工程）

5.4　土工袋处理软土地基现场承载力试验

5.4.1　试验概况[23]

试验在南水北调东线一期济南—引黄济青济南市区段输水暗涵工程建设工地进行。暗涵输水工程位于济南市小清河左岸，沿小清河平行布置，暗涵埋设在其左岸绿化带下，一部分在小清河岸墙外，两侧填土；一部分直接作为小清河左岸墙，一侧填土。均为 3 孔无压钢筋混凝土箱涵，设计输水流量 $50m^3/s$，加大流量 $60m^3/s$。该工程等别为一等，主要建筑物为一级，次要建筑物为三级。

由于部分输水暗涵建基面以下存在不同厚度的淤泥质黏土，具有含水率高、压缩性大、承载力低、蠕变性大等特点。为了提高地基承载力，减小暗涵运行期产生的沉降，需要对该软土地基进行加固处理。初设和施工图中提出两种方案：对于淤泥质黏土较薄的地段，采用水泥土换填；较厚的地段采用水泥土搅拌桩的方法加固。在水泥土搅拌桩施工过程中，由于部分标段淤泥质黏土含水量偏高（大于 30%），复搅时出现冒浆现象，搅拌也不均匀；同时该方案施工环境差，工期较长，严重制约施工进度。因此迫切需要研究一种优化地基处理加固的新方案。

土工袋是一种备选优化方案。该方案将现场开挖出的土，直接装入一定规格、具有足够耐久性的编织袋中，铺设在输水暗涵基础面上，一方面提高了地基承载力，减少了地基的不均匀沉降；另一方面利用了现场开挖土，减少了弃土引起的社会、环境问题。同时，避免了水泥土搅拌桩施工环境差、工期较长的问题，加快工程施工进度。

为了验证土工袋方案的可行性与加固效果，2009 年 4 月 30 日到 2009 年 5 月 7 日在现场进行了浅层平板载荷试验。

图 5.9 为试验场地的地层分布及主要物理力学参数沿深度的分布。根据工程地质评价，粉砂地基承载力特征值为 110kPa，壤土地基承载力特征值为 140kPa，壤土夹姜石地基承载力特征值为 150kPa，淤泥质黏土地基承载力特征值为 70kPa。

本次现场试验设计了 3 种方案：

方案 1：天然地基，为对比土工袋的处理效果；

方案 2：两层土工袋，层间错开布置，底层土工袋用土工编织布反包，如图 5.10（a）所示；

方案 3：四层土工袋，层间错开布置，如图 5.10（b）所示。

方案 2 与方案 3 的区别在于用底层反包的土工编织布来取代底部的两层土工袋，因此，底层的土工编织布要求具有一定的张拉强度，且一定要在两端部反包，否则土工编织布不起作用。

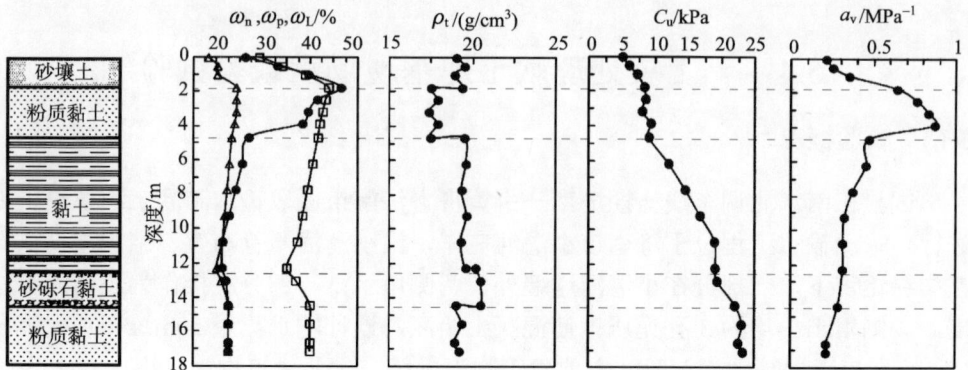

图 5.9　　试验场地地层分布及主要物理力学指标

ω_n: 含水率；ω_p: 塑限；ω_L: 液限；ρ_t: 湿密度；C_u: 不排水强度；a_v: 压缩系数

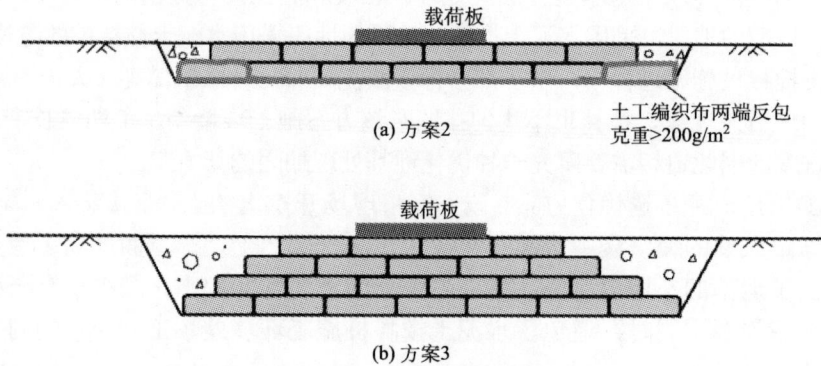

(a) 方案2

土工编织布两端反包
克重>200g/m²

(b) 方案3

图 5.10　土工袋处理方案

　　每种方案分别进行 3 次试验，每次试验的场地大小为 6m×18m，载荷板大小为 1m×1m。

　　现场试验土工编织袋的原材料为聚丙烯（PP），在其中加入 1%的防老化剂（抗氧剂、光稳定剂和深色炭黑），克重为 100g/m²，外观颜色为黑色，摊平尺寸为 75cm×50cm，经、纬向抗拉强度分别为 23.4kN/m 与 18.8kN/m，对应的伸长率分别为 18%与 17%。袋内装的土料为浅表层的Ⅲ②砂壤土，剔除块状的土料后，按 80%装土量控制，土料含水量控制在 w_{op}±5%。

　　为了解加载过程中地基土层应力分布及孔压变化情况，在载荷板正下方及边缘部位 30cm 深度处埋设了 3 只土压力计，在载荷板正下方 50cm 深度处埋设了 1 只孔隙水压力计，对于方案 3，还在两层土工袋间埋设了两只土压力计，如图 5.11 所示。

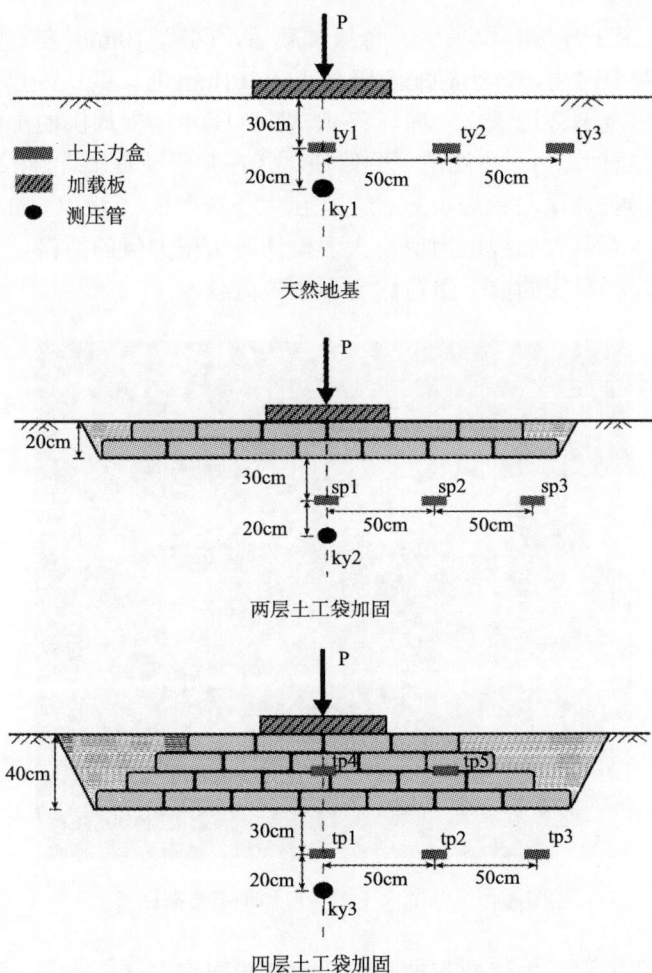

图 5.11　现场平板载荷试验监测仪器布置

土工袋处理方案（方案 2、方案 3）分别在两个 6m×18m 的开挖基坑内进行（参见图 5.12），基坑表面土层为粉质黏土。试验的主要步骤为：

1）基坑开挖及土压力盒与孔压计埋设，并在土工袋铺设前对基坑进行了整平处理。

2）逐层铺设、逐层碾压土工袋。土工袋之间的空隙用现场土充填；铺完一层土袋之后使用蛙夯来回碾压两遍，使其成扁平状；待第一层铺设完毕后，进行第二层布置，且上下两层之间错开布置。铺设碾压完毕后，每个土袋的尺寸约为 60cm×50cm×10cm。

3）土工袋铺设与碾压完毕后，用细砂将放载荷板区域整平，放上载荷板，加上堆载，安装好千斤顶与百分表。

4）采用油压千斤顶分级加载。每级加载后，间隔 10min 左右测读一次沉降量，当在连续两小时内，每小时的沉降量小于 0.1mm 时，则认为已趋稳定，加下一级荷载。当出现下列现象之一时，终止试验：①承压板周围的土明显地侧向挤出；②沉降急骤增大，p-s 曲线出现陡降段；③在某级荷载下，24h 内沉降速率不能达到稳定；④沉降量与承压板直径之比已大于或等于 0.06（60mm）；⑤当未达到极限荷载，而最大加载压力值已大于设计要求压力值的两倍。当满足①～④种情况之一时，其对应的前一级荷载定为极限荷载。

图 5.12　基坑内土工袋现场平板载荷试验

土压力与孔隙水压力读数和地基承载力试验同步进行，在每一级加压之前读取上一级压力稳定后土压力与孔隙水压力的数值。

5.4.2　试验结果与分析

1. 地基承载力

依据《建筑地基基础设计规范》（GB 50007-2002）附录 C.0.6 条第 2 款的规定，地基承载力特征值按下列方法确定：①当 p-s 曲线上有比例界限时，取该比例界限对应的荷载值；②当极限荷载小于对应比例界限荷载的 2 倍时，取极限荷载值的一半；③当不能按上述两款要求确定时，可取沉降比 s/b=0.015（15mm）对应的荷载值，但其值不能大于最大加载压力值的一半（当其值大于最大加载压力值的一半时，取最大加载压力值的一半作为该试验点的承载力特征值）。

表 5.3 及图 5.13 为三个方案地基承载力的试验结果。可见，土工袋处理地基

能明显地提高地基承载力。设置两层土工袋时，地基承载力特征值为 94.5kPa，相比天然地基的承载力特征值（72kPa）提高了 28.7%；设置四层土工袋时，地基承载力特征值为 107.5kPa，比天然地基提高了 47.9%。

表 5.3　三个试验方案承载力试验结果汇总表

试验地基类型	试验点编号	最大沉降/mm	荷载/kPa			试验点承载力/kPa	
			最大	破坏	极限	特征值	平均值
天然地基（方案1）	1-1	67.48	184	184	164	82	
	1-2	64.72	164	164	145	72	72
	1-3	63.21	164	164	145	72	
2 层土工袋加固地基（方案2）	2-1	66.80	215	215	189	94.5	
	2-2	68.07	215	215	189	94.5	94.5
	2-3	64.70	215	215	189	94.5	
4 层土工袋加固地基（方案3）	3-1	64.8	243	215	215	107.5	
	3-2	69.35	243	215	215	107.5	107.5
	3-3	79.11	243	215	215	107.5	

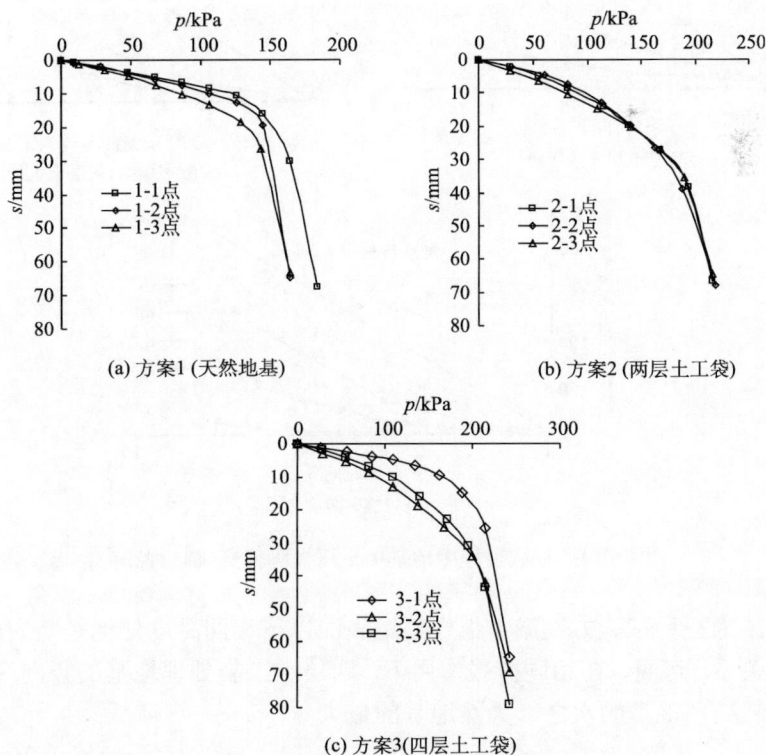

(a) 方案1 (天然地基)

(b) 方案2 (两层土工袋)

(c) 方案3(四层土工袋)

图 5.13　平板载荷试验得到的荷载-沉降（$p\text{-}s$）曲线

2. 土压力与孔隙水压力

土压力与孔隙水压力观测仪器埋置如图 5.11 所示，本次试验共埋设了 11 个土压力盒和 3 个孔隙水压力计。天然地基中土压力盒编号分别为 ty1、ty2、ty3；两层土工袋加固地基中土压力盒编号为 sp1、sp2、sp3；四层土工袋加固地基中为 tp1～tp5。三种地基情况下的孔隙水压力计编号分布为 ky1、ky2、ky3。

图 5.14 为三种试验方案的竖向应力（由土压力盒读数换算而得）随时间的变化曲线，图中同时示出加载过程线。可以看出：①地基中的竖向应力随着施加荷载的增大而增大；②地基中的竖向应力从载荷板中心开始向两侧逐渐减小，离载荷板中心 1m 处几乎为零，即应力扩散角在 40°～55° 之间；③加载的初始阶段，地基中的竖向应力增长缓慢，而当加载到一定程度时，竖向应力的增长速率增大，说明地基中已开始出现塑性开展区。

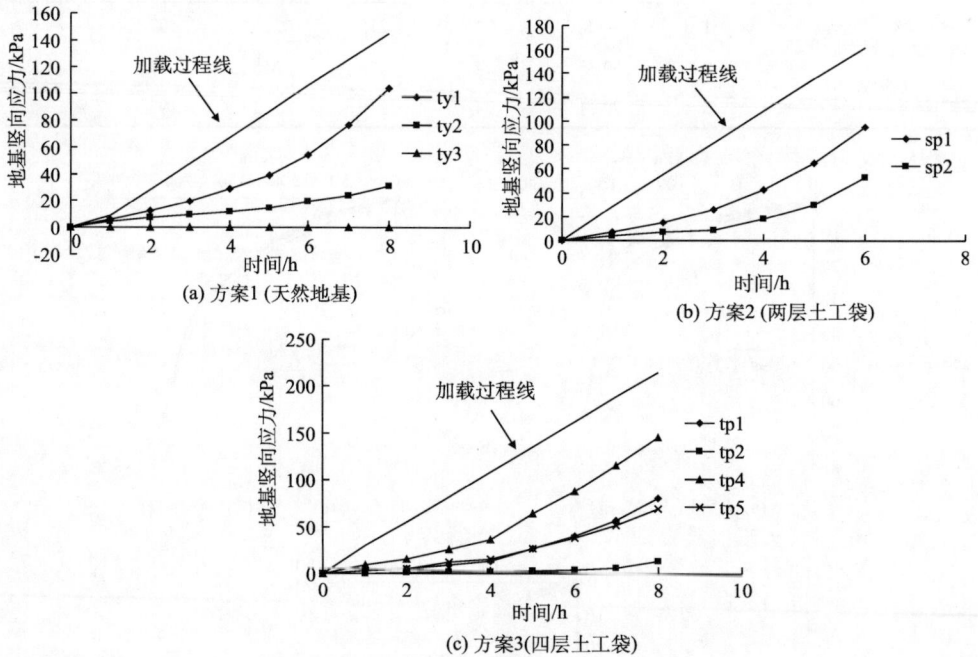

图 5.14　加载过程中地基中土压盒测值变化时程线

图 5.15 为三种试验方案载荷板中心地表面以下相同深度处地基竖向应力与施加荷载的关系。可见，在相同荷载作用下，四层土工袋处理地基的竖向应力最小、两层土工袋处理地基的次之，天然地基的最大。

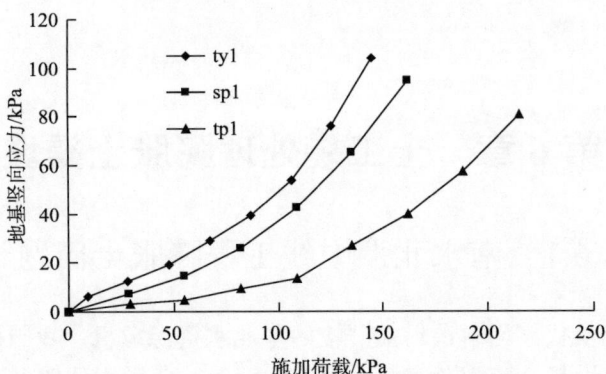

图 5.15 三种试验方案载荷板中心地表面以下相同深度处竖向应力与施加荷载的关系

　　图 5.16 为天然地基与四层土工袋处理地基中孔隙水压力与施加荷载的关系（两层土工袋加固方案中的孔压计 ky2 在试验过程中出现问题，没有读数）。可见，天然地基的孔隙水压力在施加荷载小于 70kPa 时，一直没有变化，其原因可能是试验开始前孔隙水压力计未完全浸泡，而后随着施加荷载的增大而增大，不过数值不大，破坏时仅为 30.6kPa。对于四层土工袋处理地基方案，孔隙水压力随施加荷载的增大而增大，破坏时约为 31.8kPa，与天然地基方案基本相同。不过，在相同施加荷载下，四层土工袋处理方案对应的孔隙水压力略小于天然地基的情况，说明土工袋的排水性能较好，可以加快地基的固结排水。

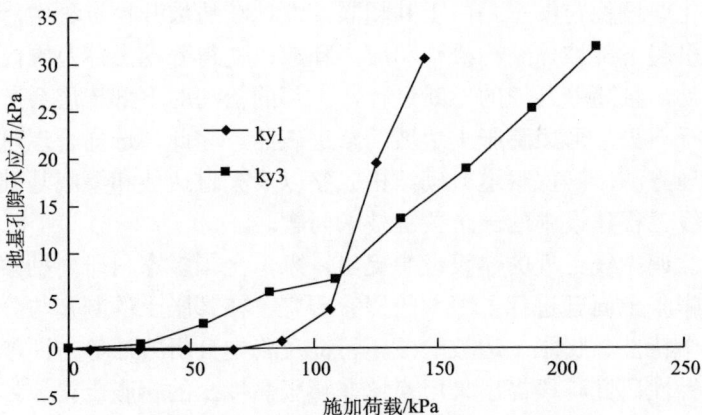

图 5.16 地基土中孔隙水压随施加荷载的变化

第6章　土工袋处理膨胀土渠坡

6.1　南水北调中线工程膨胀土问题

20世纪50年代，为解决日益严峻的华北水资源危机，我国提出了南水北调工程的伟大战略设想，工程分东线、中线和西线三条调水线路。其中，南水北调中线工程是一项自丹江口水库陶岔闸引水，跨越长江、淮河、黄河和海河四大流域，途经河南、河北、北京、天津四省市的特大型调水工程，全长约1400多千米。中线工程采用明渠输水方式，输水总干渠在南阳、沙河及邯郸等地带分布有膨胀土，渠坡或渠底涉及膨胀土的渠段累计长度约为340km。膨胀土作为一种特殊而复杂的非饱和黏性土，富含以蒙脱石为主的亲水矿物，隐蔽裂隙发育，裂隙面光滑。它具有吸水量大，吸水时具有较大的体积扩胀和较高的膨胀力，失水时体积收缩变形的特点。反复胀缩的结果使得岩土体结构发生破坏，力学强度随之降低。

膨胀土的上述特性对渠道工程构成不利影响：一是影响渠坡稳定，在大气影响深度范围内，极易形成牵引式的浅层滑坡，或者形成由结构面控制的深层滑坡，这种危害具有反复性；二是膨胀土胀缩变形对渠道衬砌的破坏，造成渠道漏水，并进一步恶化渠坡稳定；三是由于其超固结性，在边坡开挖过程中，随着上部土层的卸荷，引起下部坡体结构松弛和应力释放，使得开挖土体范围内产生膨胀变形，局部松动，且随着开挖的不断进行，上部的松动对下部土层会产生牵引力，这样逐级进行下去，形成膨胀土边坡的渐进破坏。因此，选择合理可靠的膨胀土渠道边坡处理方法，确保渠道衬砌结构完整以及渠道边坡和渠底基础相对稳定是南水北调中线工程建设中的一个关键技术问题。

自南水北调中线工程的建设设想提出以来，全国多家科研、勘察、设计等单位对沿线的膨胀土问题进行了深入的探索研究，在膨胀土的判别与分类、区域分布、工程力学特性、膨胀土边坡的破坏特征及稳定分析方法等方面取得了丰硕成果，并在可行性研究阶段提出采用换填非膨胀黏性土的膨胀土渠坡处理方案。试验及理论研究表明，换填非膨胀黏性土的方案能够有效地解决浅层滑坡问题，但是该方案却存在工程占地大等明显的缺点。不管是置换用土，还是被置换的弃土都将占用大量的土地资源，不利于土体资源的有效综合利用，尤其在土地资源匮乏地区（无好土可换），未经处理的膨胀土弃料可能会造成新的膨胀土问题。因此，寻找一种既能解决渠坡安全问题，又能减少工程占地的膨胀土渠坡处理方法显得格外迫切。刘斯宏、汪易森等通过对膨胀土工程特性及其影响因素的分析，结合国家十一五科技支撑计划课题"膨胀土（岩）地段渠道破坏机理及处理技术研究"，提出了采用土工袋处理膨胀土渠道边坡的新思路。

6.2　土工袋处理膨胀土原理

图 6.1 为土工袋处理膨胀土的原理分析概念图。土工袋在压实过程中及在上载压力作用下，袋子的周长一般会伸长变形。土工袋浸水后，袋内膨胀土发生膨胀变形，袋子周长进一步伸长。袋子伸长的结果是在袋子中产生一个张力 T，该张力对袋内的膨胀土起到一个约束作用，使得土颗粒间的接触力 N 增加。由于土体强度本质上源于土颗粒间的摩擦强度，土颗粒间接触力 N 增加意味着土颗粒间的摩擦强度增大（符合摩擦定律 $F=\mu N$，μ：土颗粒间摩擦系数），因此，处理后的袋装膨胀土的整体强度得到显著提高。

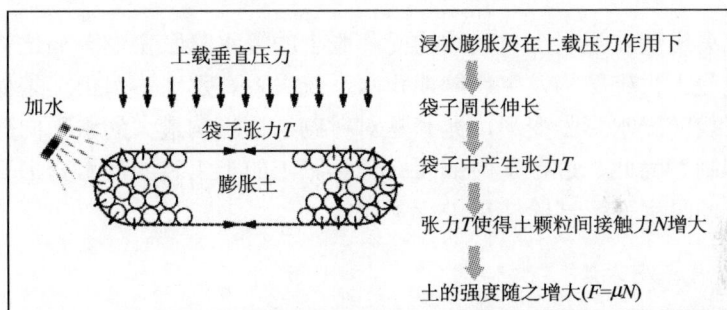

图 6.1　土工袋处理膨胀土机理分析概念图

从根本上说，土工袋高强度源自袋子张力的约束作用，它所产生的附加黏聚力（理论计算公式详见第 2 章）使得土工袋整体所体现出来的黏聚力比膨胀土要大许多。袋子张力与其尺寸变形增量有关，袋子拉伸增量越大，张力也越大，因此与袋子尺寸变化相关的外荷应力和膨胀力都能影响袋子张力的大小。

从第 2 章所述的土工袋附加黏聚力理论计算公式中可以看出，袋内土体强度对土工袋强度提高并非有直接的贡献，它体现在公式中的土压力系数 K_p 上。因此，将膨胀土装入土工袋子后，当袋内膨胀土失水收缩时，干缩引起的裂缝发生在土工袋内部，可能引起袋内膨胀土强度降低，但由于袋子的作用，整个袋子连其内部的土体将作为一个整体承受外荷载，不会因为土体内部的裂隙而影响土工袋整体的承载力或抗剪强度。所以土工袋既可以限制膨胀土体吸水膨胀又可以避免其失水产生贯穿性裂隙而使其承载力或抗剪强度降低。土工袋处理膨胀土的一个突出优点是：膨胀土地段渠道开挖出来的土料可以直接装入土工袋，就地取材，克服了大量弃土外运、占用土地等换土方案带来的问题。用土工袋处理膨胀土渠坡是将土工袋按一定的排列形成一个组合体，堆放于开挖渠坡上。土工袋组合体对渠道边坡相当于一个柔性压坡，对渠道边坡的整体稳定具有明显的效果。同时土工袋组合体对下层膨胀土起到有效的保护作用，阻隔了大气降水和蒸发对下层膨胀土的影响，因此，可以防止或减缓下层膨胀土裂缝的发生与发展，有效解决下层膨胀土边坡局部破坏的问题。

6.3　袋装膨胀土室内试验

将膨胀土装入编织袋形成的土工袋又称"袋装膨胀土"。下面通过一系列室内试验与理论分析，研究袋装膨胀土的强度变形特性、摩擦特性和渗透特性[24-28]。

6.3.1　强度和变形特性

膨胀土渠道边坡混凝土衬砌结构受膨胀土的浸水膨胀变形影响比较大，严重时会导致混凝土衬砌结构发生裂缝或止水系统失效。那么，用土工袋处理膨胀土渠坡，土工袋的浸水膨胀变形，尤其是对衬砌结构影响最大的水平向膨胀变形是否会得到抑制？为此，进行了内部装有强膨胀土的土工袋的浸水变形试验，并与强膨胀土样的浸水变形试验结果进行了比较。

1. 试验内容及方法

试验所用的土料为南阳强膨胀土，取自南阳市郊石沟坑，土体呈灰白色，其自由膨胀率约119.5%，属强膨胀土，液限 ω_L=60.2%，塑限 ω_p=30.2%，塑性指数 I_p=30.0%，重型击实最大干密度 ρ_{dmax}=1.6g/cm^3，最优含水率 ω_{op} =24.0%；土样粒径组成中，砂粒、粉粒和黏粒含量分别约为18%、57%和25%，其主要黏土矿物成分为蒙脱石和伊利石。试验所用的土工编织袋原材料为聚丙烯，克重为110g/m^2，袋子摊平尺寸为 57cm×45cm（经向×纬向），经、纬向拉伸强度分别为 25kN/m 和16.2kN/m，经、纬向伸长模量分别约为 1.61kN/m 和 1.38kN/m（见图 6.2）。

浸水变形试验主要研究在初始干密度一定的情况下，袋装膨胀土浸水变形量与垂直作用于土袋上的压力、初始含水率之间的关系。为此，共进行了初始干密度为 1.6g/cm^3、初始水率分别为 20% 与 24%的两组试验：第一组初始含水率为20%，5 个土工袋，分别施加 0kPa、15.5kPa、30kPa、50kPa、100kPa 的竖向压力；第二组初始含水率为24%，4 个土工袋，分别施加 0kPa、15.5kPa、40kPa、100kPa的竖向压力。膨胀力试验共进行一组，土工袋的初始含水率为20%，初始干密度为 1.5g/cm^3。

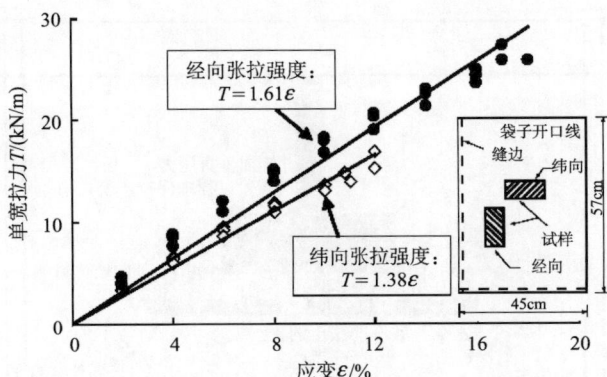

图 6.2　土工编织袋张力-应变关系曲线

由于袋装膨胀土土工袋的浸水变形与膨胀力试验无规范可循,作者参照了土工试验规程的有荷膨胀率试验仪器和试验方法,自行制作了一个土工袋的浸水变形试验装置,参见图 6.3。其中浸水变形试验的具体步骤如下:

1)试样制备。首先将膨胀土风干、破碎、过 2cm 分样筛,加水调配成既定初始含水率,并将其放在密封容器内静置平衡 24h,而后将膨胀土分别装入编织袋中(装袋量 70%),碾压成 1.6g/cm³ 的初始干密度(成型后的土工袋尺寸为43cm×41cm×6.5cm)。

2)试样设置。在反力架上先放上一块底部能进水的多孔木架支座,在其表面铺上一层与土工袋材料相同的土工布,将夯实成型后的土工袋置于铺有土工布的支座上,再在土工袋顶部铺上一层土工布,放上一个顶部进水的多孔木支架。土工袋底部、顶部各铺一层土工布是为了减小土工袋在浸水膨胀变形时与多孔木支架之间的摩擦力。在上木支架的对角线上设置两只百分表用以测定土工袋的竖向膨胀变形,在土工袋侧面经、纬向上各设置两只千分表用以量测土工袋水平向膨胀变形。

3)施加竖直压力。通过油压千斤顶施加设定的竖向压力。试验期间,土工袋无侧限约束。

4)浸水饱和及试验数据记录。通过顶部和底部的木架不间断供水,以及侧面喷头喷水的加水过程,使土工袋逐渐浸水饱和,在此过程中,记录土工袋水平方向和竖直方向的膨胀变形值,待土工袋竖向变形趋于稳定,结束浸水变形试验。

土工袋膨胀力试验也是在图 6.3 所示的反力架体系内进行,试验方法类似常体积膨胀力试验,即:每当土工袋浸水产生膨胀变形时,通过施加平衡荷载恢复变形值,变形稳定时的平衡荷载视为土工袋的膨胀力。

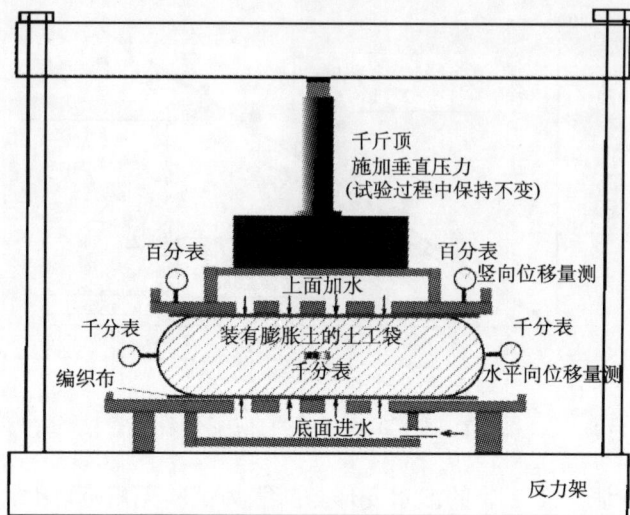

图 6.3　土工袋浸水变形试验概念图

2. 膨胀变形试验结果分析

图 6.4 为膨胀土及土工袋竖向膨胀率随竖向压力的关系曲线。与膨胀土相似，土工袋的膨胀率不仅与袋内土体的初始含水率相关，还与竖向压力的大小密切相关。当竖向压力相等时，初始含水率为 20% 的土工袋浸水后所产生的膨胀率大于初始含水率为 24% 的土工袋；相同初始含水率的土工袋的膨胀率随荷载增大而减小，当荷载大于 40kPa 后，土工袋和膨胀土的膨胀率均基本稳定。

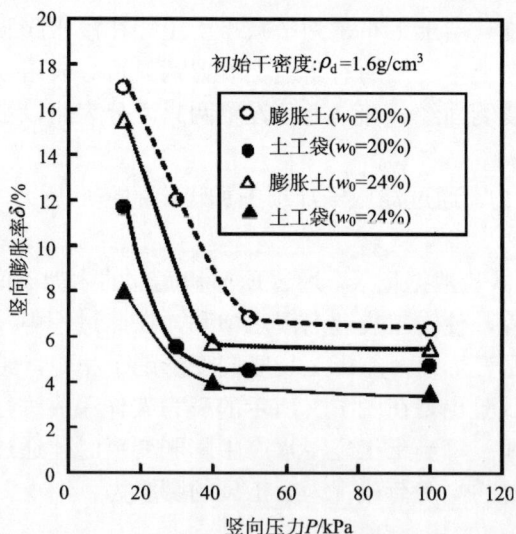

图 6.4　膨胀土及土工袋竖向膨胀率随竖向压力的关系曲线

在土工袋浸水膨胀变形试验过程中，由于竖直方向和水平方向（侧向）均可产生变形，根据变形观测值可以近似得到试验过程的土工袋经、纬向的周长变化过程线，见图 6.5 和图 6.6。由图可见，土工袋的经向、纬向周长变化规律基本一致，其最大周长增量见表 6.1。

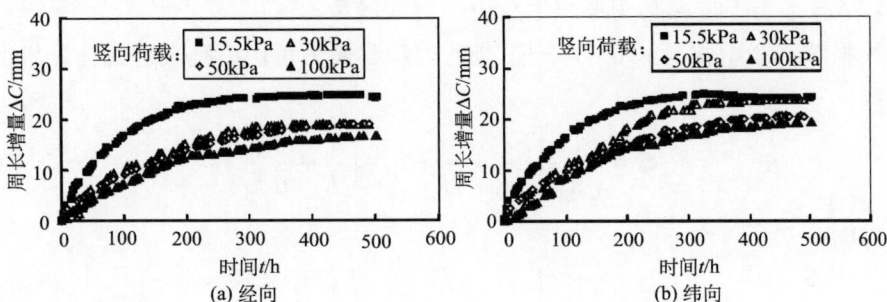

图 6.5　初始含水率 $w_0=20\%$ 的土工袋浸水引起的周长变化过程线

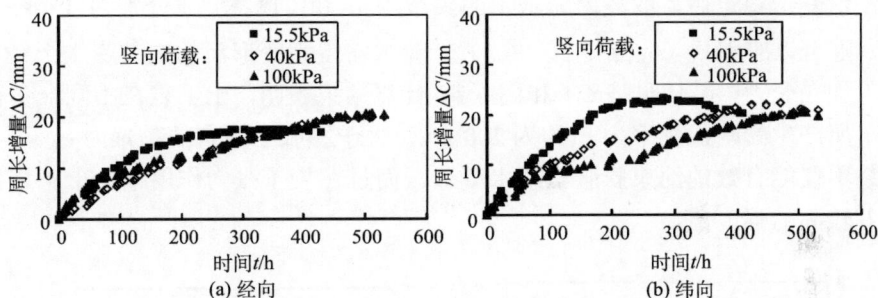

图 6.6　初始含水率 $w_0=24\%$ 的土工袋浸水引起的周长变化过程线

表 6.1　土工袋最大浸水膨胀变形试验结果

初始含水率/%	上载压力/kPa	经向截面				纬向截面			
		周长增量/mm	张力增量/(kN/m)	袋子总张力/(kN/m)	附加黏聚力/kPa	周长伸长增量/mm	张力增量/(kN/m)	袋子总张力/(kN/m)	附加黏聚力/kPa
20	15.5	24.7	4.2	12.4	225.0	24.2	3.7	11.7	210.7
	30	24.2	3.7	11.7	210.7	24.2	3.7	11.7	210.7
	50	23.5	3.6	11.6	208.9	23.5	3.6	11.6	208.9
	100	16.8	2.9	11.1	201.4	19.3	3.0	11.0	198.1
24	15.5	17.4	3.0	11.2	203.3	23.2	3.5	11.5	207.1
	40	20.3	3.5	11.7	212.3	22.3	3.4	11.4	205.3
	100	20.7	3.5	11.7	212.3	20.4	3.1	11.1	199.9

注：土工袋装袋碾压前的初始经、纬向周长分别为 942mm、900mm，碾压后的经、纬向周长分别为 990mm、950mm，碾压后袋子的经、纬向初始张力值分别为 8.2kN/m、8.0kN/m。

如前所述，土工袋的袋子张力 T 不仅与外荷载有关，还与自身的膨胀变形有关，袋子张力 T 可以表示为

$$T = E(\Delta\varepsilon_1 + \Delta\varepsilon_2) \qquad (6.1)$$

式中，E 为袋子的伸长变形模量；$\Delta\varepsilon_1$ 是制作土工袋时碾压作用所产生的袋子应变增量；$\Delta\varepsilon_2$ 是土工袋膨胀变形产生的袋子应变增量。

根据第 2 章中式（2.10），土工袋的附加黏聚力可由下列表达式计算求得。

经向：

$$c_a = \frac{T}{\sqrt{K_p}}\left[\left(\frac{1}{B}+\frac{1}{H}\right)K_p - \left(\frac{1}{L}+\frac{1}{B}\right)\right] \qquad (6.2)$$

纬向：

$$c_a = \frac{T}{\sqrt{K_p}}\left[\left(\frac{1}{H}+\frac{1}{L}\right)K_p - \left(\frac{1}{L}+\frac{1}{B}\right)\right] \qquad (6.3)$$

浸水变形稳定后，取袋内膨胀土的黏聚力 c 和内摩擦角 ϕ 分别为 126kPa 和 12°，则可以应用式（6.2）、式（6.3）计算求得浸水变形后的袋装膨胀土经、纬向的附加黏聚力，具体见表 6.1 和图 6.7。计算结果表明，土工袋在不同上负荷载作用下所产生的附加黏聚力 c_a 约为 200kPa，大于膨胀土固有的黏聚力 c。可见，土工袋不仅能有效地约束膨胀土浸水变形，而且在袋子张力作用下，土工袋始终保持着较高的强度值。

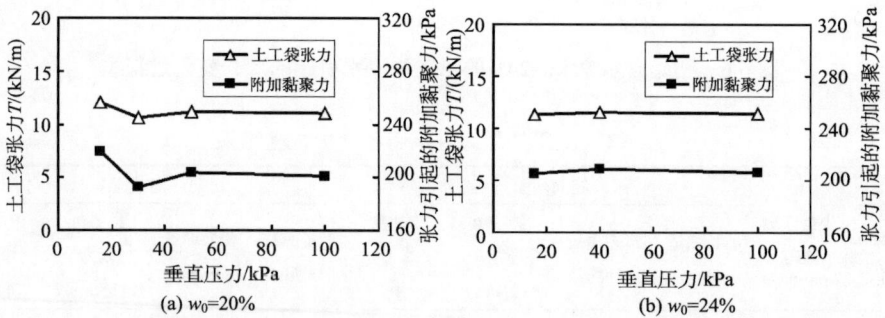

图 6.7　土工袋浸水变形稳定后张力和附加黏聚力与竖向压力的关系曲线

3. 膨胀力试验结果分析

图 6.8 为初始干密度 1.5g/cm^3、初始含水率 20%的膨胀土及土工袋的膨胀力试验结果。土工袋的最大膨胀力约为 66.1kPa，远小于相同初始条件下膨胀土的最大膨胀应力（约为 361kPa）。其原因为：浸水膨胀过程中，土工袋侧向（水平向）

允许有少量变形产生，侧向变形降低了土工袋内部膨胀土的密度，密度的降低大幅度减小了袋内膨胀土的膨胀势。由实测侧向变形增量推算得到的本试验土工袋浸水膨胀变形稳定后，内部膨胀土的密度约为 $1.34g/cm^3$，对应该密度的膨胀土膨胀力约为 100kPa，大于袋装膨胀土的最大膨胀应力。其差值 33.6kPa 主要源自土工袋张力的约束作用，因为土工袋侧向变形后，其周长也相应增大，从而土工袋的张力也相应增加，进一步抑制了膨胀土膨胀力的发挥。因此，可将土工袋视为半柔性材料，浸水膨胀变形期间产生的少量侧向变形，有利于袋内膨胀土膨胀应力的释放，可以大幅度减小膨胀势的发挥。

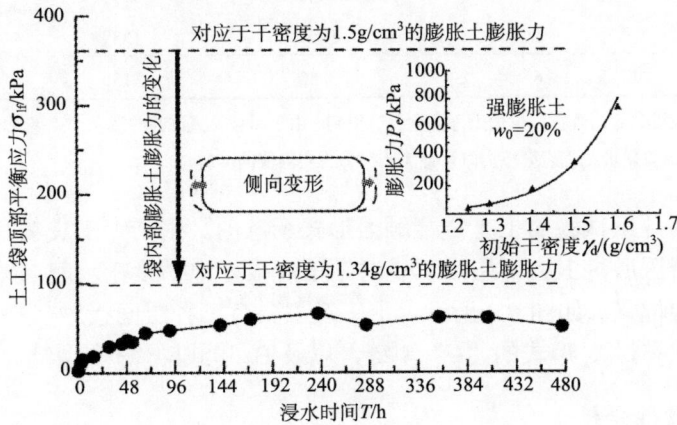

图 6.8　袋装膨胀土膨胀力试验结果

6.3.2　摩擦特性

1. 试验内容及方法

为了深入了解以膨胀土为装袋料的土工袋层间摩擦特性，以南阳强膨胀土为装袋材料，进行了 12 组膨胀土土工袋的拉拔试验（参见表 6.2），其中水上 8 组、水下 3 组，以及人工斜坡 1 组（斜坡高约 1.5m，坡度为 1∶1，斜坡横向布置 3～4 列土袋、纵向布置 3 排）。

表 6.2　土工袋层间摩擦特性试验结果

试样编号	状态	上层个数/下层个数	垂直荷载/N	最大张拉力/N	层间摩擦系数
A_0		1/1	1468	435	0.30
A_1	水上	1/2	1468	1362	0.92
A_2		2/3	1668	1700	1.02

续表

试样编号	状态	上层个数 /下层个数	垂直荷载/N	最大张拉力/N	层间摩擦系数
A_3		3/4	1195	1250	1.05
B_0		1/1	1468	787	0.54
B_1	水上	1/4	1468	1495	1.02
B_2		2/6	2428	2623	1.08
B_3		3/8	1675	1950	1.16
C_0		1/1	1468	354	0.24
C_1	水下	1/2	1468	1775	0.90
C_2		2/3	1960	1329	0.94
SL		6/9	5880	9150	0.82

注：SL 斜坡拉拔试验的垂直荷载由土压力盒测试得到；由于斜坡拉拔试验的滑动土工袋受制于上、下两个层面，因此表 6.2 在计算斜坡土工袋摩擦力时，最大张拉力为实测值的 1/2。

图 6.9 为各组试验的土工袋接触面形式示意图。由于土工袋具有一定的柔性特性，铺设碾压后，上、下层土工袋通常都能很好地搭接在一起，尤其在土工袋的层间搭接缝位置。如图 6.9 所示，土工袋主要有三种层间接触状态，如 A_0 形式的层叠无缝状态，A_1 形式的"–"型缝，以及 B_1 形式的"+"型缝。

2. 摩擦特性分析

图 6.10 为 A_0、A_1、B_0、B_1、C_0 和 C_1 六种接触状态的土工袋拉拔曲线（水平张拉力与水平位移的关系）。图 6.11 为土工袋层间等效摩擦系数随接触缝数量的关系曲线（注：等效摩擦系数定义为测得的水平最大拉力与垂直压重之比值，水平拉力包括编织袋间的摩擦力及各种缝的嵌入作用而增加的力）。图 6.12 为土工袋斜坡模型的层间拉拔曲线。各组试验所得的最大张拉力和相应的摩擦系数汇总于表 6.2。分析试验结果可知，不管是在水上或是水下的工作环境，土工袋的层间摩擦系数与搭接缝形式以及缝的数量密切相关：

1）层叠无缝的土工袋 A_0 的等效摩擦系数仅为 0.3 左右，该值近似于土工布本身的摩擦系数。

2）对于存在层间搭接缝的情况，等效摩擦系数与土工袋的组合形式密切相关，"+"型缝搭接形式的层间摩擦系数大于"–"型缝，而且等效摩擦系数随着搭接缝的数量的增多而增加，B_3 试样的等效摩擦系数达到了 1.16。

3）在水中，层叠无缝的土工袋 C_0 的拉拔过程受水的润滑作用最明显，等效摩擦系数较水上 A_0 减小了约 20%，而对于存在搭接缝的条件，润滑作用的影响相对较小。

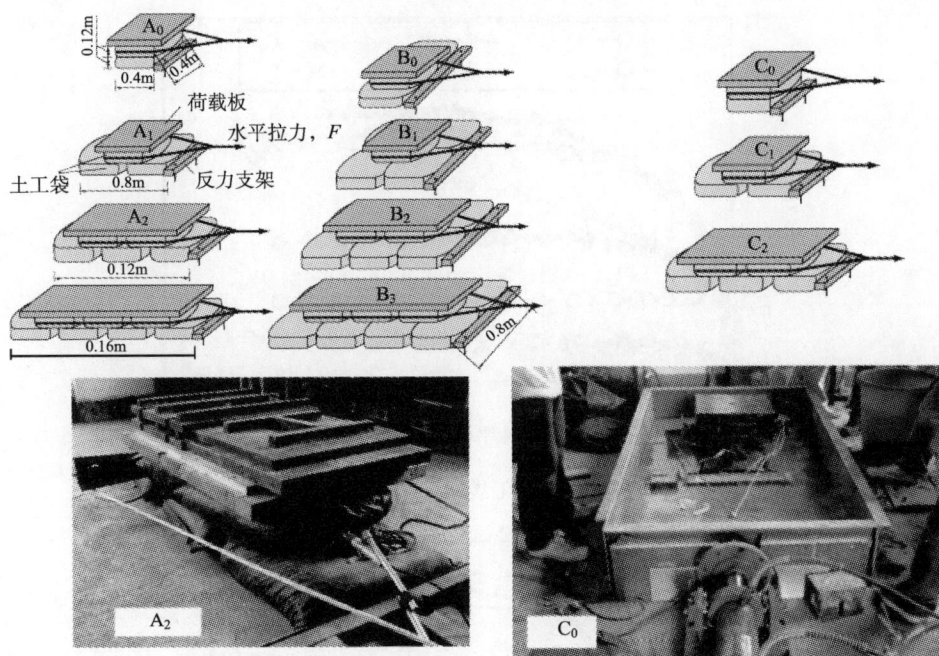

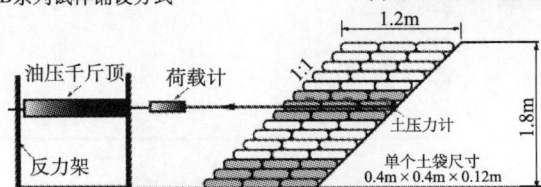

(a) 水上A、B系列试样铺设方式　　　　　　　　(b) 水下C系列试样铺设方式

(c) SL斜坡试验

图 6.9　土工袋拉拔试验示意图

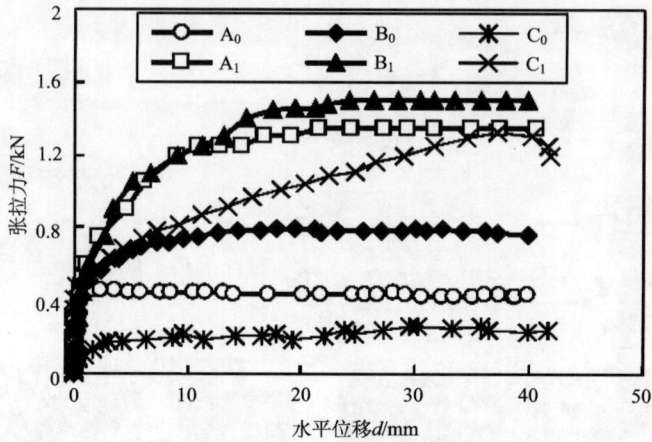

图 6.10　土工袋典型拉拔曲线

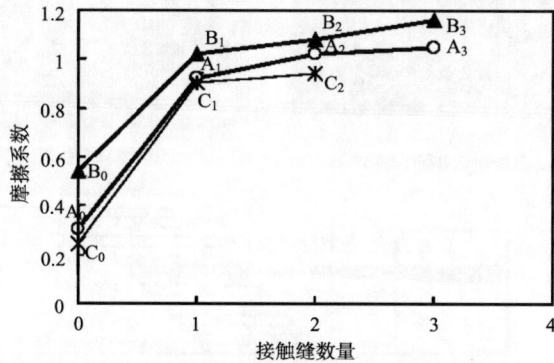

图 6.11　土工袋层间摩擦系数随接触缝数量的关系曲线

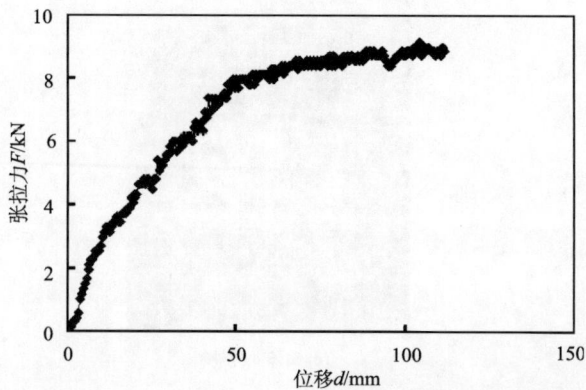

图 6.12　斜坡拉拔过程张拉力随水平位移的关系曲线

4）斜坡模型拉拔试验产生的层间摩擦系数约为 0.82，该值大于土工布自身的摩擦系数，而小于 B_3 的相似试验工况，分析其原因主要为试验误差引起：由于斜坡拉拔试验的上覆荷载较大，在试验过程中土工袋滑动主要出现在坡体内部，从而导致抗滑力实测值偏小。

6.3.3　渗透特性

1. 试验内容及方法

土工袋铺设而成的组合体具有明显的结构性，接触面的存在势必增加组合体的整体渗透系数。借助于土工袋组合体的渗透模型试验，分析比较相同初始干密度和含水率条件下的土工袋和膨胀土两者之间的渗透差异性。图 6.13 为土工袋组合体渗透试验示意图。考虑到土工袋组合体在垂直方向和水平方向的接触面不一致，试验分别需要量测组合体的垂直渗透系数和水平渗透系数。土工袋渗透试验在长 1.6m、宽 0.8m、高 1.0m 的大型水箱内完成。

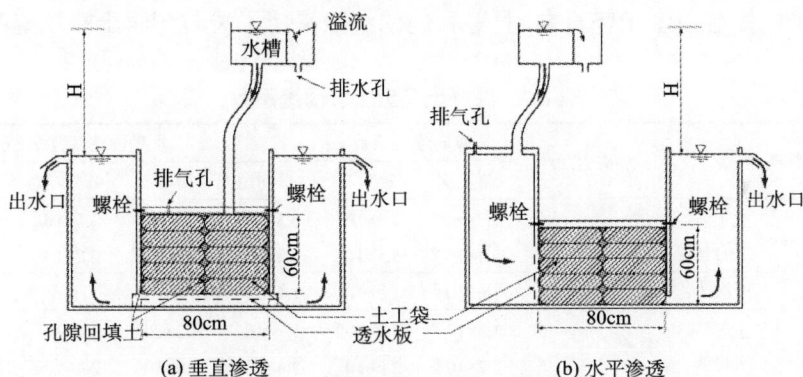

图 6.13　土工袋组合体渗透试验示意图

图 6.13（a）为土工袋组合体竖直渗透试验，试验土料有强膨胀土和中膨胀土两种，试验步骤如下（以强膨胀土为例）：

1）试样制备过程。配置过 2cm 分样筛的强膨胀土至 24% 的初始含水率，将其装袋封口后置于 40cm×40cm×10cm 的模具内夯实成型，压实后的强膨胀土土工袋的压实干密度约为 $1.7g/cm^3$，以 4 个土工袋作为一层置于水箱中，并用强膨胀土料填缝并夯实，共设置 5 层土工袋，渗径约为 60cm。

2）浸水饱和试样。连接试验箱，打开各出水口向模型箱内注水并排出顶盖附近的空气，然后再关闭排气孔，保持注水状态使试样浸水饱和 5 个小时。

3）渗透试验过程。以试验要求的常水头高度（1m 或 1.5m）固定水槽位置，计时并记录出水口的出水量，多次重复记录分析，确保出水量基本稳定。

4）重复步骤 3）进行第 2 次竖直向渗透系数测试。

土工袋组合体的水平向渗透试验的步骤与竖直向渗透试验基本一致，但水平渗透试验从模型箱的左侧进水，右侧出水，见图 6.13（b）。中膨胀土土工袋的渗透试验也是按照上述步骤完成，需要注意的是中膨胀土土工袋压实后的干密度约为 $1.6g/cm^3$。

2. 渗透特性分析

渗透试验结果见表 6.3，表中膨胀土渗透系数根据常规饱和渗透试验测试得到，膨胀土试样的初始含水率和干密度和土工袋组合体一致。对比膨胀土与土工袋的渗透试验结果可知：

1）中、强膨胀土土工袋组合体的饱和渗透系数均达到 $10^{-4}\sim10^{-3}$ 量级，具有良好的渗透性。它比相同初始条件的膨胀土的饱和渗透系数大 2～3 个数量级，此特点有利于土工袋护坡体排除膨胀土坡内的渗水及滞水，维持坡内水分相对稳定。

2）土工袋组合体水平方向的渗透系数均大于竖直方向，其原因为土工袋组合体的水平向接触面多于竖直向，且竖直向的缝隙采用了袋装膨胀土料填缝的措施。

表 6.3　膨胀土及土工袋渗透系数

试样类型		水头 H/m	竖向渗透系数 k/（m/s）			水平渗透系数 k/（m/s）		
			第 1 次	第 2 次	平均值	第 1 次	第 2 次	平均值
中膨胀土	土工袋组合体 常水头	1.0	5.7×10^{-6}	7.3×10^{-6}	6.5×10^{-6}	3.9×10^{-5}	3.6×10^{-5}	3.8×10^{-5}
		1.5	5.2×10^{-6}	6.5×10^{-6}	5.8×10^{-6}	3.2×10^{-5}	2.8×10^{-5}	3.0×10^{-5}
	膨胀土 变水头		1.6×10^{-8}	1.2×10^{-8}	1.4×10^{-8}			
强膨胀土	土工袋组合体 常水头	1.0	1.8×10^{-5}	2.0×10^{-5}	1.9×10^{-5}	3.2×10^{-5}	3.1×10^{-5}	3.2×10^{-5}
		1.5	2.2×10^{-5}	2.6×10^{-5}	2.4×10^{-5}	2.6×10^{-5}	2.4×10^{-5}	2.5×10^{-5}
	膨胀土 变水头		7.1×10^{-8}	1.8×10^{-8}	4.4×10^{-8}			

根据以上试验得到的袋装膨胀土的强度变形、摩擦和渗透特性，土工袋处理膨胀土的机理可以归结为：①强度方面，由于碾压及浸水膨胀引起的土工袋伸长而产生的土袋张力，产生了一个量值较大的附加黏聚力，从而大大提高了膨胀土的抗剪强度；②在变形方面，虽然浸水膨胀土工袋会产生一定的侧向变形，但由于土袋堆积体的良好渗透性，水分不可能充分进入土工袋内部膨胀土中，产生的侧向变形不至于引起工程问题。

土工袋处理膨胀土具有的效果有：

1）加筋作用。土袋张力产生的附加黏聚力大大提高了膨胀土的抗剪强度。

2）换土作用。土工袋抑制了膨胀土的胀缩变形。表层的袋装膨胀土组合体形成了一层稳定性很好的非膨胀性加固层。

3）排水作用。袋装膨胀土组合体具有良好的渗透性，相当于一个表面排水层，水分不可能充分进入土工袋内部膨胀土及其下层膨胀土边坡内。

其实，土工袋处理膨胀土的效果与换土法基本相同，用的都是表层置换，解决的都是膨胀土由于浸水而引起的强度降低及变形增大问题。但区别在于，换土法用的是工程建设地缺乏的非膨胀性土，而土工袋法能直接利用当地的膨胀土，避免了弃料等一系列工程与社会问题。

6.4 土工袋处理膨胀土渠坡现场试验

6.4.1 试验场地概况

结合"十一五"国家科技支撑计划"膨胀土（岩）地段渠道破坏机理及处理技术研究"课题，在南水北调中线一期工程总干渠河南潞王坟段进行了土工袋处理膨胀岩/土边坡的现场试验[29]。

潞王坟试验段设计长度约 1.5km，沿线广泛分布中、弱膨胀岩或膨胀土（下文统称为膨胀土）。工程试验段着重对土工袋加筋、土工格栅加筋和土工膜封闭覆盖、水泥改性土、换填非膨胀黏性土法等五个处理方案处理膨胀土边坡进行了原位比较试验研究，其中土工袋处理方案试验段长度为 60m。

现场试验研究方案建立在土工袋和膨胀土室内研究的基础之上，其目的是验证土工袋的处理效果，优化土工袋的施工技术，为土工袋处理膨胀土边坡等工程提供可靠的依据。

1. 气候状况

试验段区域属大陆温带季风气候，夏秋两季受太平洋副热带高压控制，炎热多雨，冬春两季受西伯利亚和内蒙古高压控制，干旱少雨。有关资料显示，沿线多年平均气温 14.8～13.2℃，全年 1 月份温度最低，多年月平均最低气温–3.7～–6.1℃；7 月份气温最高，多年月平均最高气温 31.6～32.1℃；多年平均降雨量 557～751.9mm，年际间降雨变化较大，1 月份雨量最小，7 月份最大，60%～70% 左右的降雨量主要集中在汛期 6～8 月份，多以暴雨方式出现。试验段区域多年平均蒸发量和降雨量见表 6.4。

表 6.4 试验段多年平均降雨量与蒸发量

月份	1	2	3	4	5	6	7	8	9	10	11	12
蒸发量/mm	50	67.5	119.9	144.4	183.9	225.4	171	147.1	117.3	91.7	63.2	51.5
降雨量/mm	5.3	9.2	21.1	31.7	47.1	75.9	183.1	153.4	57.3	34.2	21.0	6.6

　　现场试验集中在 2008 年、2009 年两个年度内进行，根据现场气象站的观测资料，试验期间的主要气候特征为：

　　1）2008 年，降雨期时间段为 4～9 月，平均降雨量为 2.5mm/d，平均蒸发量为 1.3mm/d，其中以 4 月、7 月最为突出，日最高降雨量达 90.0mm/d，年降雨量为 464mm，低于年平均降雨量 557～751.9mm。

　　2）2009 年，降雨期和蒸发期界限不明显，降雨主要集中在 2～6 月，低于 2008 年度同期降雨量，日最高降雨量发生在 4 月 20 日，仅为 10.4mm/d，5 月份最大降雨量为 40.8mm，年降雨量仅 147mm。

　　对渠坡影响最大的自然因素主要是降雨量和蒸发量，日蒸发量在新乡潞王坟试验段地区较小，最大日蒸发量仅有 5mm，因此分析大气对渠坡影响主要关注降雨量。考虑到现场试验段膨胀土膨胀特性，降雨亦引起渠坡含水率变化，为便于观测资料分析，下文将以日降雨量大于 10mm 作为主要特征值，重点关注以下 16 个时段降雨量，见图 6.14：

　　2008 年 4 月 8 日，暴雨，降雨量 30mm；

　　2008 年 4 月 19 日，中雨，降雨量 17mm；

　　2008 年 5 月 3 日，暴雨，降雨量 30mm；

　　2008 年 5 月 17 日，中雨，降雨量 15mm；

　　2008 年 6 月 29 日，7 月 1 日，暴雨，降雨量 23、22.4mm；

　　2008 年 7 月 14 日、17 日，强暴雨，降雨量 90、32mm；

　　2008 年 8 月 13 日，中雨，降雨量 22mm；

　　2008 年 8 月 25 日，中雨，降雨量 13mm；

　　2008 年 9 月 27 日，中雨，降雨量 15mm；

　　2009 年 2 月 8、9 日，雨，降雨量 8.0、8.0mm；

　　2009 年 3 月 20～30 日，雨，降雨量 14.4mm；

　　2009 年 4 月 19～21 日，雨，降雨量 28.8mm；

　　2009 年 5 月 9～16 日，雨，降雨量 33.4mm；

　　2009 年 6 月 6～10 日，中雨，降雨量 26.4mm；

　　2009 年 7 月 8～15 日，暴雨，降雨量 11.8mm；

　　2009 年 11 月 11～12 日，大雪。

2. 工程地质条件

　　新乡潞王坟渠段地貌属于典型软岩丘陵亚类（I_3），渠线绕凤凰山布置，区内冲沟发育，沟深 10～15m，沟宽 10～20m，长约 600m。沿线在沟谷顶部、开挖的路堑和人工采石坑的岸坡上常出现膨胀土滑坡、坍塌等现象。试验现场的土层断面分布如图 6.15 所示，主要分为以下四层：

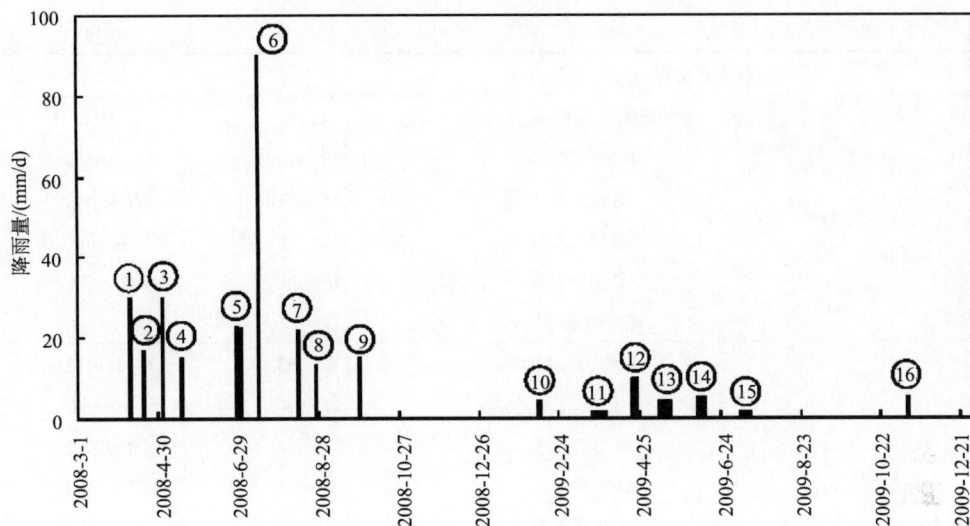

图 6.14　试验期间现场降雨特征点分布

第一层为重粉质壤土，深度为 2～7m，呈棕黄色，为非膨胀性土。

第二层为泥灰岩，深度为 17～18m，呈灰白色。碎屑矿物以方解石为主，占 49%～66%，其次为石英，为 10%～44%；黏土矿物含量占总矿物成分的 20%～35%，主要由蒙脱石与伊利石组成，所占比例相差不大；含有碎石、块石等颗粒，有隐形节理裂隙等结构面。自由膨胀率在 40%～67% 之间，呈中等偏弱的膨胀性。

第三层为黏土岩，深度为 7～8m，呈棕褐色。碎屑矿物以石英为主，占 37%～50%，其次为方解石，为 9%～31%；黏土矿物含量较泥灰岩有明显增加，占总矿物成分的 26%～47%，主要由蒙托石和伊利石组成，蒙托石含量稍多；浅层具有明显的陡倾角裂隙，缓倾角的节理发育，且含有隐形的结构面，结构面较光滑，且有光泽，成岩较差。自由膨胀率在 50%～70% 之间，呈中等或中等偏弱膨胀性。

第四层为砂岩，基本在渠底高程以下，呈棕红色，较潮湿，部分有陡倾角的节理、裂隙分布，岩块较硬。自由膨胀率在 50% 左右，弱膨胀性。

土工袋处理的渠坡范围主要为泥灰岩与黏土岩，其物理力学指标及胀缩特性指标见表 6.5。

表 6.5　场地土物理力学指标及胀缩特性指标

性质和指标		泥灰岩	黏土岩
物理力学特性	含水率 w/%	9.0～18.2	18.0～22.6
	干密度 γ_d/(g/cm³)	1.71～2.13	1.66～1.81

续表

性质和指标		泥灰岩	黏土岩
物理力学特性	最优含水率 w_{op}/%	12.0	17.4
	初始孔隙比 e_0	0.278～0.591	0.500～0.643
	饱和度 S_r/%	73.6～99.8	91.7～99.9
	液限 LL/%	34～57	54～63
	塑限 PL/%	16～26	21～28
	塑性指数 PI/%	17～37	31～38
胀缩特性指标	膨胀力 S_f/kPa	18.8～165.1	18.8～417.0
	自由膨胀率 F_s/%	32～69	50～67
	线缩率 e_{sl}/%	0.4～0.7	0.5～2.4
	体缩率 e_{sv}/%	2.4～2.7	1.5～6.6
	收缩系数 C_S	0.03～0.06	0.21～0.36
	黏聚力 c/kPa	13.5～40.1	11.8～35.7
	摩擦角 φ/(°)	16～28	13～18

6.4.2　渠坡断面设计和土工袋施工

1. 渠坡断面设计

试验区的土工袋试验段总长 60m，设计蓄水位 99.7m，土工袋处理层断面及地层构造如图 6.15 所示。具体为：一级马道以下为过水断面（左、右岸坡比分别为 1∶2 和 1∶2.5），处理层结构从内向外由土工袋（厚 2m）、砂垫层（厚 10cm）、聚苯乙烯板、防渗土工膜和混凝土面板（10cm）组成；一级马道以上为非过水断面，二级马道以上坡比依次为 1∶2.25、1∶1.75 和 1∶1.5，处理层结构自内向外由土工袋和生态袋（袋内土体含有草籽）防护层组成，共 1.5m 厚。

2. 土工袋施工

（1）土工袋制作

试验土工袋由聚丙烯编织袋装入现场开挖膨胀土制成。试验共采用两种尺寸大小的土工编织袋：渠道底部采用大尺寸土工袋（平铺尺寸 147cm×120cm），便于施工机械高效施工；渠坡采用较小尺寸的土工袋（57cm×50cm），便于人工装袋与搬运。土工袋编织材料及性能指标见表 6.6。袋内膨胀土主要取自渠坡偏上层开挖的泥灰岩，通过机械破碎的方式，使得小土工袋内土体最大粒径不大于 5cm，大土工袋内土体最大粒径不大于 10cm。装袋前膨胀土含水率约为最优含水率 12%，

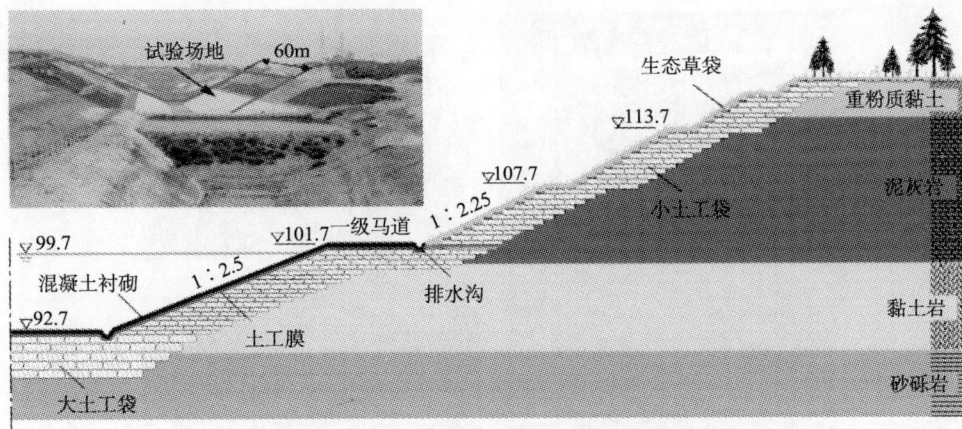

图 6.15　土工袋处理膨胀土边坡示意图

大、小土工袋装土质量约为 300kg 和 25kg。压实后，小土工袋的尺寸约为 40cm×40cm×10cm （长×宽×高），大土工袋尺寸约为 100cm×100cm×20cm。

表 6.6　土工袋编织材料性能指标表

指标内容	参数值	
	大土工袋	小土工袋
单位面积质量/(g/m²)	≥150	≥100
摊平尺寸/cm²	147×120	57×50
径向拉力/ (kN/m)	≥25	≥30
纬向拉力/ (kN/m)	≥16.2	≥30
经向断裂伸长率/%	≤25	≤25
纬向断裂伸长率/%	≤25	≤25
颜色	黑（抗紫外线能力强）	

（2）土工袋铺设与碾压

土工袋的铺设和碾压现场状况如图 6.16 所示。总厚度为 1m 的五层大土工袋铺设在渠底，每层土工袋的缝隙间填充与袋内相同的开挖膨胀土，上下相邻土工袋采用交错叠加铺设的方式，每层铺设完成后采用振动碾来回碾压 2~3 遍，使土工袋变得扁平，使袋子的张力作用得以发挥，如图 6.16（a）所示，袋内土的压实度控制在 85% 以上；小土工袋采用人工方式排布在渠坡表层，每层采用小型振动碾压实，压实度同样控制在 85% 以上，如图 6.16（b）所示；土工袋施工完成以后，一级马道以下（过水断面）的土工袋表层浇筑混凝土衬砌，一级马道以上铺设生态草袋，如图 6.16（c）、（d）所示。

(a) 渠底大土工袋的碾压　　　　　　　　(b) 渠坡土工袋施工

(c) 一级马道以上的生态草袋　　　　　　　(d) 施工完成

图 6.16　土工袋施工照片

6.4.3　现场原位观测

1. 监测仪器布置

试验监测仪器的布置考虑了土工袋处理层及原状膨胀土两个位置。如图 6.17 所示，分别在土工袋处理层和原状膨胀土内埋设了含水率探头（theta moisture probes, MP）、土压力盒（earth pressure cells, PC）和测斜管（inclinometer tubes, IT）。

（1）含水率探头

两排含水率探头分别设置在一级马道的上下两侧，每排有一个含水率探头埋设在土工袋层，约 1m 深（B1.0），土工袋处理层以下膨胀土渠坡内埋设了三个含水率探头，深度分别为 0.5m，1.5m 和 2.5m（S0.5，S1.5 和 S2.5），埋设间距为 1.5m，如图 6.17（b）所示。一共埋设了 8 个含水率探头，埋设孔洞用湿土回填并压实。

（2）土压力盒

在土工袋与原状膨胀土的层间布置了两组土压力盒，每组设置 3 个土压力盒，间距为 1.5m，如图 6.18 所示。为测试膨胀土的膨胀力，将两个土压力盒（D1 和 D2）固定在槽钢底部，并确保其与黏土岩紧密接触，槽钢则通过两端各 3m 长的锚杆固定于原状坡体内，形成简易的反力体。槽钢顶部的土压力盒（U）则直接与土工袋处理层接触，以此来测试土工袋处理层的压重值。

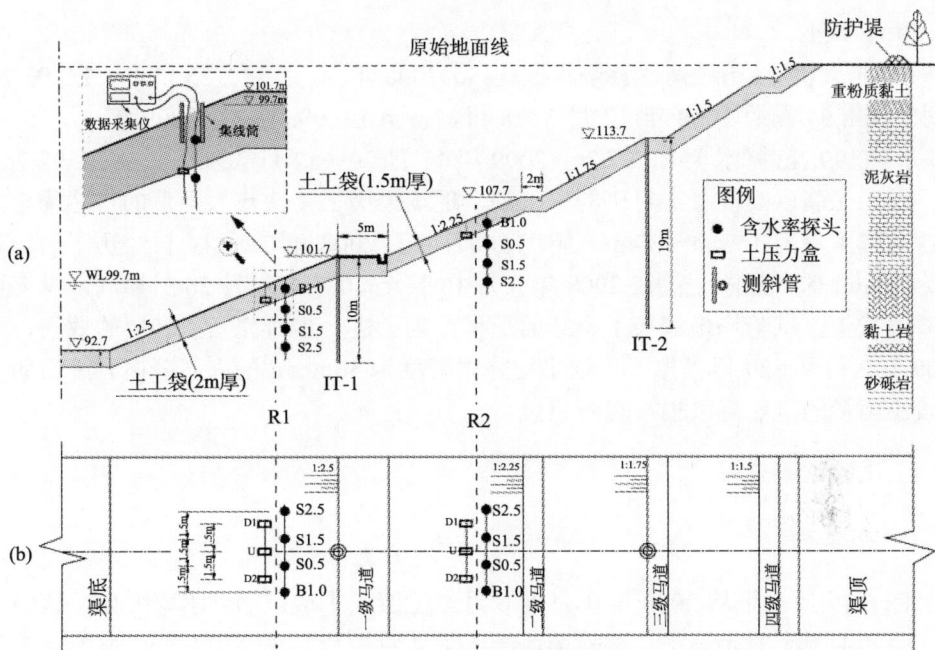

图 6.17　观测仪器布置图

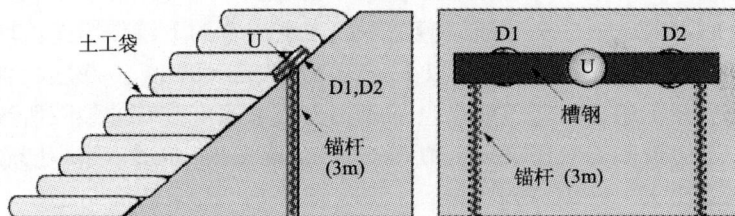

图 6.18　土压力盒布置方式示意图

（3）测斜管

此外，分别在一级马道和三级马道处埋设了 10m 和 19m 的测斜管，用来监测渠道边坡的侧向变形。

2. 观测记录

现场观测持续两年多（2008 年 1 月～2010 年 5 月），其间经历了土工袋施工期、渠道蓄降水期以及自然降雨和人工降雨期。

一级马道以下的土工袋施工期从 2008 年 4 月 27 持续至 5 月 30 日，并于 6 月 2～12 日进行土工袋表层混凝土衬砌的施工；一级马道和二级马道之间的土工袋施工期为 2008 年 6 月 17～27 日；二级马道以上的土工袋施工从 2008 年 8 月 5

日～9月3日。

此外，现场经历了两次蓄降水过程：①2008 年 10 月 23～25 日，从 EL.92.7m 蓄水至 EL.94.7m；2008 年 12 月 3～8 日，蓄至 EL.99.7m；②2009 年 4 月 5～9 日，从 EL.99.7m 降水至 EL.97.7m；2009 年 11 月 29～12 月 22 日，降至 EL.92.7m。

在土工袋以及混凝土衬砌的施工期，现场经历了 4 次较大雨量的自然降雨，每次总降雨量为 15mm～30m；施工完成后，于 2008 年 7 月 14 日经历了一场雨量为 90mm 的自然降雨；在 2008 年 8 月 13 日至 2009 年 1 月 26 日期间，没有自然降雨发生，试验场地经历了持续的干旱；为了进一步研究土工袋层的效果，于 2009 年 3 月 9～20 日模拟了一场平均降雨强度为 50mm/d 的人工降雨。之后的一些较小雨量的自然降雨也被观测记录。

6.4.4　试验结果分析

1. 含水率

图 6.19 反映了从 2008 年 4 月到 6 月原位膨胀土边坡的含水率变化。该阶段土工袋和混凝土衬砌施工，试验场地经历了 4 次降雨。由 MP-S0.5、MP-S1.5 和 MP-S2.5 三个含水率探头所测数据可知，1.5m 范围内（由 MP-S0.5、MP-S1.5 所测）原状膨胀土含水率受降雨影响显著，每次降雨开始时，含水率表现出显著的增加，随着降雨的结束，又逐渐慢慢减小，由于土壤的下渗作用，该现象相对降雨时程略有延迟；然而 1.5m 范围以下（如 MP-S2.5 所测），膨胀土含水率随降雨变化的现象并不明显，这可能是由于膨胀土边坡深度发育的裂隙所致，也间接反映了膨胀土边坡的大气影响层大概在 1.5m 范围以内，在该范围内膨胀土边坡的含水率受降雨和大气影响较为显著。

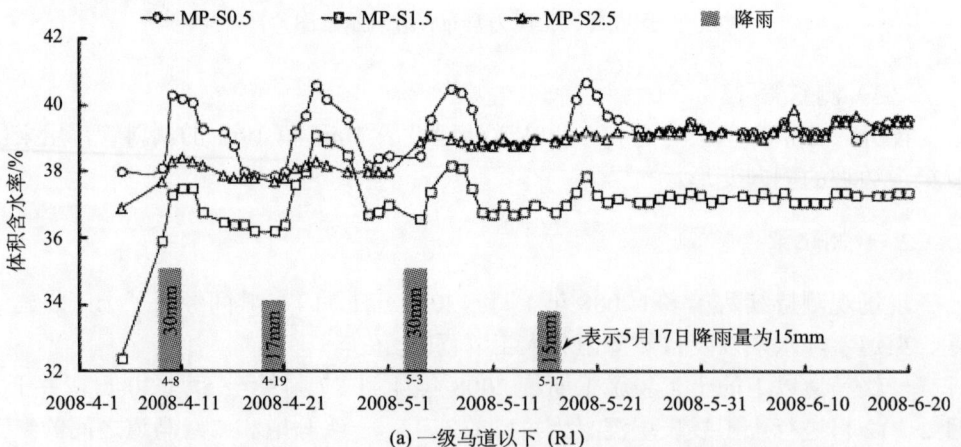

(a) 一级马道以下 (R1)

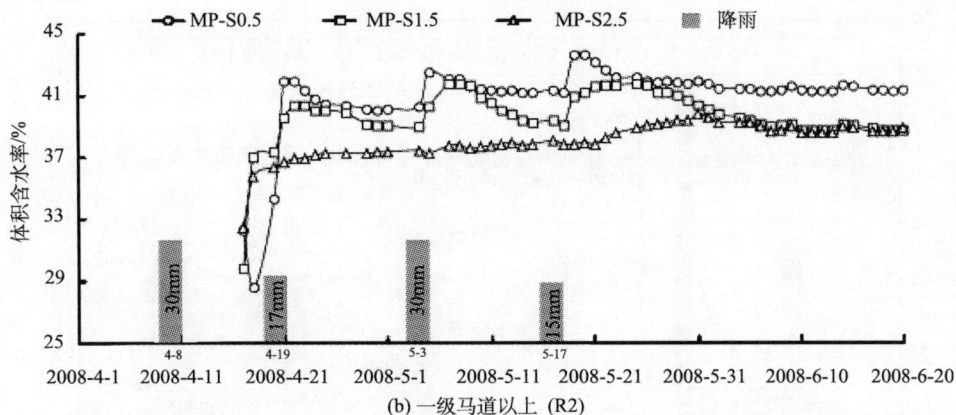

图 6.19　施工期膨胀土边坡含水率变化

　　整个观测过程中，膨胀土边坡以及土工袋处理层的含水率过程线如图 6.20 所示。整个观测期可以划分为四个阶段，即①~④，其中阶段①代表图 6.19 中的施工期；施工结束后，即阶段②~④，土工袋层含水率（MP-B1.0）随着渠道蓄降水以及降雨的变化较为显著，而土工袋的下卧层（MP-S0.5、MP-S1.5 和 MP-S2.5）的含水率变化并不显著，基本上保持稳定值，表明土工袋作为一个保护层能够减少雨水入渗到下卧层的膨胀土边坡。

　　如图 6.20（a）所示，一级马道以下土工袋层含水率（MP-B1.0）的变化可以解释为：在阶段②，含水率的逐渐上升主要是由于降雨入渗，慢慢进入未衬砌好的排水沟所致；在阶段③，含水率一开始的迅速上升主要是因为当渠道内蓄水至 EL.99.7m 时，渠水通过未密封好的集线筒流入土工袋层，随后达到饱和保持恒定；在阶段④，随着渠道水位从 EL.99.7m 降至 EL.97.7m，含水率逐渐下降并逐渐趋于稳定。2009 年 7 月 26 日以后，由于 MP-B1.0 含水率探头的损坏导致了后续数据缺失。由前面的室内试验可知，由于土工袋层间的搭接缝和接触面缝隙，土工袋组合体的渗透系数在 10^{-5}~10^{-6}m/s，且水平渗透系数是竖向渗透系数的 10 倍以上，远远大于同等压实情况下的原状膨胀土试样（约为 10^{-8}m/s），膨胀土层可以视为一种半透水材料，入渗的水能够沿着水平层间较为迅速地排走。因此，在现场试验中，土工袋层含水率的显著变化主要是由于土工袋组合体相对较大的渗透性所致，而下渗的水很难继续渗入到下层渗透系数较低的膨胀土边坡中，并沿着土工袋水平层间迅速流走。

　　如图 6.20（b）所示，由于一级马道以上土工袋表层采用透水性的生态袋防护，因降雨和蒸发作用而引起的含水率变化较一级马道以下要更为显著，尤其是土工袋处理层内的含水率变化。在阶段②，渠坡在 2008 年 7 月 14 日经历了一场较大

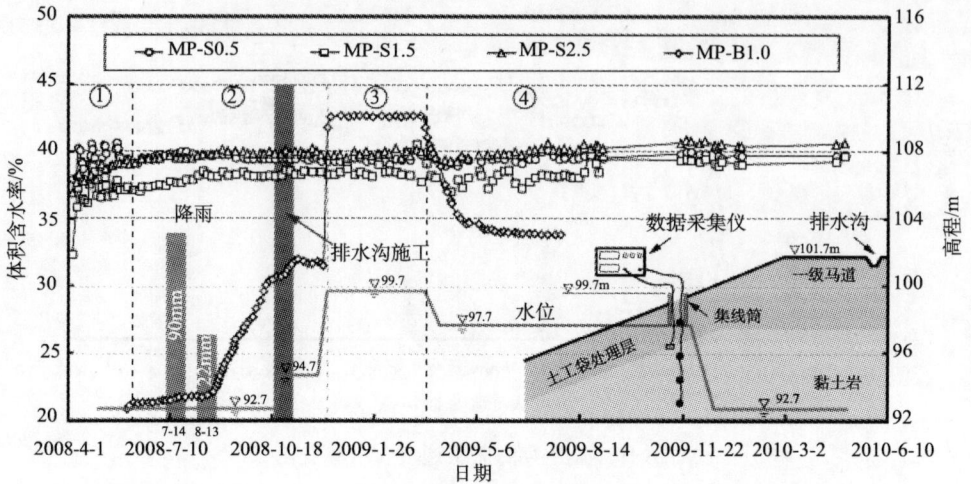

(a) 一级马道以下(R1)

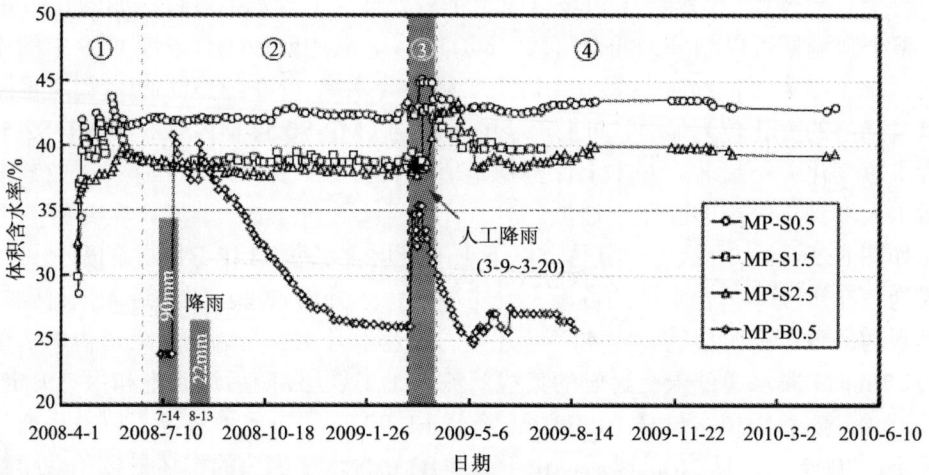

(b) 一级马道以上(R2)

图 6.20　整个观测期膨胀土边坡含水率的变化

的降雨（90mm），导致土工袋层的含水率从 24%上升到 41%，接着由于蒸发和入渗又下降到 37.5%，在 8 月 13 日由于一场 22mm 的降雨又升高到 40%；在 2008 年 8 月 13 日至 2009 年 1 月 26 日期间，没有自然降雨发生，试验场地经历了持续的干旱，导致土工袋层的含水率从 40%持续下降到 26%，而下卧层的膨胀土内的含水率基本不发生变化，表明在干旱气候条件下，膨胀土层具有良好保水作用，能够有效地维持下卧层边坡土层含水率的稳定。为了验证土工袋层的效果，于 2009 年 3 月 9～20 日模拟了一场平均降雨强度为 50mm/d 的人工降雨，该阶段由于强降雨，下卧层含水率略有增加，但土工袋层含水率变化比下卧层膨胀土边坡的大得多，这主要是由于土工袋组合体相对较高的渗透性所致，尤其是相对较高的水平层间渗透性，这大大减少了降雨向下卧层膨胀土边坡的继续入渗；人工降雨之后的阶段④，尽管含水率由于后续相对较小的天然降雨有所波动，但基本趋于一个稳定值。含水率探头 MP-B0.5 和 MP-S1.5 的损坏导致了后续数据缺失。

2. 土压力

图 6.21 记录了整个观测期膨胀土边坡土压力的变化过程线，其中设置在槽钢正面的 PC-U 土压力盒用来量测土工袋层的上覆压力，而反面的 PC-D1 和 PC-D2 用来近似测量下卧层膨胀土的膨胀力。土压力的变化也可以分四个阶段进行分析，阶段①反映的是土工袋施工完成前的土压力变化。在土工袋施工前，没有上覆压力，所以土压力盒 PC-U 测得的土压力基本为零，由于降雨，膨胀土边坡吸水膨胀产生的最大膨胀力发生在一级马道以下和一级马道以上，平均值分别为 26.3kPa 和 14.5kPa。在土工袋层施工时，由于施工机械的碾压，三个土压力盒的量测值大幅度增加，如图 6.21（c）和（d）所示；土工袋层施工完成以后，土压力值逐渐减小。

如图 6.21（a）和（b）所示，在一级马道以上和一级马道以下由土压力盒 PC-U 测得的上覆压力值分别为 30kPa 和 22.5kPa，分别接近一级马道以下 1.5m 厚的土工袋层自重和一级马道以上的 2m 后的土工袋层自重。由 PC-D1 和 PC-D2 测得的平均值分别是 54.2kPa 和 28.4kPa，几乎接近相同含水率和干密度的黏土岩和泥灰岩的膨胀力。在阶段③，一级马道以下，当渠水位蓄到 EL.99.7m 时，水流通过未密封好的集线筒渗入土工袋处理层，使测得的土工袋处理层上覆压力增加了 8.7kPa，如图 6.21（a）所示；在一级马道以上，模拟了一场人工降雨，导致了上覆压力和膨胀力的增加，如图 6.21（b）所示，由于土工袋湿容重增加导致的上覆压力的增量显著大于由于雨水入渗导致的下卧层膨胀土边坡膨胀力的增加；在阶段④，尽管因为降雨有小的波动，土压力盒的测量值逐渐减小稳定，并接近阶段②的值。

如前面提到的，PC-D1 和 PC-D2 近似测量了下卧层膨胀土的膨胀力。对比图 6.20 和图 6.21 可知，土工袋下卧浅层膨胀土的膨胀力变化与附近的含水率变化（即 MP-S0.5 附近）紧密相关，而下卧层较深处的含水率以及膨胀力变化都很小。在一级马道以上的阶段③，降雨入渗引起的含水率增加导致了膨胀力的增加，然而在土工袋处理层，这种含水率与膨胀力的内在相关性并不明显，主要是由于袋内膨胀土的膨胀变形被袋子限制住了，此时的土工袋相当于一个非膨胀性土处理层。

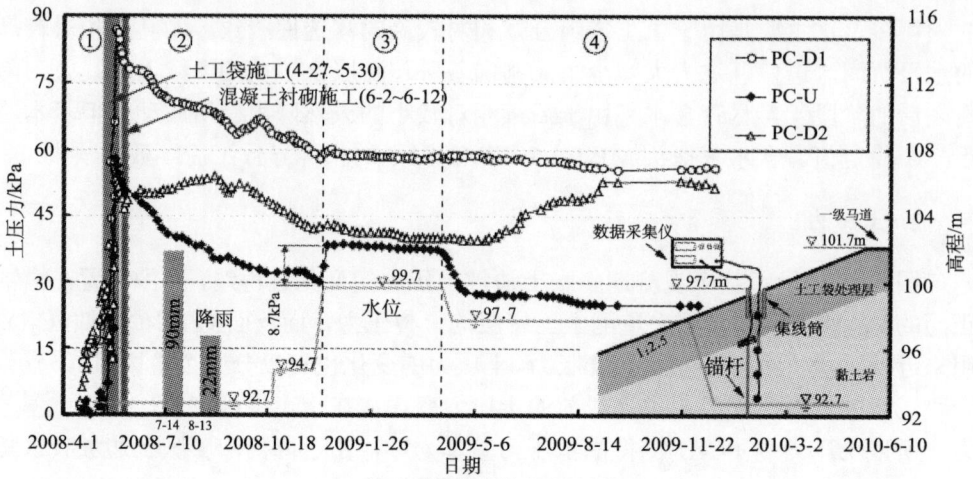

(a) 一级马道以下 (R1)

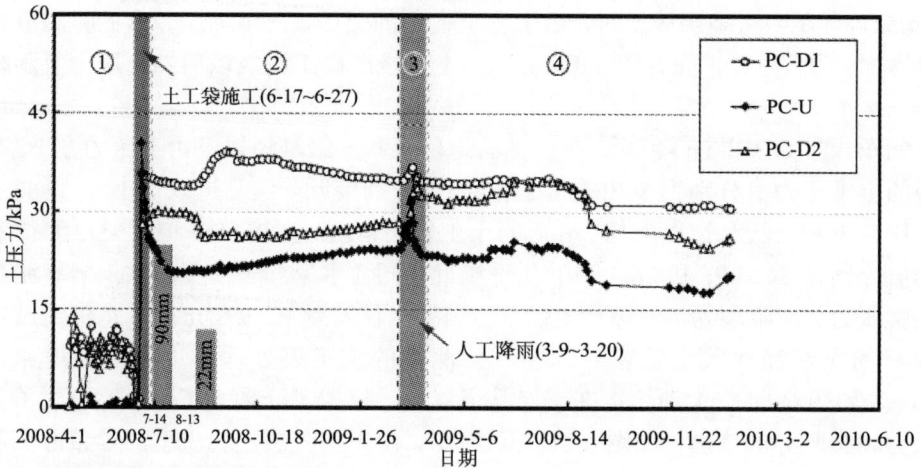

(b) 一级马道以上 (R2)

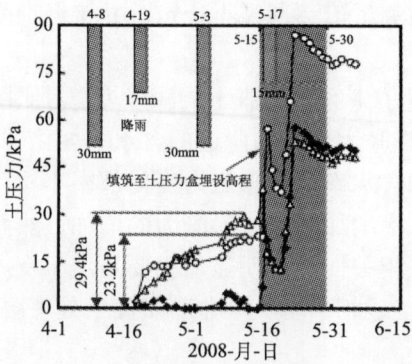

(c) 一级马道以下的阶段①

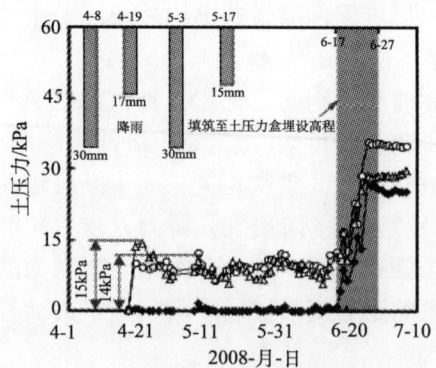

(d) 一级马道以上的阶段①

图 6.21　整个观测期膨胀土边坡土压力的变化

3. 侧向位移

图 6.22 给出了边坡的侧向（水平向）位移分布，IT-1 和 IT-2 分别表示设置在一级马道和三级马道处的 10m 和 19m 长的测斜管。正值表示指向渠道内的位移。可以看出，IT-1 和 IT-2 测得的最大位移分别为 25.5mm 和 15mm。IT-1 测得的相对较大的位移量主要发生在土工袋处理层（EL.99.7m 以上），其中在 EL.101.2m 处出现较小的侧向位移，主要原因是交界面位置的材料刚度不同，混凝土衬砌的约束作用对变形有所限制；而 IT-2 测量的较大侧向位移主要发生在 EL.104m 和 EL.113.7m 之间，2009 年 5 月 8 日和 7 月 25 日出现的浅层位移量偏小现象主要是由于表层土工袋内膨胀土的收缩所致。

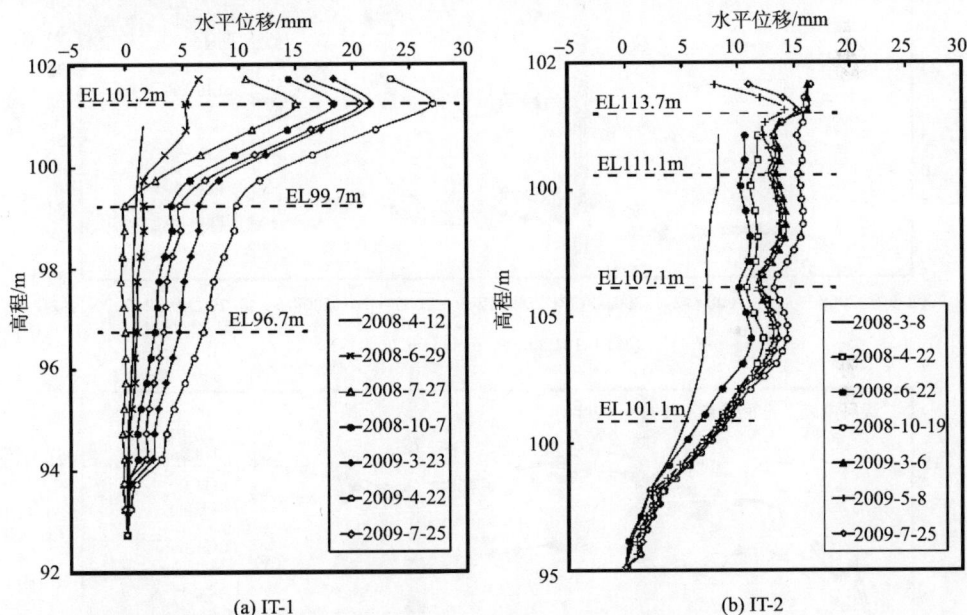

图 6.22　边坡水平向位移沿深度的分布

图 6.23 给出了典型高程处膨胀土边坡侧向位移随时间变化的曲线。从图 6.23（a）可知，EL.101.2m，EL.99.7m 和 EL.96.7m 三个高程的侧向位移随时间变化规律基本类似，只是数值上 EL.101.2m 要更大一些。在 2008 年 11 月前，侧向位移的增加（图 6.23（a）：a—b）主要是由于一级马道上施工机械的行进、降雨通过未衬砌好的排水沟等引起的；接着蓄降水试验开始，当渠水位蓄到 EL.99.7m 时，侧向位移在水压的作用下有所回落（图 6.23（a）：c—d），当水流通过未密封好的集线筒渗漏到土工袋处理层时，土工袋层间摩擦减小，导致侧向位移有所增加

（图 6.23（a）：*e—f*），当水位由 EL.99.7m 下降到 EL.97.7m 时，土工袋处理层内的水逐渐流走，在外侧渠水压力的作用下侧向位移逐渐恢复并趋于一个稳定的值（图 6.23（a）：*f—g—h*）。

在二级马道以上的土工袋在 2008 年 8 月 5 日至 9 月 3 日期间施工。在 8 月 5 日之前，由 IT-2 测得的侧向位移主要是由于开挖卸荷以及降雨入渗到膨胀土裸坡所致。当土工袋施工完成后，侧向位移变化很小，即使在此期间经历了人工降雨，如图 6.23（b）所示，这表明土工袋能够较为有效地维持膨胀土边坡的稳定。

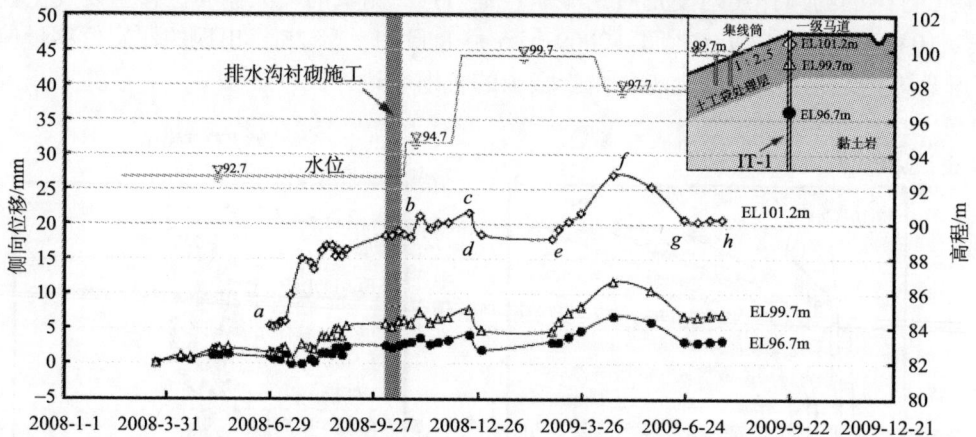

(a) EL.101.2m,99.7m and 96.7m (IT-1)

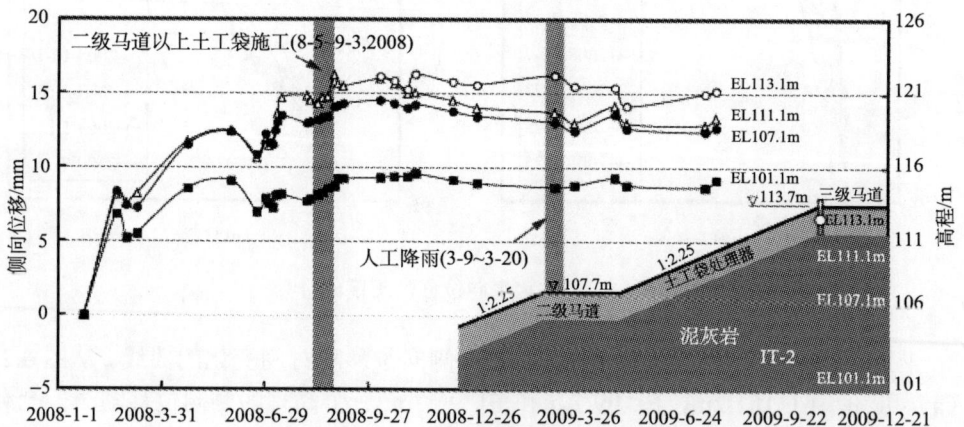

(b) EL.113.1m,111.1m, 107.1m and 101.1m (IT-2)

图 6.23　典型高程的膨胀土边坡侧向位移变化

根据南水北调中线一期工程总干渠河南潞王坟段土工袋处理膨胀土边坡的现场试验，得到了以下几点主要结论：

1）未经处理的膨胀土边坡受大气影响作用非常明显，降雨、蒸发作用能引起 2.5m 厚度范围内的膨胀土产生剧烈干-湿循环作用。而 1.5m 厚度的土工袋处理层能有效阻断大气降水及蒸发对膨胀土原坡面的影响，长时间强降雨将引起原状岩体水分的变化，但却有明显的浅层性和时间滞后特性。因此，土工袋处理膨胀土边坡，结合合适的横向排水结构，能非常有效地保持原坡岩土体含水率稳定的作用，从而有效地避免原坡膨胀岩土体的胀缩循环变形。

2）原状黏土岩的膨胀力约为 44.0kPa，而 2m 厚的土工袋处理层的压坡应力约为 20.2kPa，起到限制膨胀变形的作用。有别于刚性结构，土工袋处理层本身具有一定的柔性，土工袋彼此间可以相互协调变形，从而大大减小膨胀土的最大膨胀量，保证处理层相对稳定。

3）测斜数据表明，膨胀土开挖边坡的水平位移主要发生在开挖期，采用土工袋处理后的膨胀土边坡处于相对稳定状态。

6.5　膨胀土渠坡稳定性计算分析与数值模拟

室内及现场试验研究表明，土工袋处理膨胀土边坡能够起到如下作用效果：①加筋。由于碾压及浸水膨胀引起土工袋伸长，在袋子中产生了一个张力，进而在袋装膨胀土中产生一个附加凝聚力，大大提高了袋装膨胀土的整体强度，土工袋组合体之间由于相互嵌固及摩擦作用可视为一个加筋体。②压坡。土工袋堆放在膨胀土边坡上，相当于在膨胀土边坡上施加了一个荷载，抑制了其下层膨胀土的胀缩变形，而且由于是柔性压坡，当其后膨胀土吸水膨胀时，它会产生变形，吸收膨胀势能。③排水。由于土工袋间的填土不易压实，渗水大多通过土工袋间的空隙排走，土工袋组合体具有良好的渗透性（渗透系数约 $10^{-5} \sim 10^{-6}$ m/s 的量级），相当于一个表层排水体，使得进入到土工袋内部及处理层后膨胀土内的外界水大大减少。以下将分别采用极限平衡法和有限元法进一步验证土工袋处理膨胀土渠坡的压坡效果和排水效果，探讨这两种效果对膨胀土渠坡稳定性的影响。首先将土工袋的压坡效应及非饱和强度参数拓延至简化 Bishop 法计算公式中，根据极限平衡法计算分析不同压坡厚度对边坡稳定性的影响；而后，通过饱和-非饱和渗流有限元法计算分析不同降雨工况下土工袋结构层的排水效果，探究土工袋压坡和排水作用下的坡体稳定性变化情况。

6.5.1　基于极限平衡法的土工袋压坡效果分析[30]

为分析土工袋的压坡效应，本节提出了土工袋柔性压坡的稳定分析方法，将土工袋的压坡效应和膨胀土非饱和强度参数拓延至简化 Bishop 公式中，研究不同水平宽度的土工袋压坡体对不同坡高及坡比的膨胀土边坡稳定性的影响。

1. 考虑土工袋压坡及膨胀土抗剪强度的简化 Bishop 法

土工袋柔性压坡的稳定分析方法是将土工袋加筋体作为一个作用在膨胀土边坡体上的压坡体，假设压坡体和膨胀土边坡之间不会产生滑动，而压坡体破坏与其后的膨胀土边坡同时发生。由此可认为，压坡体滑动面为膨胀土边坡滑动面的延伸，亦即当坡体失稳时，压坡体的水平抗滑稳定系数与经由土工袋处理后的边坡稳定系数相同。

图 6.24 为土工袋压坡体及其后膨胀土边坡作用力示意图，其中 W_1 为土工袋压坡体的自重，P_1 为压坡体膨胀土边坡上的作用力，N_1 为作用于土工袋压坡体底面的垂直力，T_1 为作用于土工袋压坡体底面的抗滑力，θ 为膨胀土边坡坡角，ϕ_1 为土工袋压坡体与膨胀土边坡间的摩擦角。根据土工袋压坡体力的平衡条件，可得

$$\left. \begin{array}{l} T_1 = P_1 \sin(\theta - \phi_1) \\ N_1 = W_1 - P_1 \cos(\theta - \phi_1) \end{array} \right\} \tag{6.4}$$

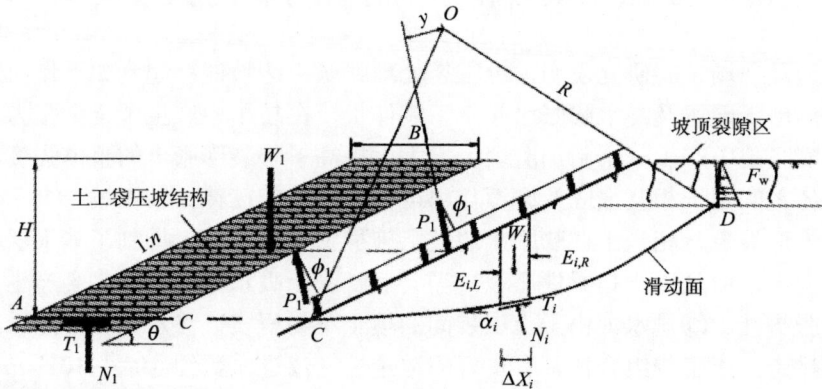

图 6.24 条分法计算简图

假设土工袋处理后边坡稳定安全系数为 F_s，土工袋压坡体水平层间摩擦系数为 μ，则

$$T_1 = \frac{\mu \cdot N_1}{F_s} \tag{6.5}$$

根据式（6.4）和式（6.5）可得到压坡体荷载 P_1 为

$$P_1 = \frac{\mu \cdot W_1}{F_s \cdot \sin(\theta - \phi_1) + \mu \cdot \cos(\theta - \phi_1)} \tag{6.6}$$

式中含有未知的边坡稳定系数 F_s，需由后述膨胀土边坡条分法计算公式经迭代计算求得。假定土工袋压坡体荷载 P_1 均布作用于膨胀土边坡上，则均布荷载大小为

$p = P_1 \sin \theta / H$，式中 H 为土工袋压坡体高度。

膨胀土的剪切强度满足非饱和土的抗剪强度公式，同时相关研究指出该强度还与上覆荷载有关。与基质吸力以及上覆荷载相关的南阳膨胀土强度表达式分别为

$$\tau_f = c' + (\sigma_n - u_a)\tan\phi' + (u_a - u_w)\tan\phi^b \tag{6.7}$$

$$\left.\begin{array}{l} c' = 23.4 + \dfrac{\sigma_n}{0.5465 + 0.0363\sigma_n} \\[2mm] \phi' = 9.62 + 0.0024\sigma_n \end{array}\right\} \tag{6.8}$$

式中，τ_f 为抗剪强度；c' 为有效黏聚力；ϕ' 为有效内摩擦角；ϕ^b 为与基质吸力对应的内摩擦角。

土工袋压坡体后膨胀土边坡稳定按简化 Bishop 法计算。膨胀土边坡的坡顶地面由于长期受空气干湿循环作用，通常会存在一定深度的张拉裂隙密布区。图 6.24 中，假定张拉裂隙形成的滑裂面为竖直线，计算时不考虑竖直向张拉裂隙处的土体抗剪强度。

Bishop 忽略了切向条间作用力项 $(V_{i+1} - V_i)$，根据土条的竖向静力平衡有

$$W_i + p_i \cos(\theta - \phi_1) + q_i - N_i \cos\alpha_i - U_i \cos\alpha_i - T_i \sin\alpha_i = 0 \tag{6.9}$$

式中，q_i 为将坡顶裂隙密布区域内土体当作超载考虑，裂隙密布区域外的条分 $q_i = 0$，U_i 为土条滑弧底部作用的孔隙水压力。

利用安全系数的定义和 Mohr-Column 准则：

$$T_i = \frac{\left[c' + (u_a - u_w)_i \tan\phi^b\right]l_i + N_i \tan\phi'}{F_s} \tag{6.10}$$

将式（6.10）代入式（6.9）可得

$$N_i = \frac{1}{m_i}\left[W_i + p_i \cos(\theta - \phi_1) + q_i - U_i \cos\alpha_i - \frac{\left[c' + (u_a - u_w)_i \tan\phi^b\right]l_i}{F_s}\sin\alpha_i\right] \tag{6.11}$$

其中，

$$m_i = \cos\alpha_i + \frac{\tan\phi'}{F_s}\sin\alpha_i \tag{6.12}$$

整个滑动土体对滑动圆心 O 求力矩平衡，由于相邻土条之间的侧壁作用力的力矩将互相抵消，而且各土条滑动面上的有效法向反力和孔隙压力通过圆心，没有力矩贡献，因此，总的力矩平衡方程为

$$\sum(W_i + q_i\Delta x_i) \cdot R \cdot \sin\alpha_i + M_p - P_1 \cdot y - \sum T_i R = 0 \tag{6.13}$$

式中，M_p 为裂隙内静水压力对圆心的力矩；y 为土工袋压坡体作用力 P_1 对圆心 O 的力臂，以在圆心 O 的左侧为正；l_i 为土条 i 底面长度，$l_i = \Delta x_i / \cos \alpha_i$。

将式（6.12）代入式（6.11），然后再代入式（6.13）可得

$$F_s = \frac{\sum \frac{1}{m_i}\left\{\left[c' + (u_a - u_w)_i \tan \phi^b\right]l_i \cos \alpha_i + \left[W_i + p_i \cos(\theta - \phi_1) + q_i - U_i \cos \alpha_i\right]\tan \phi_i'\right\}}{\sum (W_i + q_i \Delta x_i)\cdot \sin \alpha_i + M_p/R - P_1 \cdot y/R}$$

(6.14)

在式（6.14）中，抗剪强度指标 c'、ϕ' 与第 i 个土条底面的法向应力 $\sigma_n = N / l_i$ 有关。由于式（6.14）右端项中的 m_i 及 p_1 为安全系数的函数。因此，需通过迭代法进行求解得到坡体的安全系数 F_s。

2. 土工袋压坡效果计算分析

为比较分析土工袋的压坡效果，下面将采用式（6.14）进行计算，比较分析土工袋压坡体宽度 B 对不同坡高 H、坡比（1：n）的膨胀土渠坡稳定性的影响。计算时，分别选取 1：3、1：2.75、1：2.5、1：2、1：1.5 五种坡比，5m、10m、20m 三种坡高，0m（未压坡）、2m、4m、6m 四种土工袋层水平宽度。根据室内试验结果，取土工编织袋与膨胀土边坡接触面间的摩擦角 $\phi_i = 16°$，土工袋压坡体底部水平面摩擦系数 $\mu = 0.7$（考虑柔性土工袋之间有一定的嵌固作用），土体的剪切强度见式（6.7）和式（6.8），且由试验可得膨胀土在吸力小于 100kPa 的情况下，$\phi^b \approx \phi'$。

各工况的坡体安全系数计算结果见表 6.7。依据计算结果，图 6.25 给出了坡比为 1：3 的坡体分别在 0m（不压坡）和 6m 土工袋压坡体宽度两种条件下的圆弧滑动面；图 6.26 绘制了相同坡高、不同压坡体宽度条件下的安全系数与坡角的关系曲线；图 6.27 绘制了相同压坡体宽度、不同坡高条件下的安全系数与坡角的关系曲线。

表 6.7 不同压坡体宽度、坡比和坡高条件下的坡体安全系数

坡比 1：n	坡高 H/m	土工袋压坡体的水平宽度 B/m			
		0	2	4	6
1：3	5	2.92	3.08	3.18	3.25
	10	2.17	2.26	2.33	2.39
	20	1.72	1.77	1.82	1.86

续表

坡比 1：n	坡高 H/m	土工袋压坡体的水平宽度 B/m			
		0	2	4	6
	5	2.79	2.96	3.07	3.13
1：2.75	10	2.06	2.15	2.22	2.28
	20	1.62	1.67	1.72	1.76
	5	2.66	2.84	2.95	3.01
1：2.5	10	1.94	2.04	2.12	2.18
	20	1.52	1.57	1.62	1.66
	5	2.37	2.59	2.72	2.81
1：2.0	10	1.70	1.81	1.91	1.98
	20	1.31	1.36	1.41	1.46
	5	2.06	2.31	2.49	2.58
1：1.5	10	1.45	1.57	1.68	1.77
	20	1.09	1.15	1.20	1.25

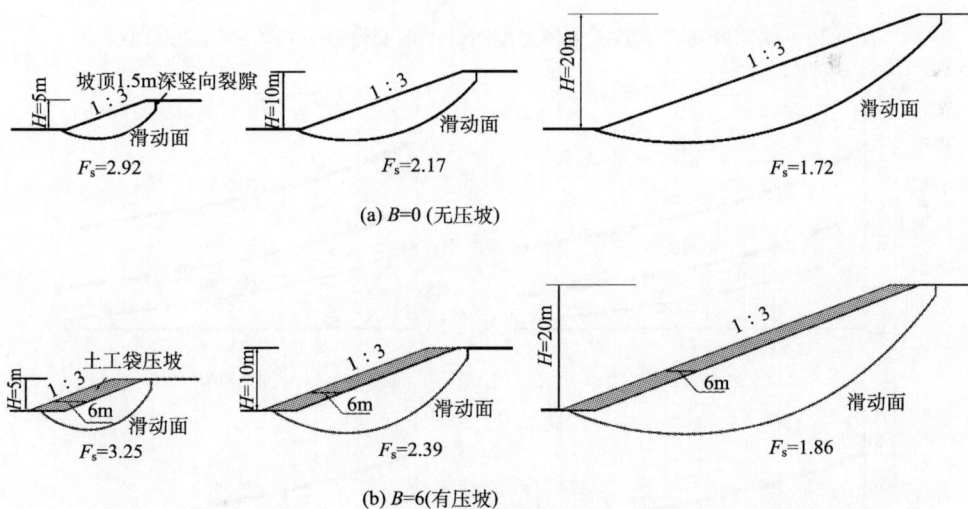

(a) B=0 (无压坡)

(b) B=6(有压坡)

图 6.25　坡比 1：3、土工袋层水平宽度为 0m 与 6m 情况下的圆弧滑动面

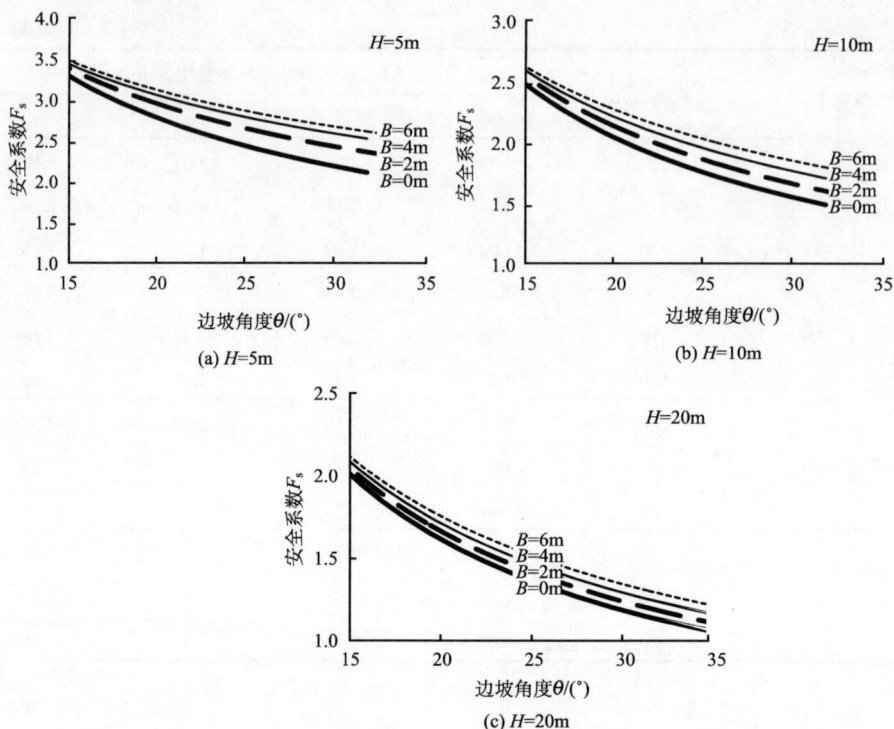

图 6.26 相同坡高、不同压坡体宽度条件下的安全系数与坡角的关系曲线

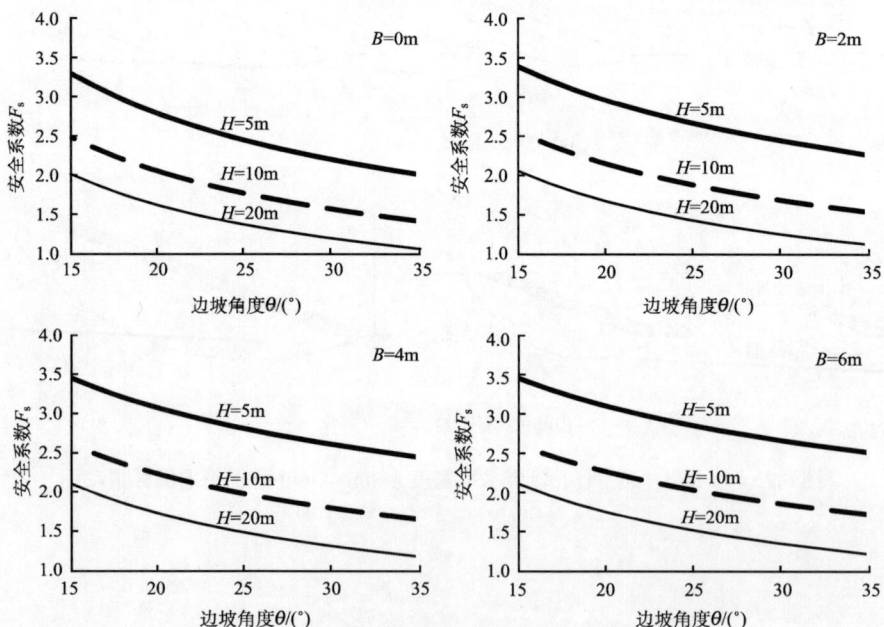

图 6.27 相同压坡体宽度、不同坡高条件下的安全系数与坡角的关系曲线

分析计算结果可知，在 15°～35°的坡角范围内，考虑压坡效果（经由土工袋处理的工况）的稳定安全系数比不考虑压坡情况要高，相应的滑弧深度更深；相同坡高和压坡体宽度条件下，稳定安全系数随着坡角的增大而减小；相同坡高和坡角条件下，安全系数随着压坡体宽度的增大而增大；相同坡角和压坡体宽度条件下，安全系数随着坡高的增加而降低。

6.5.2　基于有限单元法的土工袋排水效果分析[31]

降雨是导致膨胀土边坡失稳的最常见因素之一，本节以南水北调中线工程的中膨胀土富集地区的某渠坡为例（图 6.28），对其进行稳定性分析。取膨胀土渠坡高度 10m，坡比为 1:1.5，土工袋压坡体直接堆放在膨胀土渠坡开挖表面，压坡体垂直厚度为 2m。

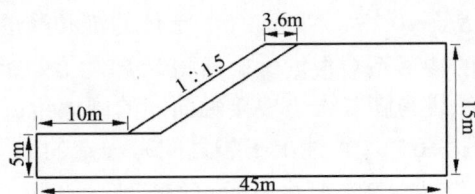

图 6.28　土工袋处理膨胀土边坡示意图

1. 计算模型及参数

图 6.29 为土工袋处理膨胀土边坡网格模型，其边界条件设置如下：底面为不透水边界；左右两侧边界为零流量边界；表面为降雨入渗边界，其中坡顶土工袋表面设有土工膜防渗，视其入渗量为零。

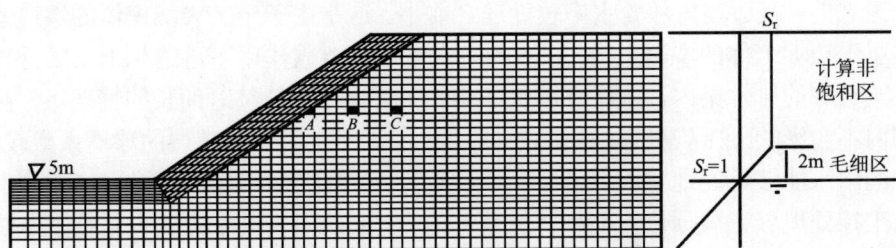

图 6.29　土工袋处理膨胀土边坡网格模型

计算模型的初始地下水位为 5m，与坡脚齐平，坡内土体饱和度基本一致，其中在地下水位以上 2m 范围内为毛细区，该区域内土体饱和度在 0.789～1.0 之间线性变化。

土水特征曲线采用 Van-Genuchten 模型，其中饱和度与吸力的关系根据式（6.15）进行计算。

$$S_e = \left[1 + \left(h_m / p_0 \right)^n \right]^{-m} \tag{6.15}$$

式中，h_m 为吸力（$u_a - u_w$），假设土体中的孔隙气压等于大气压，则吸力等于负孔隙水压力，规定吸力最大不超过 10^4 kPa；p_0 为进气值；n，m 为曲线拟合参数，$m=1-1/n$，S_e 为有效饱和度：

$$S_e = \frac{S_r - S_{rw}}{S_{sw} - S_{rw}} \tag{6.16}$$

其中，S_{rw} 为残余水饱和度；S_{sw} 为土体的最大饱和度。

根据试验结果，土体的土水特征曲线模型参数如下：$p_0 = 10\,\text{kPa}$，$n = 1.395$，$S_{rw} = 0.23$，$S_{sw} = 1.0$，土体的饱和渗透系数 $k_{sw} = 1.32 \times 10^{-6}\,\text{cm/s}$，土工袋堆积体的渗透系数根据试验所得为 $k = 2.0 \times 10^{-3}\,\text{cm/s}$。根据室内摩擦试验结果，土工编织袋与膨胀土边坡接触面间的摩擦角 $\phi_1 = 16°$，土工袋压坡体底部水平面摩擦系数 $\mu = 0.7$（柔性土工袋之间有一定的嵌固作用），土体的剪切强度见式（6.7）和式（6.8），且由试验可得膨胀土在吸力小于 $100\,\text{kPa}$ 的情况下 $\phi^b \approx \phi'$。设降雨总量为 100mm，且根据降雨强度的大小分两种工况，其中工况一：降雨强度为 40mm/d，降雨持续 60h；工况二：降雨强度为 200mm/d，降雨持续 12h。

2. 渗流场分析

图 6.30 为工况一（降雨强度 40mm/d，降雨时间为 60h）降雨结束瞬时，土工袋处理前、后边坡内的孔压和含水量分布图。可以看出，边坡内的地下水位经降雨入渗后有所提高，其中经土工袋处理后，边坡内地下水位的上升幅度明显小于土工袋处理之前，且边坡内部含水率较处理之前小。这是由于土工袋堆积体的渗透系数明显小于边坡土体的渗透系数，入渗的雨水可以在自重作用下迅速从土工袋处理层中排至坡底的排水渠内，从而可以保证在降雨强度小，持续时间长的情况下，雨水短期内不会影响土工袋处理层后的土体。同时，由于土工袋处理层的渗透系数较大，入渗的雨水能够迅速地顺着袋子之间的孔隙排走，且坡顶位置处设有土工膜防渗，则土工袋处理层在坡顶位置能够保持较大的吸力，从而带动坡内的水分往土工袋处理层迁移，因此，坡顶与土工袋接触区域的土体能够保持比较干燥的状态。

图 6.31 为工况二（降雨强度 200mm/d，降雨时间为 12h）降雨结束瞬时，土工袋处理前后边坡内的孔压、含水量分布图。可以看出，在降雨强度大，降雨持续时间短的情况下，大部分的降雨将以地表径流的形式排走，而入渗至坡内的雨量较小；土工袋处理后坡内孔压的分布规律基本与工况一的相同，入渗雨水可通过表层土工袋处理层排走。在强降雨情况下，边坡表层通常由于降雨剧烈的冲刷作用而导致水土流失以及表层雨水入渗量增大，从而容易导致浅层土体滑坡。基于此，采用土工袋进行边坡表层加固处理，不仅可以有效地排除入渗的雨水，还可以防止强降雨以及地表径流对边坡表层造成的冲刷破坏。

(a) 土工袋处理前

(b) 土工袋处理后

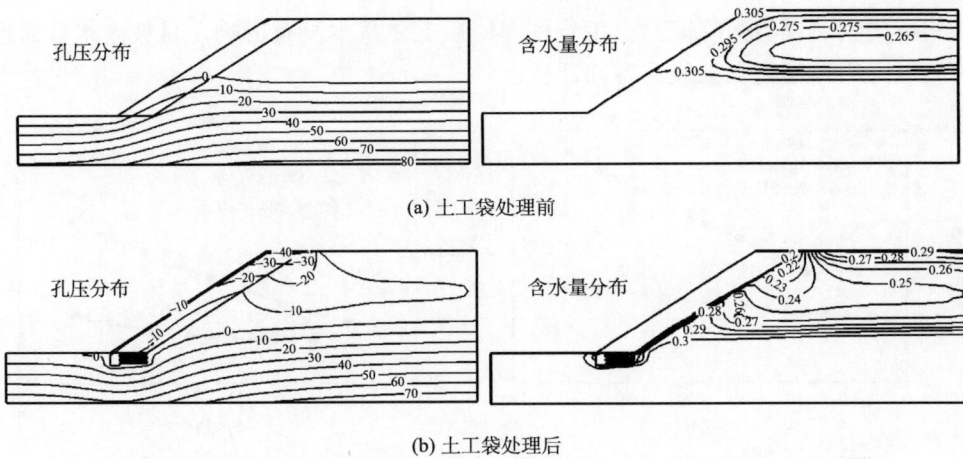

图 6.30　工况一降雨结束时膨胀土边坡内孔压（kPa）、含水量分布

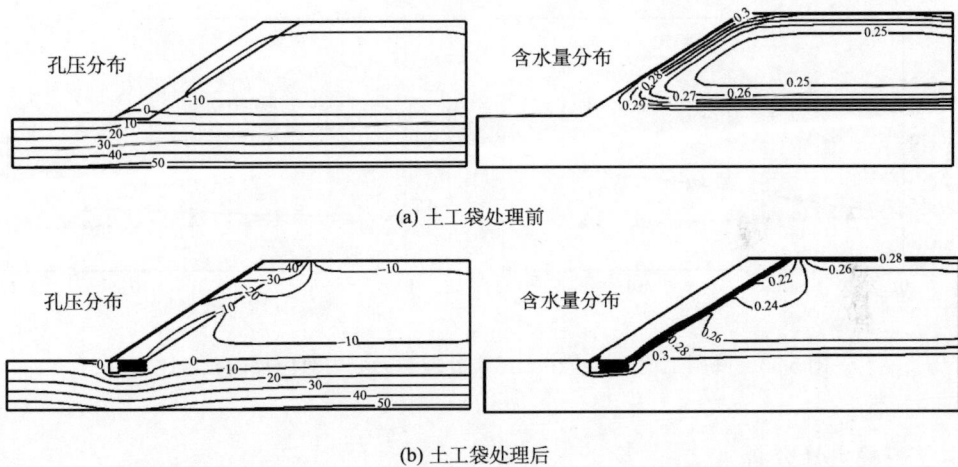

(a) 土工袋处理前

(b) 土工袋处理后

图 6.31　工况二降雨结束时膨胀土边坡内孔压（kPa）、含水量分布

图 6.32 和图 6.33 分别为两种降雨工况下，典型观测点的孔压在土工袋处理前后随降雨时间的变化情况。参见图 6.29 所示的边坡网格模型，A、B 和 C 三个观测点均位于 1/2 边坡高度处，且两点之间等间距分布，根据相应点距离边坡表面的距离，可近似认为土工袋处理前点 A 和 B 可对应于土工袋处理后的点 B 和 C。

由图 6.32 可见，在降雨工况一的情况下，经土工袋处理后，其坡内土体吸力的减少量较未经土工袋处理的情况明显减小，说明在降雨强度小，降雨时间长的工况下，土工袋处理层对其后边坡的保护作用十分明显。由于强降雨条件下，大部分的降雨将通过地表径流排走，因此，在图 6.33 中，坡内土体吸力的减少量较小。通过比较发现，设有土工袋的边坡内土体吸力在降雨过程中非但没有减小，还略有增大，说明强降雨对土工袋处理层后土体基本没有影响，且坡内水分通过基质吸力的作用朝土工袋层方向迁移。

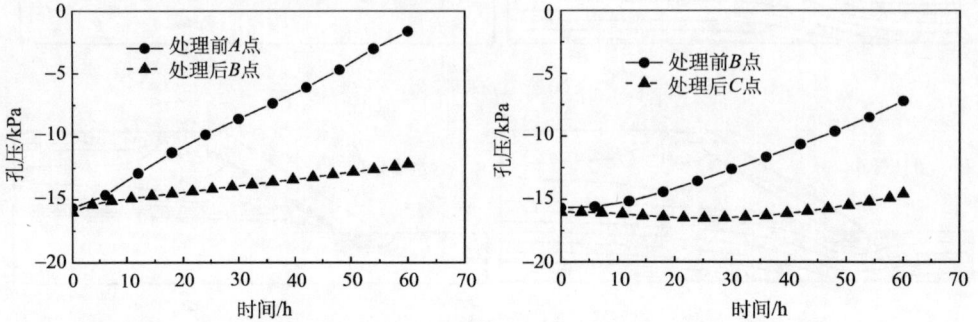

图 6.32　降雨工况一过程中土工袋处理前后坡内对应点的孔压比较

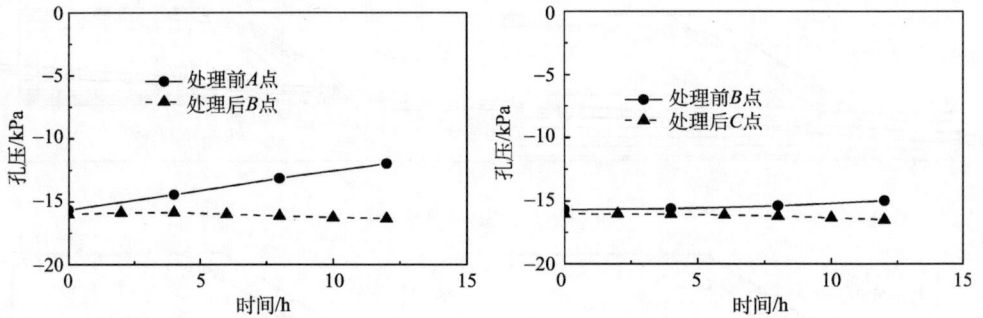

图 6.33　降雨工况二过程中土工袋处理前后坡内对应点的孔压比较

3. 稳定性分析

图 6.34 为土工袋处理前后边坡稳定安全系数在两种降雨工况中随时间变化的比较情况。由图可见，边坡经土工袋进行表层处理后，其安全系数大于未处理边坡；且随着降雨的持续，边坡的安全系数逐渐减小，其中由土工袋处理后的边坡安全系数随降雨持续减小速度较未处理的情况小。出现上述现象的原因主要有如下两个：一是土工袋作为表层加筋体，将其堆放在边坡表面对边坡具有压坡作用，而该膨胀土的强度（尤其是黏聚力）随上覆荷载的增大而增大，因此，增大表层荷载对滑弧底面处土体强度的提高较明显；二是土工袋作为表层排水结构，能够有效地排除入渗的降雨，从而保持土工袋后坡内土体能够保持比较稳定的吸力。

图 6.35 为土工袋处理前后边坡安全系数在两种降雨工况中随降雨量变化的比较情况。该图说明了在降雨量相同的情况下，降雨强度大，降雨入渗量却相对较

小，则边坡的安全系数减小不明显；而降雨强度较小时，由于降雨持续时间较长，降雨能够持续地渗入边坡内，则边坡的安全系数减小较大。当然，降雨的入渗能力还跟降雨持续时间、边坡表层土体的渗透系数以及边坡的几何形状等因素有关。对于土工袋处理膨胀土边坡的方案，为尽可能地减小降雨入渗量，可以在土工袋施工结束后在其表面铺设一层土工膜，或进行衬砌、植被处理，从而减小降雨入渗量，而入渗进去的雨量又可以通过土工袋层排出，从而起到保护袋后土体的作用。

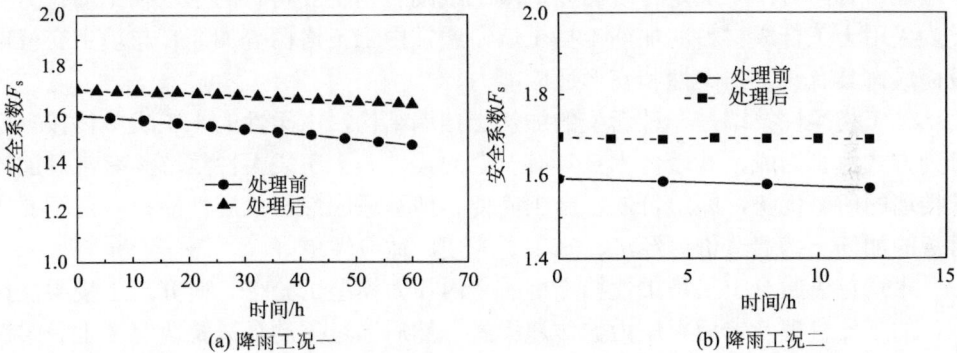

(a) 降雨工况一　　　　　　　　(b) 降雨工况二

图 6.34　土工袋处理前后边坡安全系数在两种降雨工况中随时间变化对比

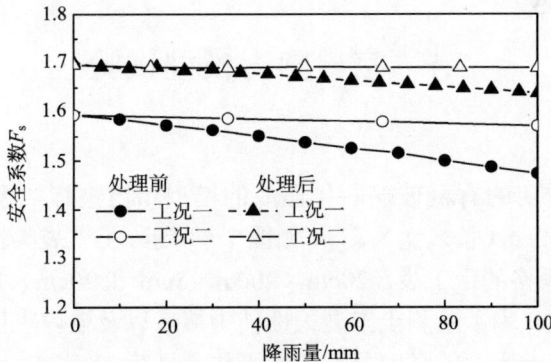

图 6.35　土工袋处理前后边坡安全系数在两种降雨工况中随降雨量变化对比

第 7 章 土工袋柔性挡土墙

挡土墙作为防止土体坍塌的建筑物，应用范围非常广泛，例如水利水电工程、土木建筑工程、铁道桥梁交通工程、水土保持和防御工程等建设中都要用到。挡土墙通常有两类：一类是传统的以混凝土或砌石为主要材料的刚性挡土墙；另一类为采用土工合成材料的加筋土挡土墙，通常由土工格栅等加筋带与填土交替铺设而成，具有一定的柔性和变形适应能力。

土工袋柔性挡墙是一种新型的加筋土挡墙结构，由柔性的土工袋单体按一定排列方式组合而成，其墙体本身具有一定的柔性。土工袋柔性挡墙具有常规加筋土挡墙的所有优势，即造价低、施工简便、地基适应性与抗震性能好，甚至要比常规的加筋土挡墙造价更经济、施工更简便、适应性更好。

本章首先通过土工袋柔性挡土墙的室内静力模型试验[32]，研究土工袋柔性挡土墙的工作机理及墙后土压力的传递模式，然后通过振动台试验研究土工袋柔性挡土墙的抗震性能。在此基础上，给出土工袋柔性挡土墙的设计计算方法，最后介绍几个工程实例。

7.1 室内静力模型试验

7.1.1 试验方案

试验在一个透明的有机玻璃制作而成的模型箱内进行，模型箱内部尺寸为180cm×80cm×100cm（长×宽×高），如图7.1所示。土工袋柔性挡土墙宽60cm，高80cm，由两种规格的土工袋（20cm×20cm×5cm 和 20cm×10cm×5cm）交错布置垂直堆放而成。为了量测土工袋柔性挡土墙后以及墙内土压力大小，从而得到墙后及墙内侧向土压力的竖向分布和水平传递规律，在墙后及墙体内布置了24个LY-350型应变式微型土压力计，埋设位置如图7.1所示。需要注意的是试验中所测的均为水平向土压力，故土压力计的受力面应保持竖直，试验时用双面胶将微型土压力计竖直固定在土工袋的侧面。在模型箱填土部分的内壁和外壁每隔5cm 设置一条竖向的标示线，外壁标示线固定，内壁标示线嵌在砂土表层且可随填土的移动而相应地移动。在土工袋挡土墙表面不同高程处设置 5 个水平位移计。试验中通过量测内外标示线的相对位移便可以得到填土的水平位移，进而分析填土的破坏模式和土工袋挡土墙的压缩变形。

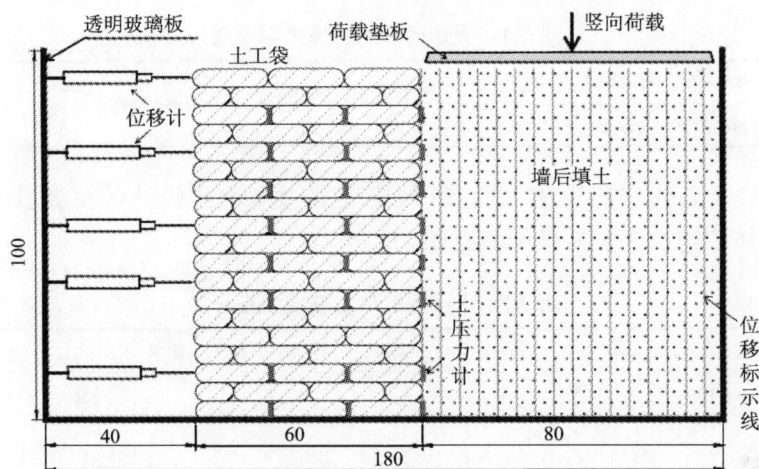

(a) 模型概念图

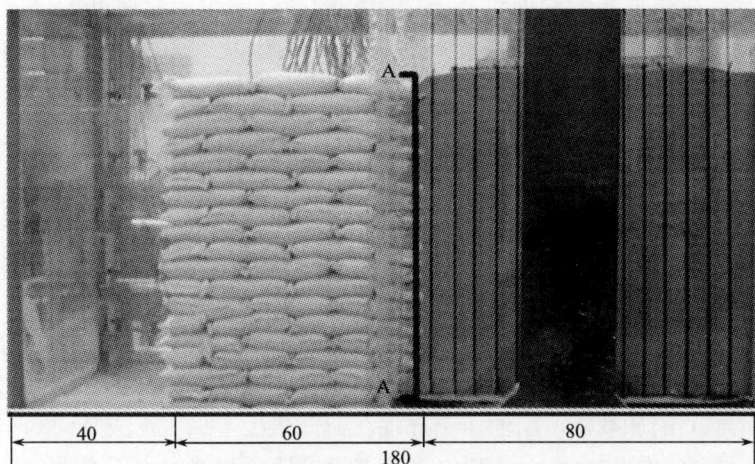

(b) 试验照片

图 7.1　试验模型概念图和试验照片（单位：cm）

土工袋的原材料为每平方米重量为 70g 的聚丙烯（PP）编织袋，拉力试验测试得到的经、纬向拉力强度分别为 11.6kN/m 与 5.2kN/m，其经纬向伸长率小于 25%。将编织袋进行裁剪，制作成 20cm×20cm×5cm 和 20cm×10cm×5cm 两种规格土工袋，按相同重量（大袋 2kg，小袋 1kg）装砂并击实压密后交错布置垂直堆放成为土工袋柔性挡墙。

编织袋内土体与墙后填土均为某一天然河沙，其物理力学参数见表 7.1。

表 7.1　天然河沙的物理力学参数

表 7.1　天然河沙的物理力学参数

D_{10}/mm	D_{30}/mm	D_{50}/mm	D_{60}/mm	D_{90}/mm	C_{cu}	ρ/ (g/cm³)	c/kPa	φ/ (°)
0.2	0.32	0.36	0.4	0.75	1.28	1.75	3.25	35.4

在墙后及墙体内布置的 LY-350 型应变式微型土压力计的主要技术指标见表7.2，具体的埋设位移见模型装置图。

表 7.2　土压力计的主要技术指标

型号	测量范围/kPa	精度/%	外形尺寸 $\Phi \times H$/mm	接线方式输入→输出	阻抗/Ω	绝缘电阻/MΩ
LY-350	0～100	≤0.05	28×5	AC→BD	350	≥200

7.1.2　试验过程

试验前，在模型箱的底面设置一层粗糙的砂纸增大接触面摩擦，以防止土工袋挡土墙模型在试验过程中沿模型箱的底部产生滑动；同时将模型箱的两个侧壁的内表面清洁干净，在上面涂上一层润滑硅脂，然后覆盖一层塑料薄膜，以减小模型箱两侧壁的摩擦影响。

模型箱内的土工袋模型挡墙上下层交错排列，土工袋铺设前需击实压密，土工袋间缝隙用试验砂土充填；在铺设过程中，按照设计方案位置埋设土压力计和设置位移计；待土工袋柔性挡土墙和土压力计埋设完毕后，将土压力计和位移计数据清零，消除埋设过程中的影响。

试验开始后，在墙后逐渐将河沙填至挡土墙高度（填土密度与袋内土体一致，为1.75g/cm³），记录每个土压力计的读数；然后在墙后填土表面放置一个尺寸为70cm×60cm（长×宽）的加载板，用油压千斤顶在荷载垫板上加压形成竖向均布荷载。加载过程中，通过布置的土压力计和位移计来记录墙后和墙内土压力大小及墙体的位移，注意观察土工袋柔性挡土墙变形以及墙后填土的位移标示线的相对位移，当挡墙外侧位移或填土变形达到墙高的1%时，停止加载，用数码相机拍下整个过程。

7.1.3　试验结果分析

1. 墙体和填土的位移模式

图7.2为墙后填土表面均布荷载为7.2kPa（此时挡墙外侧位移达到墙高的1%）时的水平位移，其中（a）为试验照片，（b）根据标示线量测得到的变形扩大 5 倍后绘制而成。从图中可以看出，土工袋挡土墙后填土在竖向荷载作用下，除最顶部由于加载板的摩擦导致位移较小外，上部 2/5 墙高的土体近似为平动，墙体下部 3/5 的部分可以说是绕墙趾的转动。

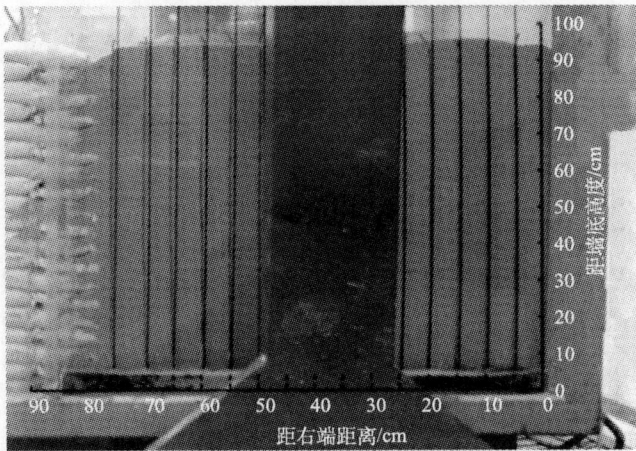

(a) 试验照片(均布荷载7.2kPa)

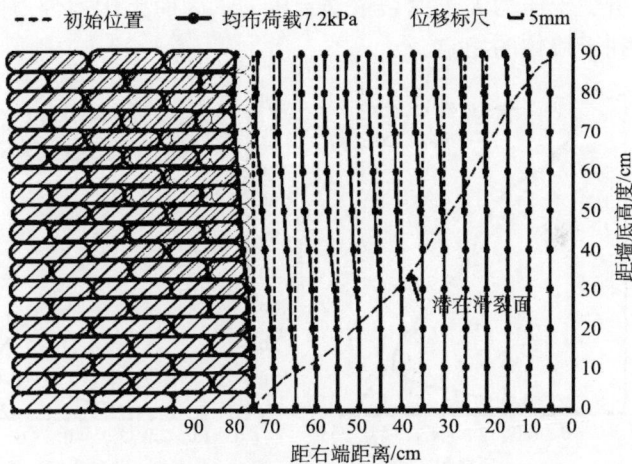

(b) 标示线水平位移(扩大5倍)

图 7.2 墙后填土的水平位移模式

  这种位移模式与土工袋挡墙的柔性变形以及土工袋单体强度有密切关系。由于土工袋具有一定的柔性,挡墙上部土工袋在墙后土压力增大的情况下产生较大的变形,使得上部土体的位移较大,接近平移模式;而随着挡墙深度的增加,墙体下部土工袋承受上部土工袋的压重变大,土工袋单体强度逐渐增加,其柔性变形减弱。底部的土工袋刚性逐渐增大,在受到土压力的时候不易变形,从而导致墙体在墙后土压力作用下变形向下逐渐递减,最终导致土工袋挡墙下部产生类似刚性墙体绕墙趾转动的位移模式。

2. 土压力的竖向分布

土工袋柔性挡土墙墙身模量较低，具有一定的柔性，在墙后土压力作用下，其墙身与墙后土体协调变形。当墙体发生一定的变形后，作用在墙背上的应力也就得到了一定的释放，从而使墙背应力减小；同时，土工袋挡土墙墙身的强度及变形模量自上至下逐渐增大，其柔性自上至下逐渐减小，墙体柔性变形对墙后土压力的影响程度减小。总之，墙体柔性变形使墙后土压力减小，有利于墙体的整体稳定。

图 7.3 为不同竖向荷载下土工袋柔性挡土墙墙后土压力沿墙高的分布以及在相应的墙后填土所受竖向均布荷载下的库仑主动土压力。由图可知，墙后土压力沿墙高呈非线性分布，但由于底部的约束，土压力最大值并未在墙底部，而是接近墙底的下部；在相同竖向荷载下，墙后土压力与库仑主动土压力接近，且土工袋挡土墙上部柔性变形大，墙后土压力小于库仑主动土压力，而下部土工袋挡土墙柔性减弱，所受土压力大于库仑主动土压力，因而土压力合力作用点偏向于墙体的下部，有利于墙体的稳定。

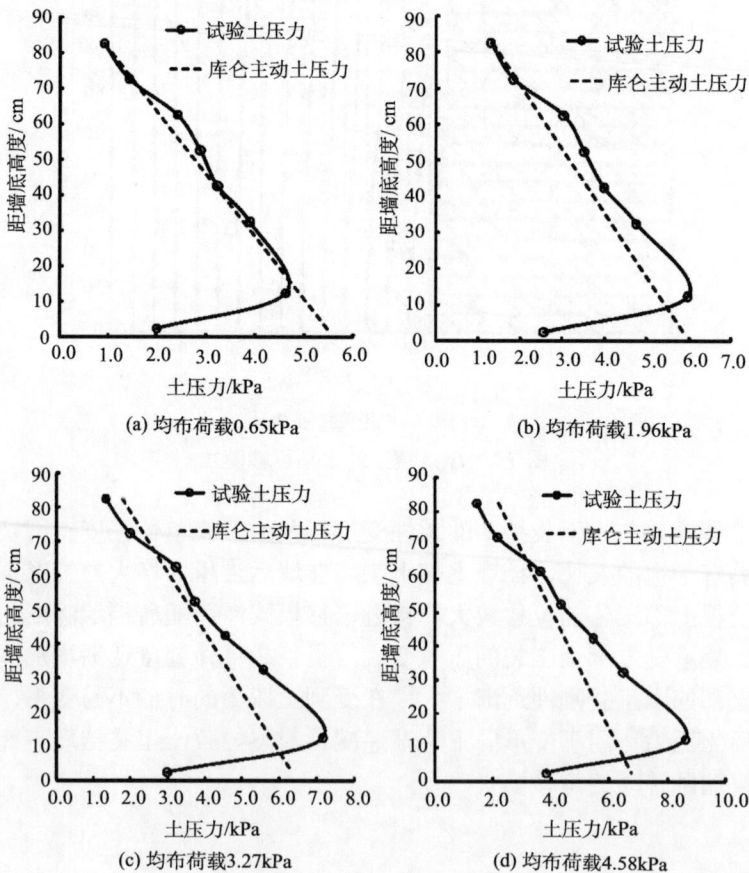

(a) 均布荷载0.65kPa

(b) 均布荷载1.96kPa

(c) 均布荷载3.27kPa

(d) 均布荷载4.58kPa

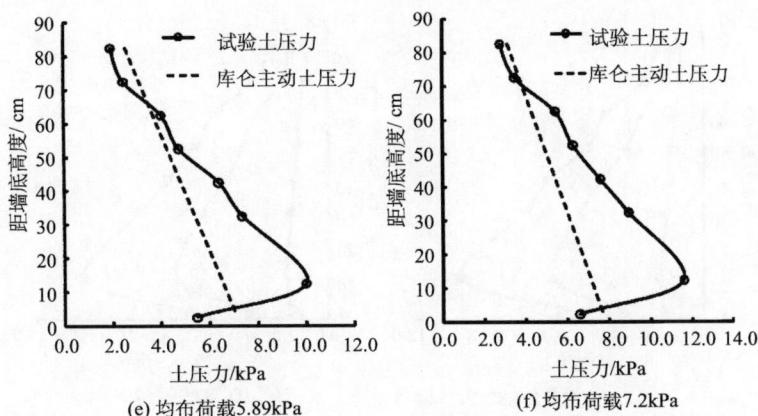

(e) 均布荷载5.89kPa　　　　　　　　　(f) 均布荷载7.2kPa

图 7.3　不同均布荷载下墙后土压力竖向分布

3. 土压力的水平传递

图 7.4 给出试验不同竖向荷载下的土工袋挡土墙墙后及墙内土压力沿挡土墙高度的分布。其中，F_1 为挡土墙与填土接触面的墙背土压力，F_2 和 F_3 为两列土

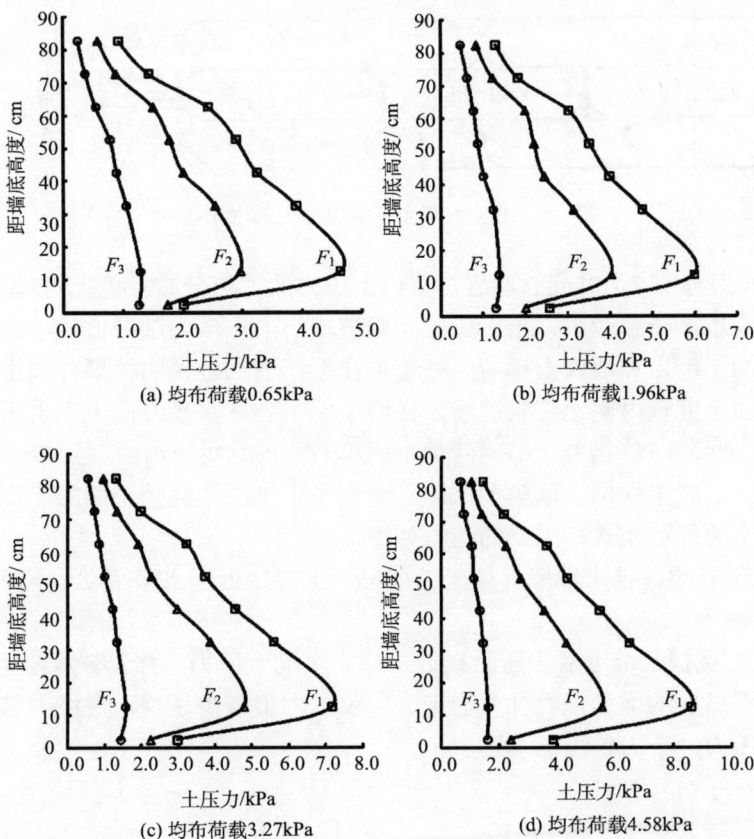

(a) 均布荷载0.65kPa　　　　　　　　　(b) 均布荷载1.96kPa

(c) 均布荷载3.27kPa　　　　　　　　　(d) 均布荷载4.58kPa

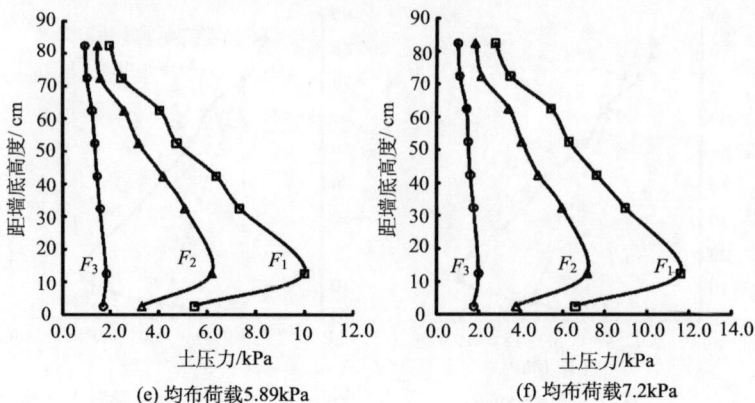

(e) 均布荷载5.89kPa　　　　　　　　(f) 均布荷载7.2kPa

图 7.4　不同均布荷载下墙后和墙内土压力的竖向分布

工袋接触面之间的墙内土压力（参见图 7.5）。由图 7.4 可知，侧向土压力在水平方向上从靠近填土到墙外逐渐减小，即 $F_1 > F_2 > F_3$。墙后土压力在墙体内的水平削减主要是由土工袋的层间摩擦引起的。

图 7.5　土压力在土工袋墙体内的水平传递

图 7.6 为与图 7.4 对应的墙后与墙内土压力的差值分布。可见，挡墙上部土工袋由于所受压重荷载较小，土工袋层间摩擦较小，土压力削减值较小。随着竖向荷载的增加，墙后和墙内土压力的差值也在不断增加，说明挡墙外侧土工袋所受土压力增加速度较内侧土工袋缓慢，证明了土工袋在水平方向上对土压力的缓冲作用；在不同竖向荷载下，沿墙高基本满足 $F_1 - F_2 = F_2 - F_3$。

通过土工袋柔性挡土墙模型试验，研究了土工袋柔性挡土墙的土压力分布以及墙后填土的位移模式，主要的结论如下：

1）土工袋柔性挡土墙墙后填土的变形为上部接近于水平平动、下部近似为绕墙趾的转动。

2）土工袋挡土墙墙后土压力接近于库仑主动土压力，由于墙体具有一定的柔性，且随着高度的增加，柔性变形越大，土压力值减少越快，最终上部土压力小于库仑土压力，合力作用点下移。

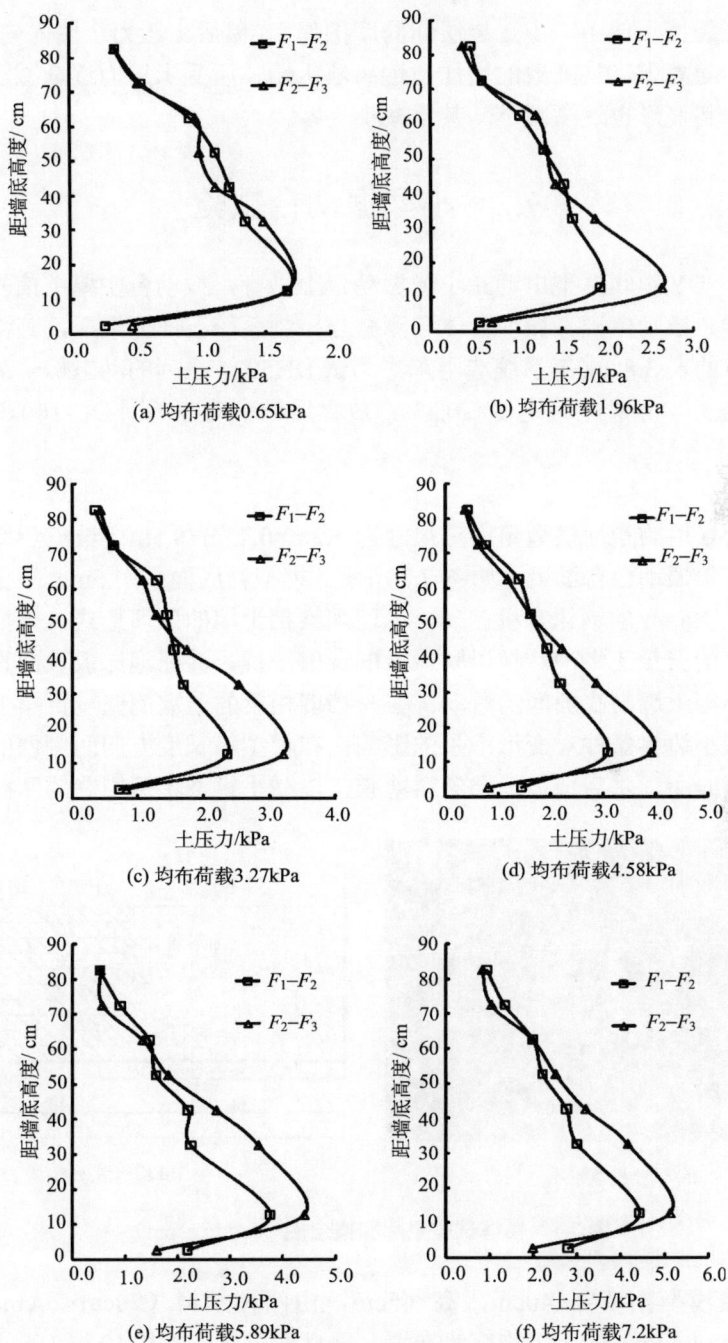

(a) 均布荷载0.65kPa

(b) 均布荷载1.96kPa

(c) 均布荷载3.27kPa

(d) 均布荷载4.58kPa

(e) 均布荷载5.89kPa

(f) 均布荷载7.2kPa

图 7.6　墙后与墙内土压力差值沿墙高分布

3）土工袋挡土墙由于土工袋层间的摩擦作用，墙后土压力从墙内向墙外递减。由此推断，随着土工袋列数的增加，远离填土墙体所受土压力逐渐减小，墙体最外层的位移和变形也逐渐减小，甚至减小为零。

7.2　小型振动台试验

试验在 DY-600-5 型电动式小型振动台上进行，振动台主要由信号发生器、功率放大器、激励电源、振动台体和测量与控制系统五部分组成，其性能参数指标见第 3 章的表 3.8。采集系统选用东华测试 DH5922 系列的动态信号测试分析装置（16 通道），系统不确定度≤0.3%，放大器频率响应范围 DC-100kHz。

1. 模型设计[33]

试验所采用的刚性模型箱内空尺寸为 1.2m×0.45m×0.5m（长×宽×高），底面用螺栓固定于振动台台面上，如图 7.7 所示。模型箱底面采用 5mm 厚的钢板，四面采用厚度 10mm 的钢化有机玻璃，以便观察挡土墙的破坏形式。模型箱底部铺设 3mm 厚的聚氯乙烯泡沫板以防止波的反射干扰，并在泡沫板表面设置了一层砂纸以减小挡土墙与底板间的滑动；在与挡墙相反的一端侧壁设置厚 10mm 的海绵垫，以减小边界条件对变形产生的影响；在模型箱长度方向两侧壁的内表面涂上一层润滑硅脂，尔后覆盖一层塑料薄膜，以减小模型箱两侧壁的摩擦影响。

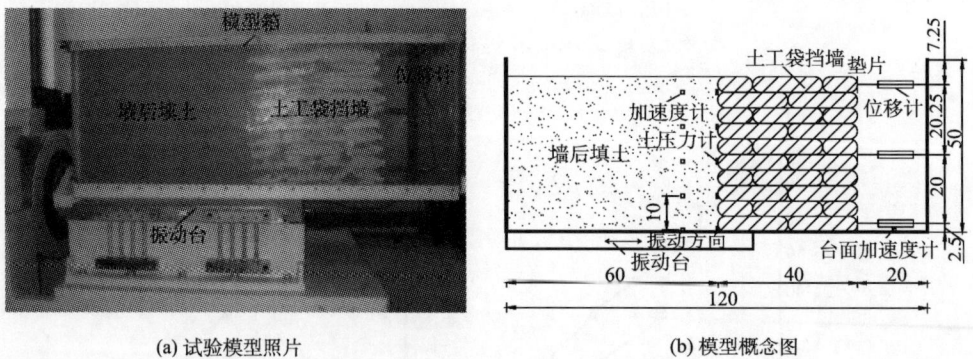

(a) 试验模型照片　　　　　　　　　(b) 模型概念图

图 7.7　模型试验照片和概念图　（单位：cm）

土工袋模型挡墙宽 40cm，高 45cm，由两种规格（20cm×20cm×4.5cm 和 20cm×10cm×4.5cm）的土工袋交错布置、垂直堆放而成（共 10 层）。土工编织袋及袋内河沙与图 7.1 所示的静力模型试验相同。

试验中采集的数据包括：挡墙水平位移、动土压力、加速度，其量测仪器布置见图 7.7（b）。具体为：①沿挡墙外侧高度方向布置 3 个拉线式位移计（精度为 0.01mm，最大量程 25mm）。②在土工袋挡墙墙后沿高度布置了 5 个应变式土压力计（直径为 25mm，高为 8mm，灵敏度 2.0～1.0mV/V，量程 50kPa），以测试水平土压力动态值。试验时用双面胶将土压力计竖直固定在土工袋的侧面，使得其受力面保持竖直。③在墙后填土中沿高度布置了 5 个 DH201-100 压阻式加速度传感器（电荷灵敏度 0.03～0.06mV/ms^2，安装谐振频率约为 3kHz，使用频率 0～1.5kHz，工作温度–20～80℃，重量约为 2g，最大量程为 1000m/s^2）。为减小测试误差，将加速度计用玻璃胶固定在一个方盒中，实现加速度计与周边土体协同运动。④在振动台台面固定一个加速度计以量测振动台输入加速度（振源加速度）。

2. 加载工况

地震时地面水平向运动加速度一般要比竖直向运动加速度大，而结构物通常抵抗竖向荷载的能力比抵抗侧向变形的能力要强，因此，很多情况下，主要是考虑水平向地震作用下的影响，本试验也仅考虑水平向的振动作用。由于本试验使用的小型电动振动台无法模拟实际的地震波，试验采用正弦波形，振动频率 6Hz，持时 50s，输入的峰值动加速度分别为 0.1g、0.2g、0.3g 和 0.4g。

为了对比，同时进行了相同条件下水平加筋土挡墙与刚性挡墙的振动台试验。水平加筋土挡墙采用砌块式面板，共 5 块，设置 5 层拉筋，根据设计规范确定每层拉筋的长度，如图 7.8 所示。拉筋材料采用克重为 160g/m^2 的土工编织布，其经、纬向拉力强度分别为 25.8kN/m 与 16.2kN/m，经纬向伸长率≤25%；刚性挡墙的断面尺寸与土工袋挡墙相同（长 45cm、宽 40cm、高 45cm），用同尺寸的木制箱内填天然河沙制作而成。

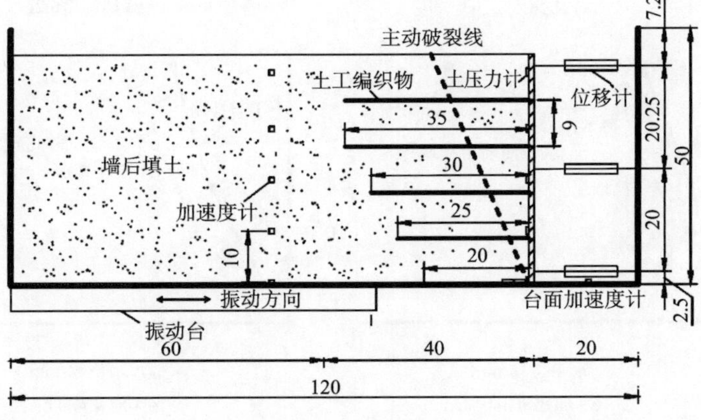

图 7.8　水平加筋土挡墙示意图（单位：cm）

3. 试验结果分析

（1）挡墙水平位移

图7.9为不同输入加速度情况下，三种挡墙的水平位移沿墙高的分布。可见，在水平振动下，刚性挡墙和土工袋挡墙的水平位移顶部大、底部小，类似于悬臂梁的水平晃动，而水平加筋土挡墙水平位移总体上沿墙高呈非线性分布，在$0.4\sim$ 0.5倍墙高处最大。输入加速度小于$0.2g$时，三种挡墙的水平位移均不超过1mm，水平加筋土挡墙略大些；当输入加速度增大至$0.3g$时，三种挡墙的水平位移开始增大，水平加筋土挡墙中部位移达8.8mm，比另外两种挡墙大许多，而此时土工袋挡墙的顶部位移仅为2.5mm，刚性挡墙的位移约为土工袋挡墙的一半；当输入加速度达$0.4g$时，水平加筋土挡墙中上部外凸变形显著，挡墙中部水平位移最大，为27mm，顶部与底部变形也急剧增大至24mm；此时，刚性挡墙出现整体滑移，墙顶发生较大的倾斜变形，顶部变形达13mm，中下部位移突增至5mm左右，墙体接近丧失其功能；而土工袋挡墙的底部位移不足1mm，位移变形主要集中于中

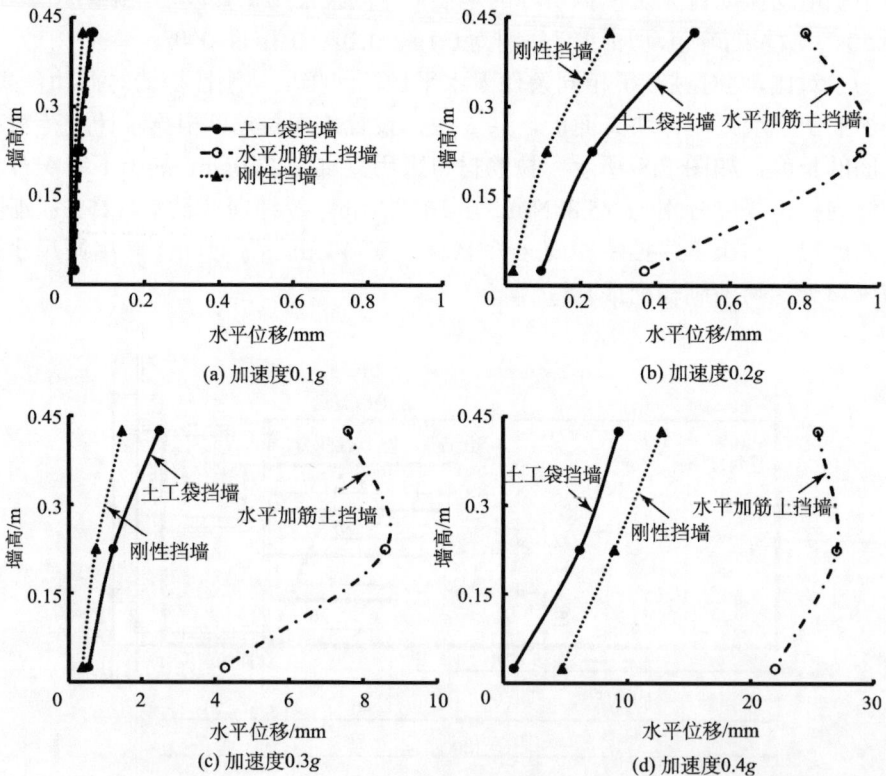

图7.9　不同输入加速度下挡墙外侧水平位移沿墙高的分布（振动频率6Hz）

上部，墙体顶部变形约为 9mm，仅为水平加筋土挡墙的 1/3，顶部的土工袋开始滑落，但是并未出现整体倒塌破坏，仍然维持稳定。与另外两种挡土墙相比，土工袋挡墙能够依靠土工袋的变形特性，有效减小侧向土压力，通过袋体间的摩擦和自重防止滑动和倾覆，大大增加了挡土墙的安全性，其抗振效果更为显著。

（2）动土压力系数

挡墙在地震力作用下发生背离墙后填土方向的位移，此时挡墙所受土压力将减小。在试验开始前先对动土压力计测量值进行了归零处理，试验中测得的土压力值则为振动引起的土压力值的增量，称为动土压力。动土压力值与挡墙的变形及测点在挡墙内的埋深有关，为了更好地说明动土压力沿墙高的变化，定义动土压力系数，即动土压力值与该测点静土压力的比值。

图 7.10 为不同输入加速度情况下，三种挡墙的动土压力系数沿墙高的分布。可见，其墙后动土压力系数分布及其变化与墙体位移相对应，沿墙高呈非线性分布，挡墙上部由于位移较大，动土压力系数相应较大，挡墙下部位移较小，动土

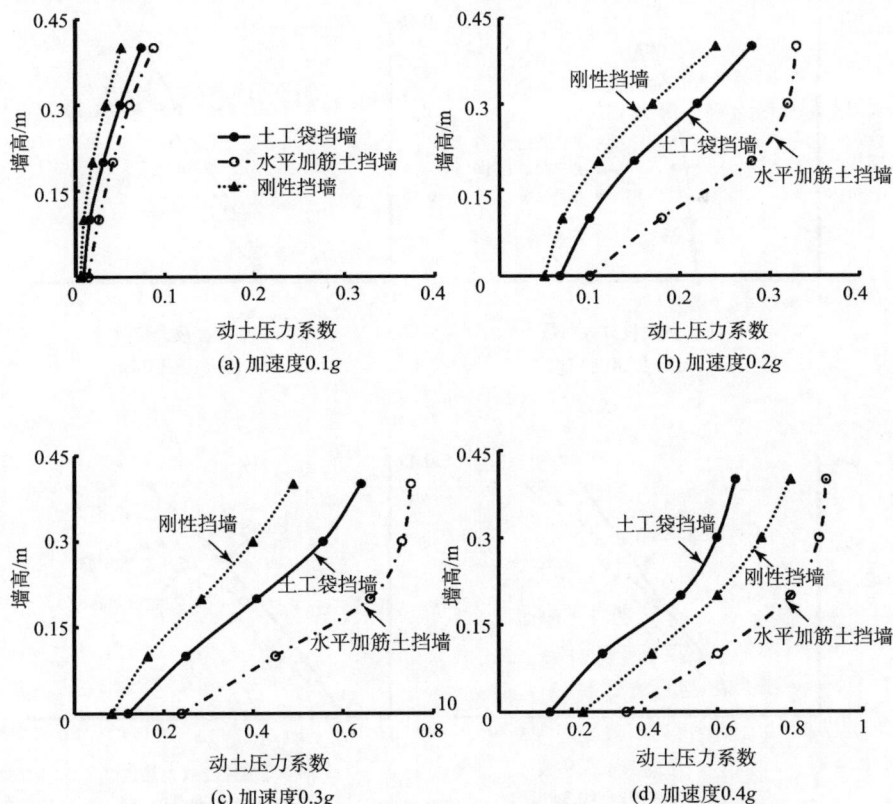

图 7.10　不同输入加速度下动土压力系数沿墙高的分布（振动频率 6Hz）

压力系数增长较慢。当输入加速度不大于 0.2g 时，水平加筋土挡墙的位移比土工袋挡墙和刚性挡墙略大，其动土压力系数也相应较大，但三者的差距不明显；当输入加速度增大至 0.3g 时，由于挡墙的位移开始增大，动土压力系数也随之增大；当输入加速度达到 0.4g 时，水平加筋土挡墙的中上部外凸变形最显著，水平位移几乎是另外两种挡墙的三倍，其动土压力系数相应最大，中上部达 0.9、底部达 0.35；此时刚性挡墙的动土压力系数超过了土工袋挡墙，刚性挡墙底部、顶部动土压力系数分别达到 0.23 与 0.8，而土工袋挡墙底部、顶部动土压力系数分别为 0.14 与 0.65，其理由为刚性挡墙出现了整体滑移，其位移超过了土工袋挡墙，而土工袋挡墙的位移模式仍为底部小、顶部大，没有出现整体破坏的趋势。

（3）加速度放大倍数

图 7.11 为不同输入加速度情况下，各高程测点振动加速度最大值相对于输入加速度的比值，即加速度放大倍数。由图可知：①加速度放大倍数均随着墙高和输入加速度的增大而增大；②三种挡土墙对输入加速度有不同程度的放大效应，

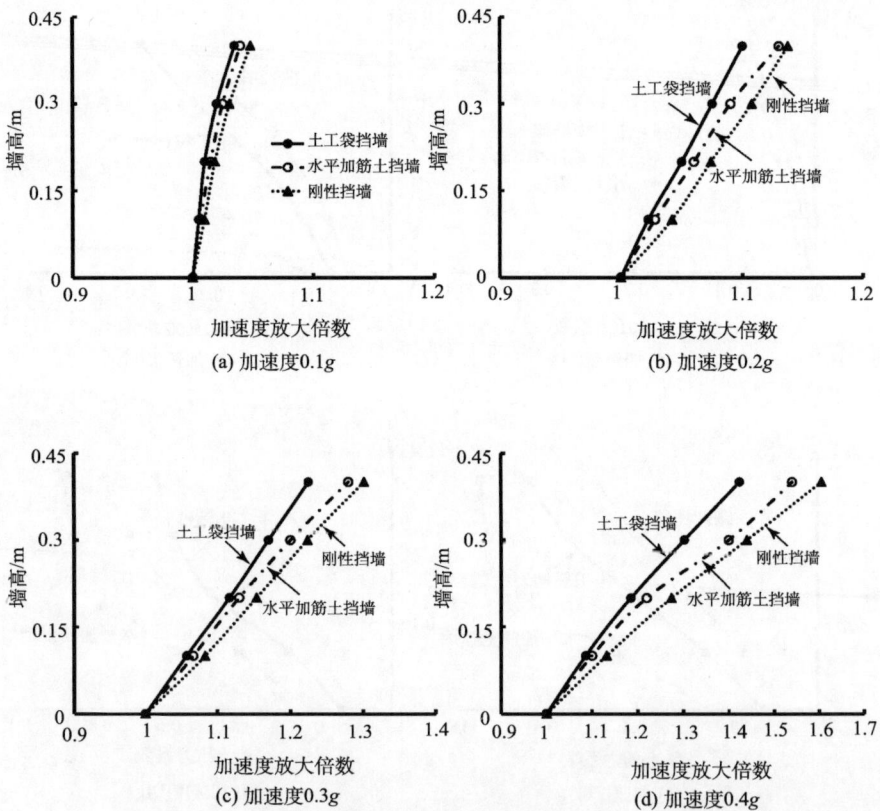

(a) 加速度0.1g

(b) 加速度0.2g

(c) 加速度0.3g

(d) 加速度0.4g

图 7.11　不同输入加速度下加速度放大倍数沿墙高的分布（振动频率 6Hz）

以刚性挡墙的加速度放大倍数更大些。输入加速度不大于 0.2g 时，三种挡墙加速度放大倍数均较小，差距不明显；当输入加速度增大至 0.3g 时，三种挡墙的加速度放大倍数差距开始明显，以刚性挡墙最大，水平加筋土挡墙和土工袋挡墙顶部加速度放大倍数分别增大至 1.28 和 1.2；当输入加速度达到 0.4g 时，刚性挡墙的加速度放大倍数顶部达 1.6，而土工袋挡墙为 1.4，其理由为刚性挡墙不具备变形协调能力，加速度沿墙高近似线性放大，而柔性挡墙可以通过自身的变形使得加速度放大过程有所衰减。

　　以上试验结果表明，对于相同断面面积的挡土墙，在不同输入加速度情况下，土工袋柔性挡土墙的抗震性能优于刚性挡墙。但是，实际工程中刚性挡墙的断面不可能做得很大。为此，将刚性挡墙断面缩小为土工袋挡墙的一半，即尺寸为 45cm×20cm×45cm（长×宽×高），以下简称为小刚性挡墙，进行了相同条件下的振动台试验。试验中，当输入加速度为 0.3g 时，小刚性挡墙的墙体已经发生了明显的大幅度滑移，整体倾覆倒塌，其墙体水平位移如图 7.12 所示，而此时土工袋挡墙与大刚性挡墙的位移变形还不足 1mm，表明小刚性挡墙的抗震性能远远不如土工袋柔性挡墙。因此，土工袋挡墙作为柔性结构，当遭遇强烈地震时，具有良好的变形能力和消耗地震能量的能力，即使发生破坏，主要是顶部土工袋的剥落，不会与刚性挡墙一样出现整体倒塌，仍然能维持整体稳定，具有较好的抗震性能。

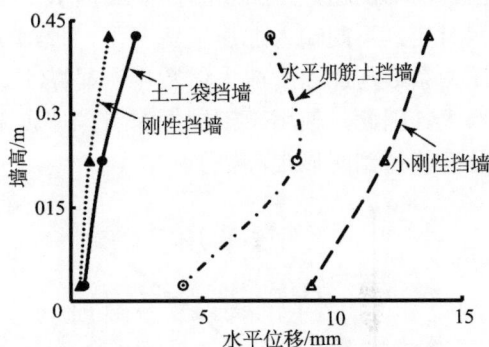

图 7.12　四种挡墙水平位移沿墙高的分布

输入加速度 0.3g、振动频率 6Hz

4. 土工袋挡墙结构的改进

　　试验过程中发现，在水平振动作用下土工袋挡墙顶部土工袋易于剥落。为提高顶部土工袋的整体性，考虑对挡墙顶部进行加筋处理，使用土工编织布反包顶部三层土工袋，如图 7.13 所示。土工编织布的克重为 160g/m²，经、纬向拉力强度分别为 25.8kN/m 与 16.2kN/m，经纬向伸长率≤25%。

　　对顶部加筋后的土工袋挡墙同样进行了不同输入加速度情况下的振动试验。图 7.14 比较了输入加速度为 0.3g 及 0.4g 情况下，顶部加筋与未加筋的土工袋挡墙水平位移沿墙高的分布。由图可以看出，顶部加筋后，土工袋挡墙的顶部水平位移减小了 40%左右。当输入加速度为 0.3g 时，其顶部水平位移不足 0.5mm，而顶部未加筋的土工袋挡墙的顶部位移达到 2.5mm；当输入加速度为 0.4g 时，加筋与未加筋的效果差显著加大，未加筋的挡墙墙顶处水平位移高达 10mm 左右，并

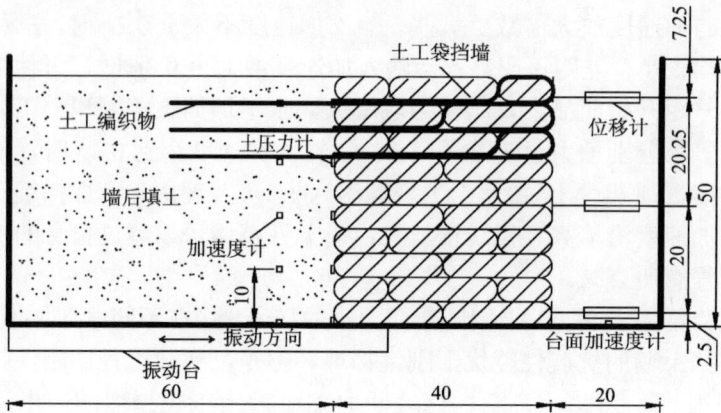

图 7.13   顶部加筋的土工袋挡墙示意图

出现局部倒塌，而加筋的挡墙墙顶水平位移只有 5mm，仍维持稳定。与位移变形相对应，不同输入加速度情况下，顶部土工袋经过反包处理后，土工袋挡墙动土压力系数与加速度放大倍数也明显减小，且其减小的幅度随着输入加速度增大而增大。因此，使用土工编织布对挡墙顶部土工袋进行反包处理，土工袋挡墙的抗震性能得到明显提高。

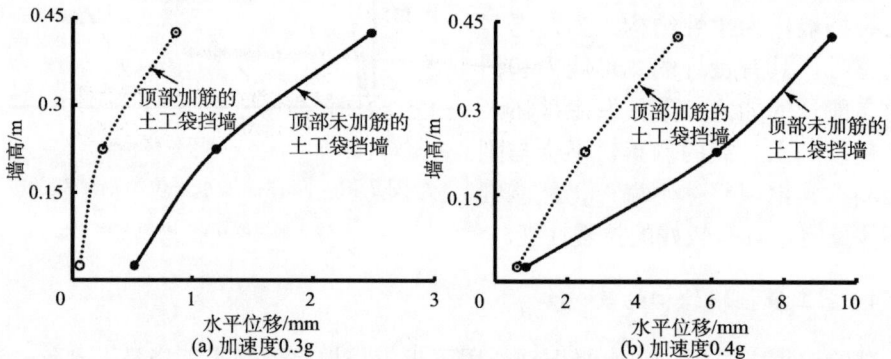

图 7.14   顶部土工袋反包处理与未处理挡墙水平位移沿墙高分布（振动频率 6Hz）

土工袋模型挡墙小型电动振动台试验结果表明，土工袋挡墙作为柔性结构，其抗震性能优于水平加筋土挡墙和传统的刚性挡墙。若对土工袋挡墙顶部土工袋进行反包处理，则能够解决土工袋挡墙在振动过程中顶部土工袋易于剥落的问题，可明显提高土工袋挡墙的抗震性能。

小型振动台试验并不能反映实际地震工况下土工袋柔性挡墙的动力响应，为了进一步研究实际工况下的抗震性能，大型振动台试验正在开展，详细介绍请关注作者后续发表的论文。

7.3　土工袋挡土墙设计方法

土工袋挡土墙是一种柔性结构，在其后填土土压力作用下，土工袋挡土墙会产生一定的挤压变形，与墙后填土接触的土工袋变形最大，往挡墙外侧方向土工袋变形逐渐减小。该变形特点决定了作用在土工袋挡土墙上的土压力接近于主动土压力。为简化计算，方便设计，仍将土工袋挡土墙作为刚性挡土墙考虑。

图 7.15、图 7.16 分别为土工袋挡土墙的设计计算示意图与流程图。主要从抗倾覆性、抗滑动、整体稳定性、抗震性四个方面进行计算分析。此外，还需进行土工袋单体抗压强度验算。

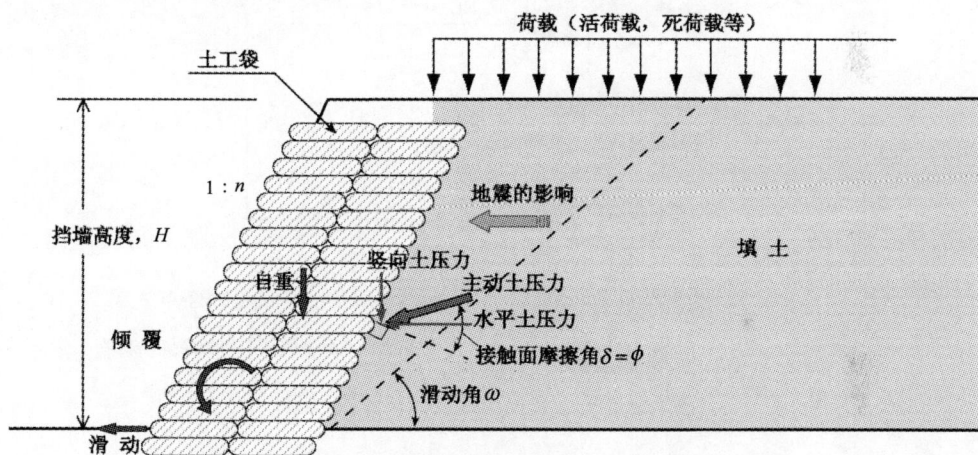

图 7.15　土工袋挡土墙设计计算示意图

抗倾覆、抗滑及整体稳定性的安全系数一般应满足相应的行业规范，对于土工袋单体抗压强度的安全系数一般要求不小于 5.0。表 7.3 为通常采用的安全系数，可供参考。

表 7.3　土工袋挡土墙设计采用的安全系数

项目	正常荷载组合	考虑地震荷载的非常组合
抗滑稳定	$F_s \geqslant 1.5$	$F_s \geqslant 1.2$
抗倾覆	$e \leqslant B/6$	$e \leqslant B/3$
土工袋单体抗压强度	$F_s \geqslant 5.0$	$F_s \geqslant 1.67 \sim 3.0$
整体稳定	$F_s \geqslant 1.2$	$F_s \geqslant 1.0$

注：B 为挡墙宽度；e 为挡墙底部受力偏心距；F_s 为安全系数。

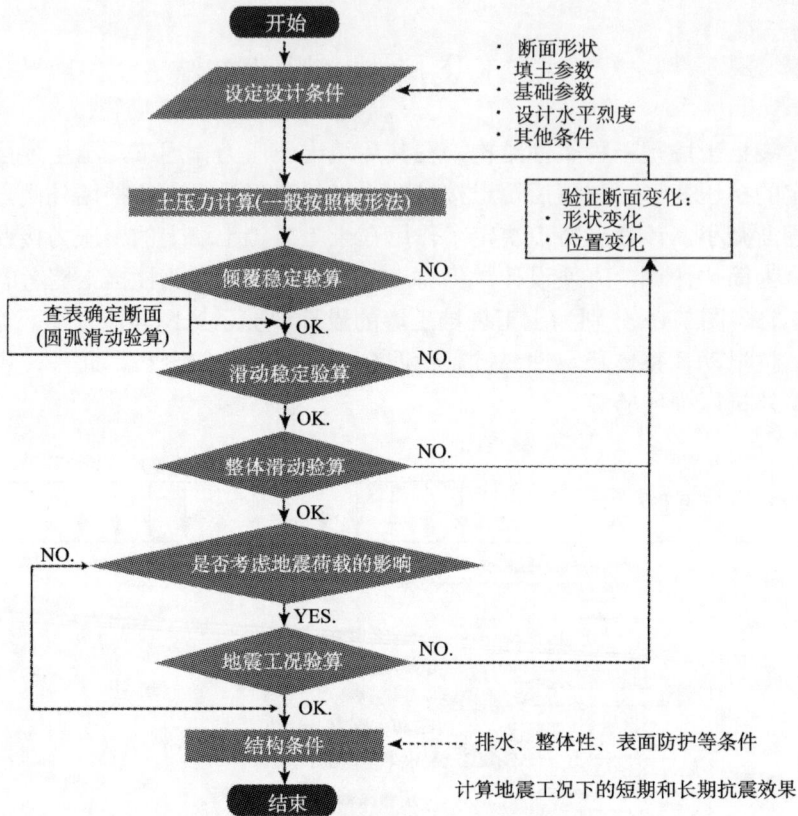

图 7.16　土工袋挡土墙设计计算流程图

正常荷载组合指的是：挡墙自重+土压力+表面荷载。

考虑地震荷载的非常组合为：挡墙自重+土压力+表面荷载+地震荷载。

值得一提的是：一般的挡土墙设计中，除了验算抗倾覆、抗滑动、整体稳定、抗震性四个方面外，还需进行地基承载力验算，且设计规范中给出了地基允许承载力的计算方法。比如，《水工挡土墙设计规范》（SL 379-2007）中规定：土质地基上挡土墙的地基允许承载力可以通过两种方法确定。一类是根据地基塑性变形区的开展范围确定地基允许承载力；另一类是根据地基发生剪切破坏时的极限荷载除以一定的安全系数确定地基允许承载力。

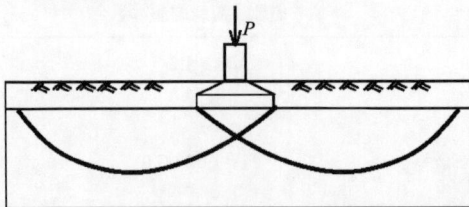

图 7.17　地基极限承载力计算中假定的破坏面

然而两种方法都有其局限性，如按照塑性区开展深度的方法，其前提是基础两侧土体同高，而挡墙前后填土高度悬殊，不符合基本假定。如按照整体剪切破坏确定地基承载力的前提是产生如图 7.17

所示的剪切面，但是对于挡墙不可能出现这种剪切破坏面。

对于挡墙而言，在墙前后两侧填土高度不同时，地基发生整体剪切破坏的形式只能是图 7.18 所示的形式。

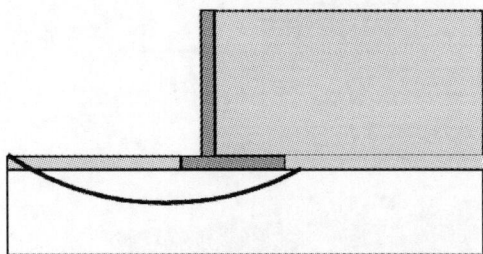

图 7.18　挡土墙地基发生整体剪切破坏
的滑动面

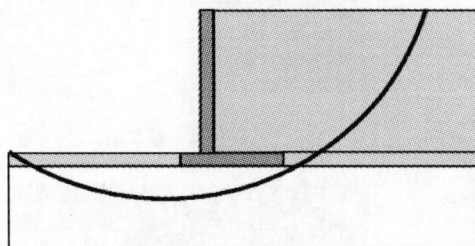

图 7.19　挡土墙地基发生整体剪切破坏时
的真实滑动面

考虑到地基发生整体剪切破坏的同时，必然伴随着墙后填土的剪切破坏，因此挡土墙地基承载力的问题其实和墙后土体与挡墙地基发生圆弧滑动破坏（整体稳定）是同一个问题，如图 7.19 所示。

7.4　现场施工例

利用土工袋修筑挡土墙已有较多的工程实例。图 7.20 为在软基上修筑的土工袋挡墙[1]。挡墙高 2m、长 100m 左右、坡度为 80°，使用了约 5000 只大小为 40cm×40cm×10cm 的土工袋。该挡墙基础为壤土地基，地下水位离地面仅几十厘米，如图 7.20（a）所示。若采用常规的刚性挡墙，挡墙基础难以处理。该土工袋挡墙是在一斜坡开挖的基础上修建，土工袋挡墙的重量与原斜坡土体重量基本相同，因此土工袋挡墙对地基的要求与原斜坡对地基的要求基本不变。基础开挖至地下水位以上 30cm 左右，直接铺设土工袋。如图 7.20（b）所示，每层铺设了 4 列土工袋，层与层之间交错排列。为增加土工袋挡墙的整体性，每层土工袋两两相连。土工袋挡墙堆砌完成后，在其表面铺设一层钢筋网[图 7.20（c）]，然后进行混凝土抹面处理（厚约 5cm），以防紫外线照射。施工完成后的挡墙如图 7.20（d）所示。

在陡峻的山坡上修筑挡墙，土工袋以其重量轻、就地取材、施工简单以及无需大型施工机械等特点，优势发挥得尤为明显。图 7.21 为某一施工例，其表面为"人字形"混凝土预制块，一方面起到防护紫外线照射的作用，另一方面对土工袋挡墙的稳定也有很大的作用。

(a) 挡墙地基基础

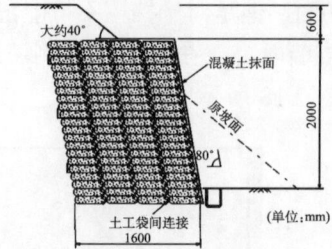

(b) 土工袋挡墙断面图

(c) 土工袋挡墙堆砌完成

(d) 挡墙表面用混凝土抹面处理

图 7.20 在软基修筑的土工袋挡墙施工例

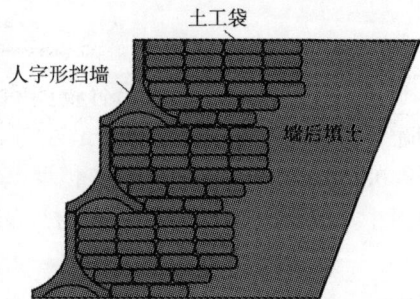

图 7.21 在陡峻的山坡上修筑挡墙

图 7.22 为某一船闸工程上游引航道土工袋挡墙施工例。该船闸工程位于以淤泥质粉质黏土和粉砂为主的软土地基上，在施工过程中存在两个问题：一是开挖产生的大量废弃淤泥需要处理；二是工程区域的软土地基（包括边坡）需要加固处理，以提高地基承载力与保持边坡稳定。该工程将开挖出的淤泥弃土直接装入土工袋，然后用于 L 型混凝土直立挡墙后 4.5m 范围内的回填及开挖面处土工格栅"锚固墩"的填筑。采用了两种土工袋：130cm×110cm×35cm（大土工袋）与 65cm×110cm×35cm（小土工袋），以大土工袋为主，小土工袋主要用于河岸开挖边坡及地表面。墙后每 4 层大土工袋用土工格栅包裹成一个"整体"。结合

该工程的施工，研发了开挖淤泥质土现场装袋及就地铺设工袋的施工方法，并取得了相应的国家发明专利（专利号：ZL2012104447015）。图 7.23 为 L 型混凝土

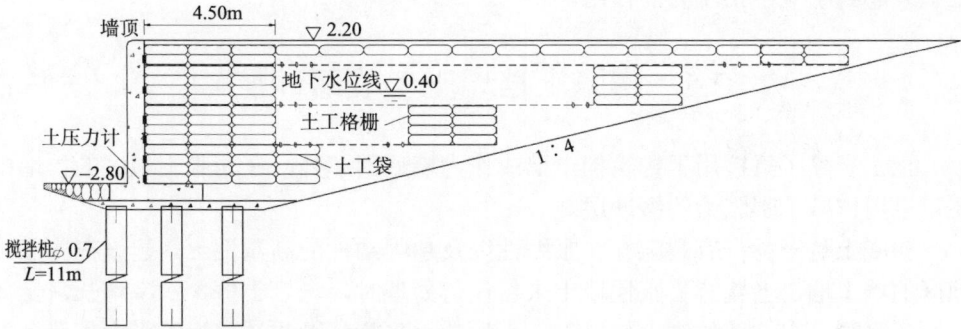

图 7.22　某船闸工程上游引航道淤泥土工袋挡墙施工例

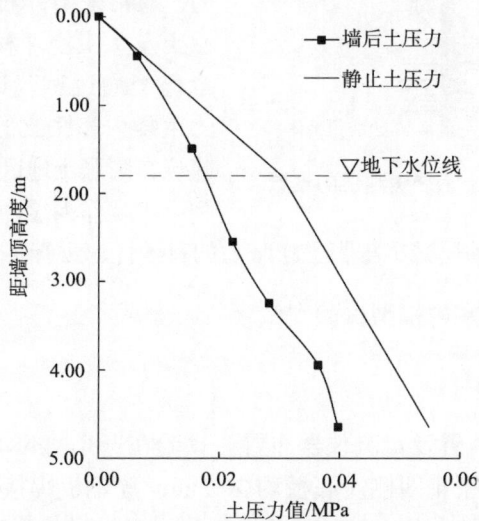

图 7.23　淤泥土工袋挡墙实测墙后土压力

直立挡墙后实测的土压力分布。L 型混凝土直立挡墙施工完成 2 年左右实测的水平向最大位移小于 2cm，作用在其上的土压力小于理论计算的静止土压力，说明土工袋起到了减小土压力的作用。

7.5　膨胀土挡墙土工袋缓冲层

土工袋除了直接用于构筑挡土墙或作为墙后回填外，在膨胀土地区的挡墙中还可以用作减小膨胀力的缓冲层。

膨胀土是一种具有裂隙性、胀缩性以及超固结性的高塑性土。建设在膨胀土地区的挡土墙，当墙背膨胀性填土未作任何处理时，一旦土体含水率增长，土体将发生膨胀，在挡墙的约束作用下，土体的水平膨胀潜势转化为膨胀力作用到挡土墙上，所以膨胀土地区挡土墙除了要承受一般意义下的土压力以外，还要承受由于土体吸水膨胀产生的膨胀压力。当墙后膨胀土失水后又要发生干缩，膨胀土的干缩往往伴随一定深度裂缝的产生，雨水顺着这些裂缝更容易进入深层土体，当土体再次吸水膨胀时，膨胀力将再一次直接作用到挡土墙上，由于此前的收缩裂缝可能被尘土填满，每一次作用在挡墙上的膨胀力可能会更大。膨胀土的这种反复胀缩作用对挡土墙的稳定将产生不利影响。因此，膨胀土地区的挡土墙经常会出现剪断、倾覆以及滑移变形过大等破坏形式。

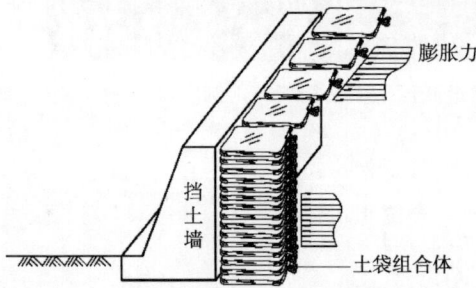

图 7.24　膨胀土挡土墙土工袋缓冲层的设置

研究与工程实践表明：在挡土墙后设置一定厚度的非膨胀土材料的缓冲层，可以减小作用在挡土墙上的膨胀力。通常采用碎石、砂砾，非膨胀性黏性土及土工泡沫材料（EPS）。前面一章已经通过试验证明土工袋能较好地约束袋内膨胀土的膨胀变形，因此我们建议在膨胀土地区的挡墙背面设置 1～2 列土工袋作为缓冲层之用，如图 7.24 所示。为验证土工袋缓冲层减小膨胀土膨胀力的有效性，进行了室内模型试验。

7.5.1　土工袋缓冲层室内模型试验[34,35]

1. 试验装置及制样

图 7.25 为试验装置及量测仪器布置。试验在一个 2m×1m×1m（长×宽×高）的模型箱内进行，模型箱四侧及底板均由 2mm 厚钢板焊接而成，外围用边长分别为 5cm、厚 3mm 角钢加固，无顶盖，底部预留出水口以采集地表径流。将 ϕ30PVC

管插入出水口，管下端与出水口交接处用止水带密封，以防止渗入土体的水经由出水口漏出模型槽。PVC 管上端以沙袋封口，袋内沙子粒径 2～5mm，满足快速排出地表径流要求。

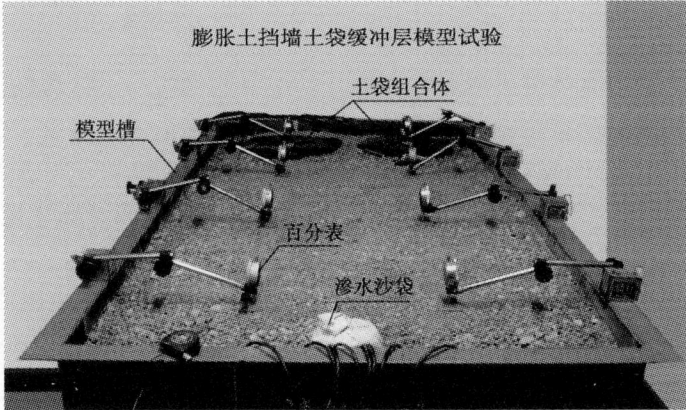

(a) 模型箱

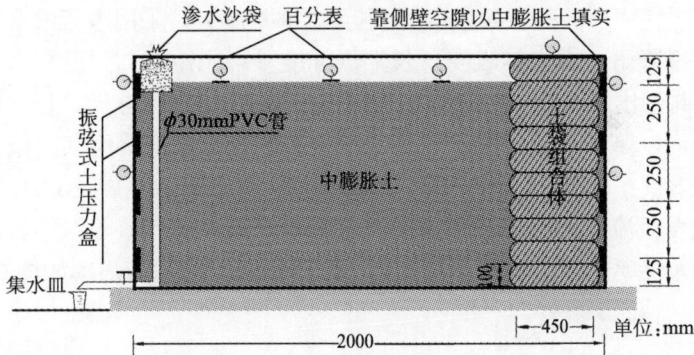

(b) 模型箱纵剖面

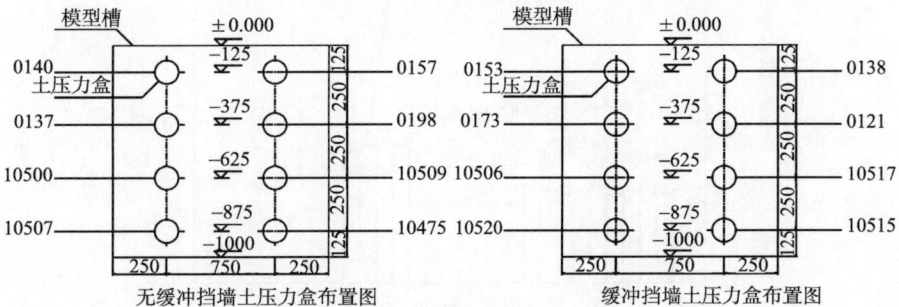

(c) 土压力盒布置(图中数字为土压力盒编号)

图 7.25　膨胀土挡墙土工袋缓冲层模型试验及测量仪器布置

试验用中膨胀土土样取自河南南阳地区，呈棕黄色，其矿物成分以伊利石为主，占 31%～35%，蒙脱石占 16%～22%，高岭石占 8%左右。塑、液限分别为 26.8%与 50.1%，最优含水量为 21%。自由膨胀率为 82%。土工编织袋同前面几章室内试验，即原材料为聚丙烯（PP），克重 110g/m^2，经、纬向拉力强度分别为 25kN/m 与 16kN/m，经、纬向伸长率均小于 25%。

模型箱宽度方向两侧壁用作模拟挡墙，其中一侧直接与土体接触，模拟无缓冲层情况；另一侧沿模型箱宽度方向堆叠两列内装膨胀土的土工袋，每列 10 个（层），每个土工袋 45cm×40cm×10cm（长×宽×厚）。中膨胀土样在模型箱内分 10 层铺设，与每层土工袋一同压实，压实后土样干密度 1.55g/cm^3，总厚 92.5cm（预留 7.5cm 作为土样膨胀空间）。

制样过程中，在两侧壁沿高度方向每 25cm 布设 2 只振弦式土压力盒，共 16 个[如图 7.25（c）]。在土工袋及土体表面设置 8 只百分表，在箱体四侧设置 6 只百分表，以量测土样的膨胀变形，如图 7.25（a）与（c）所示。

2. 降雨模拟

试验自制样完成后的静置阶段开始到拆除历时 35 天，采用人工喷雾的方式进行了两场人工模拟降雨。有文献表明，长期低强度降雨比短期高强度降雨对土体的稳定更不利。以此为出发点，第一场模拟中等强度降雨，持续 10 天，日平均降雨量在 22～24mm 之间，降雨结束后观测一周；第二场模拟高强度降雨（大雨），持续 4 天，日平均降雨量在 33～35mm 之间。降雨期间，将经滤水沙袋及 PVC 管流出的地表积水看作地表径流，当日总降雨量与当日地表径流量的差值除以当日总降雨量作为当日的降雨入渗率。人工模拟降雨的日平均降雨量及降雨入渗率如图 7.26 所示。

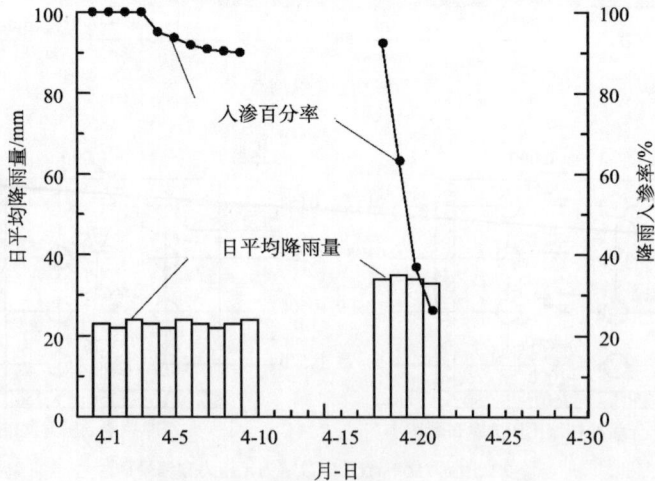

图 7.26　日平均降雨量及降雨入渗百分率

由图 7.26 可以看出，在降雨初期，由于雨量较小，前四天的降雨入渗率为100%，即雨水全被土体吸收而未产生地表径流。随着降雨的继续进行，表层以下一定深度范围内的膨胀土孔隙被水充满，在一定渗透系数下，降雨强度大于入渗率，致使部分雨水来不及入渗而产生地表径流。降雨的第五天随着地表径流的产生并增加，入渗率有所下降，至第七天入渗率趋于稳定，但仍保持 90% 左右的较高入渗率。第二场降雨第一天的入渗率较第一场降雨结束时不下降反而有所增长，这是因为在第一场降雨结束到第二场降雨开始的一段时间内，土体水分有所蒸发，表层以下一定深度范围内土体含水量下降并伴有裂缝开展，以致入渗率有所提高。而在接下来的三天，降雨入渗率陡降，这是由于水分蒸发而开展的裂缝在降雨过程中逐渐闭合，加上降雨强度的加大，导致雨水来不及被土体吸收而由出水管以地表径流的方式排出。对比两种降雨强度的入渗率可知，长期中雨可使土体吸收大量水分，对较大深度范围内的土体含水率带来较大的改变，而短期的大雨由于水分的大量流失，只使距表层较近的土层含水率发生改变。

7.5.2　试验结果及分析

1. 降雨入渗深度

图 7.27 给出了试验过程中四个阶段的降雨入渗深度。其中第一场降雨结束时平均入渗深度为 59.3cm，第二场降雨结束时平均入渗深度为 72.7cm，相比第一场降雨，入渗深度增量为 13.4cm。第二场降雨引起的入渗深度增长量约为第一场降雨引起入渗深度的 1/4，这意味着长期中雨造成的入渗深度比短期大雨造成的入渗深度要大得多。从图中可以看出，设置土工袋缓冲层一侧的局部入渗深度比无缓冲层一侧的入渗深度要"大"，试验结束时设置缓冲层一侧的雨水已经渗至模型箱底部。

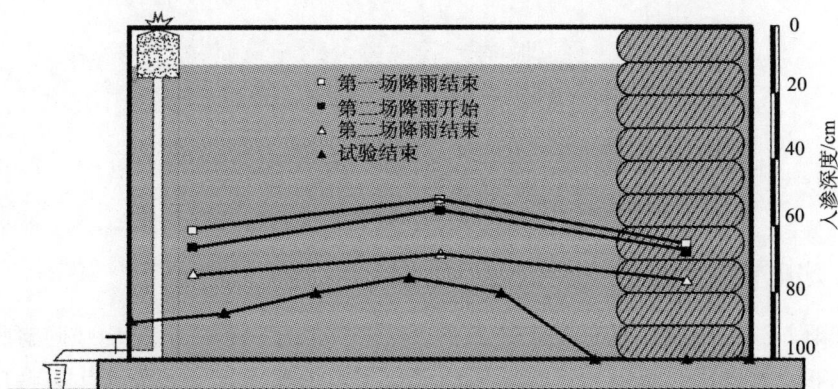

图 7.27　各阶段降雨入渗深度

2. 含水率变化

在降雨过程中对不同深度土样用直径φ20mm 的麻花钻进行了含水率取样测试。图 7.28 分别为无缓冲层侧、模型箱中部、缓冲层侧三个断面在不同阶段土样含水率取样结果。由图可以看出：①各断面浅表面由于水分蒸发，土层的含水率比下一层的要略低；②降雨入渗深度范围内土体含水率介于 25%～35%之间，降雨入渗深度以下含水量明显减小；③有缓冲层侧，降雨入渗深度明显比其他断面要深，土样含水率曲线变化拐点明显要低。

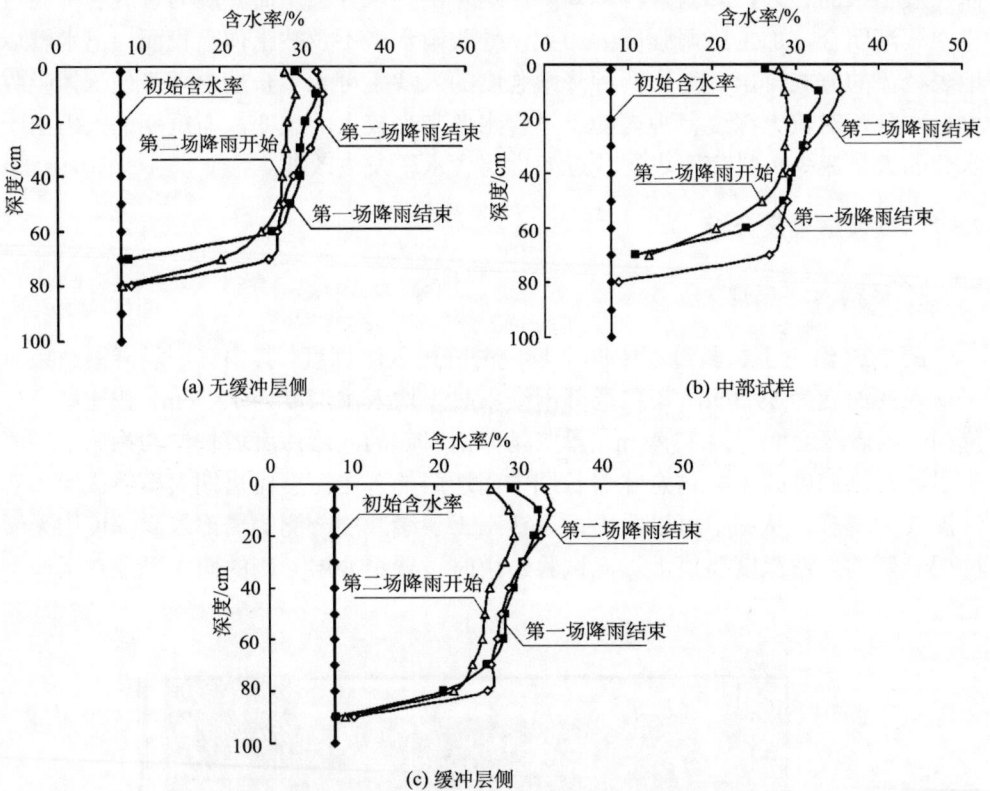

(a) 无缓冲层侧

(b) 中部试样

(c) 缓冲层侧

图 7.28　不同断面试样含水率沿深度分布

3. 膨胀变形量

降雨入渗引起的膨胀土及袋装膨胀土组合体表面测得的日平均竖向膨胀变形见图 7.29。从图中可以看出：①膨胀土的日平均膨胀量比袋装膨胀土组合体的日平均膨胀量要大得多，膨胀土的竖向最大日膨胀变形为 15.5mm，土工袋组合体的竖向最大日膨胀变形为11mm，显示出了土工袋对膨胀土膨胀变形的约束作用；②第一场降雨（中雨）引起的膨胀土及袋装膨胀土组合体的日平均竖向膨胀变形比第二场降雨（大雨）的要大得多。

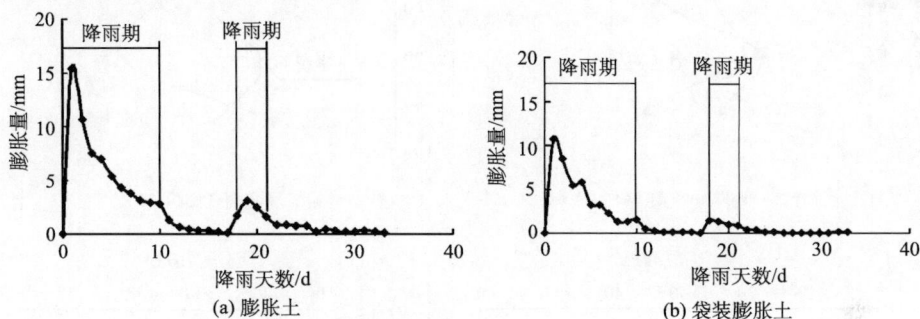

图 7.29　膨胀土及袋装膨胀土竖向日均膨胀量变化

4. 土压力分布

图 7.30 为不同时刻两侧挡土墙上的土压力沿深度变化。可见：①在一定深度范围内，未设土工袋缓冲层一侧挡土墙实测土压力比设置土工袋缓冲层的要大。第一场降雨结束（第 10 天）时，距土体表面约 60cm 以上同一深度处土压力最大差值 17.2kPa，第二场降雨开始（第 17 天）时，距土体表面约 80cm 以上同一深度处土压力最大差值 18.8kPa，试验结束（第 32 天）时，同一深度处土压力最大差值 23.15kPa。②第一场降雨至第二场降雨结束以后的一段时间内，两侧挡土墙上的实测土压力曲线存在交点，交点以下和交点以上两侧挡土墙上实测土压力的大小关系正好相反。这是因为土工袋组合体的渗透性比压实膨胀土要好，雨水在土工袋组合体中的渗透速度比在土样中要快，土工袋组合体的入渗深度较压实膨胀土大，在一定时间内模型箱底部压实膨胀土未受雨水入渗影响，因此土压力比设土工袋缓冲层的要小。但总的来说，设置土工袋缓冲层一侧的土压力比未设一侧要小，而且土压力变化幅度要小，更有利于挡墙的稳定。

7.5.3　结论

通过膨胀土挡土墙室内模型试验可得到如下一些结论：

（1）模拟降雨导致降雨影响范围内土体含水率增长，膨胀土土样吸水体积膨胀，两侧挡土墙土压力均有所增长，未设土工袋缓冲层一侧挡土墙土压力增长尤其明显。

土压力/kPa

(a) 第一场降雨结束(第10天)

土压力/kPa

(b) 第二场降雨开始(第17天)

土压力/kPa

(c) 第二场降雨结束(第21天)

土压力/kPa

(d) 试验结束(第32天)

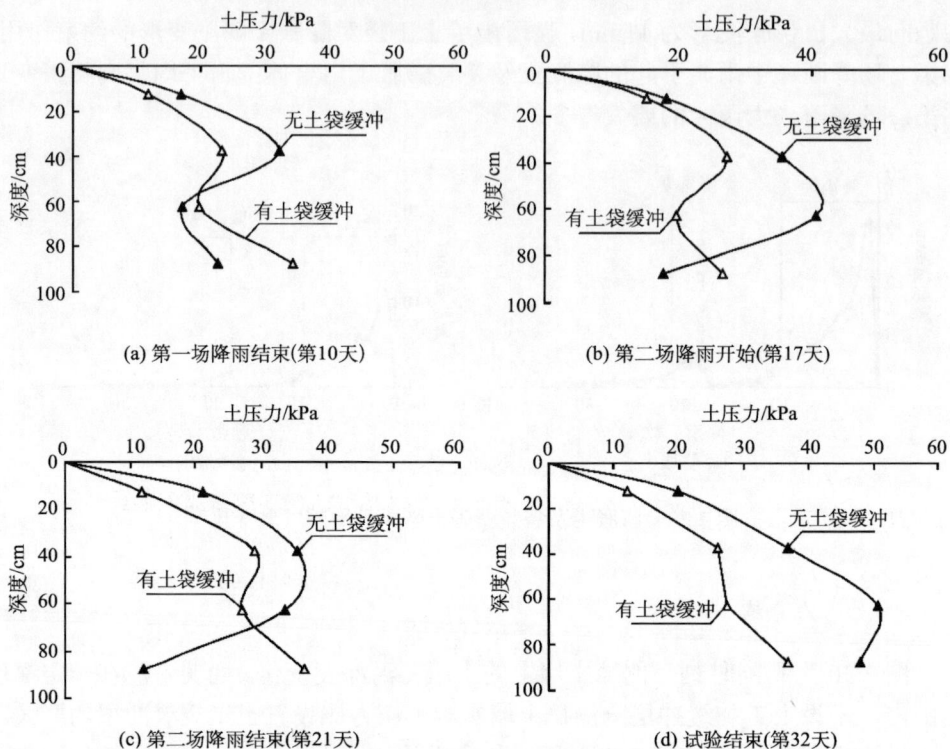

图 7.30　两侧挡土墙实测土压力沿深度变化

（2）土工袋组合体的设置改善了墙后排水条件，缩短墙后土体受雨水浸泡的时间，对墙后土体的稳定起到积极作用。

（3）膨胀土膨胀变形比土工袋组合体的要大，说明土工袋能较好地抑制膨胀土的膨胀变形，很大程度上减小了膨胀土强活动区土体对挡土墙的作用。因此，在挡土墙后设置土工袋组合体可对墙背土压力起到明显的缓冲作用。

第8章　在市政工程中的应用

8.1　沟　槽　回　填

前些年，南京市开始实施水环境整治、雨污分流工程，将雨水和城市污水分别排放，计划在老城区及周边地区敷设 500 多千米长的污水干管，需要在人口密集、交通繁忙、商业发达的路段进行道路开挖和沟槽回填。采用的基本方式是：先开挖沟槽，将开挖的原土作为渣土运往城外，待管线在沟槽中安放后再用二灰土石填埋沟槽，经夯实后铺设沥青或混凝土路面。渣土的弃运极易形成扬尘，容易造成环境污染，二灰土石回填成本较高，同时由于沟槽断面较狭窄，分层回填压实难以机械化施工，容易在沟槽回填土与老路基间产生不均匀沉降，成为道路产生裂缝的主要原因[36]。

鉴于土装入编织袋而成的土工袋具有很高的抗压强度，铺设于地基中能大幅度提高地基承载力，同时还具有减振隔振效果，而且它对袋内土体的要求较低，作者建议将沟槽开挖土直接用于制作土工袋，然后再回填至原沟槽中，从而实现土资源的再生利用，满足"绿色环保"的施工要求，达到降低工程成本的目的。为此，依托南京市的"雨污分流"工程开展了一系列的现场试验工作，通过平板载荷试验、落锤式挠度检测、弯沉检测、振动检测验证土工袋技术在沟槽回填工程中的有效性。

8.1.1　试验概况[37]

试验在南京城区某主干道一侧非机动车道上进行，图 8.1 为试验段的平面位置示意图。试验段位于某加油站进出口间，全长约 30m，共埋设了 4 节直径为 80cm 的管道，中间跨越一个围井。沟槽开挖深 2.18～2.40m，宽 1.8m。

沟槽开挖土为淤泥质粉质黏土，主要物理力学特性如表 8.1 所示。试验采用以聚丙烯（PP）为原材料的黑色土工编织袋，摊铺尺寸为 75cm×55cm，土工袋成型后尺寸为 60cm×40cm×15cm。编织袋克重 100g/m^2；经向拉力≥20kN/m；纬向拉力≥15kN/m；经纬向伸长率≤28%；顶破强力≥1.5kN/m。

表 8.1　沟槽开挖土的主要物理力学特性指标

天然容重/(kN/m^3)	含水率/%	黏聚力/kPa	内摩擦角/(°)	压缩模量/MPa
17～18	33～39	11～12	8～10	3～4

图 8.1　试验路段平面示意图

　　共进行了三种方案试验，如图 8.2 所示。1#管段采用方案一，即沟槽断面基本上用二灰土回填，只在表层铺设 2 层土工袋；2#管段采用方案二，沟槽断面一半用二灰土回填，一半用土工袋回填；3、4#管段采用方案三，沟槽全断面用土工袋回填。试验注意点有：①管道沟槽开挖：槽底宽 $L_1=d+60\sim90\text{cm}$（视沟槽支护、排水方案确定），d 为管道外径；沟槽坡度应根据实际地质条件确定。②每层土工袋错缝排列。③路面恢复：路面底基层采用二灰碎石回填，与原道路基层搭接宽度为 50cm，沥青混凝土面层搭接宽度为 25cm。

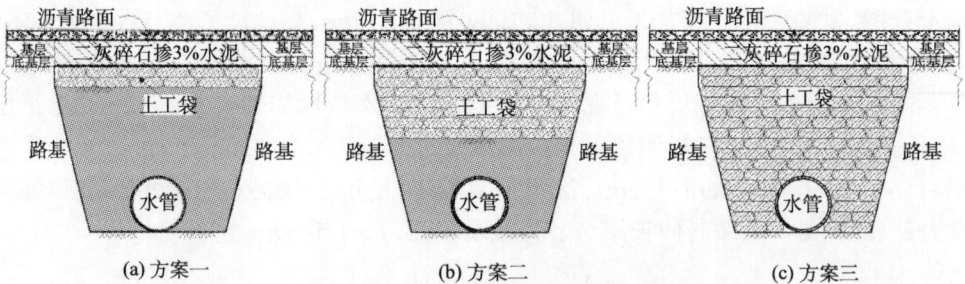

图 8.2　土工袋沟槽回填三种试验方案

土工袋铺设分抛填和人工铺填两种（参见图 8.3）。在沟槽深部范围内，采用抛填方式：对于 3#、4#管段部分，直接向水管两侧抛填土工袋，局部需人工移正；抛至水管顶部平齐后，用开挖土填满土工袋之间的缝隙；然后每抛填两层土工袋就用反铲斗静压两遍。至沟槽中上部，采用人工铺填方式：在错缝铺设的前提下，土工袋之间应保留 5～10cm 的空隙，以保证土工袋在压实过程中有足够的延伸空间，充分发挥其袋子的张力；每铺完一层，需用开挖土进行填缝，并利用小型平板振动碾碾压两遍。对于方案一、二中的二灰土部分，沟槽深部每填筑 30cm 左右用反铲斗静压两遍，沟槽中上部的压实方式与上述土工袋对应，每填筑 15cm 左右，用小型平板振动碾碾压两遍，尽可能使三种方案达到相同的压实密度。

(a) 深部采用抛填方式　　　　　　　　(b) 安全施工深度内人工分层铺设

图 8.3　沟槽土工袋铺设

为了评价三种不同方案下的土工袋沟槽回填效果，分别进行了平板载荷试验、FWD 试验、弯沉量检测及振动检测。

8.1.2　平板载荷试验

各方案土工袋回填至沟槽顶部、路基层未施工前进行了平板载荷试验。荷载板为 30cm 的方形钢板，利用油压千斤顶进行加载，油压千斤顶顶在挖掘机的底部，如图 8.4 所示。试验过程分 9 级施加荷载，第一级为 50kPa，后面每级递增 30kPa，每级荷载施加后待沉降变形稳定后再进行下一级加载。

图 8.5 为三种方案下土工袋沟槽沉降量与外加荷载之间的关系。方案二和三沟槽的极限承载力约为 240kPa，而方案一仅为

图 8.4　沟槽土工袋顶面平板载荷试验

160kPa，显然半断面和全断面回填土工袋的效果更好些。根据 JTGF 10-2006《公路路基施工规范》，对一般路基承载力的要求为 150～200kPa。可见对于非机动车通道，如果无特殊要求，两层土工袋即可满足一定的承载要求；如果考虑到充分利用开挖土减少工程成本，在施工断面内用土工袋全部回填对地基的承载力有明显的增强作用。

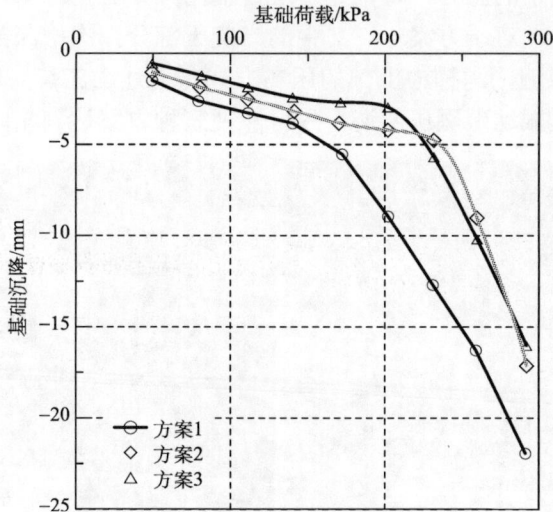

图 8.5　土工袋沟槽载荷试验 *P-s* 曲线

由于平板载荷试验是弹性半无限体表面受力，土体变形模量 E_0 可用下式计算：

$$E_0 = \omega(1-\mu^2)\frac{P \cdot a}{s} \tag{8.1}$$

式中，a 为方形承载板的边长；ω 为系数，方形承载板取 0.88；P 为承载板底面的压力；s 为与荷载 P 相应的沉降；μ 为袋内土体的泊松比，一般取 0.40。

在加载过程中，应力与沉降变形都在改变，变形模量也在变化。为了反映土工袋沟槽表面的刚度特性，将公式（8.1）用增量形式表示，用 E_{v2} 表示相应的变形模量：

$$E_{v2} = \omega B(1-\mu^2)\frac{\Delta P}{\Delta s} \tag{8.2}$$

根据试验得到的 *P-s* 曲线，取其上 $0.3P_{max}$ 和 $0.7P_{max}$ 两点间的应力差值与沉降差值进行计算，结果见表 8.2。可见，全断面回填土工袋的沟槽（方案三）变形模量最大，半断面回填（方案二）次之，二层土工袋回填（方案一）的最小。

表 8.2　土工袋沟槽表层变形模量

方案	P_{max}/ kPa	0.3 P_{max} 沉降量/mm	0.7 P_{max} 沉降量/mm	变形模量/MPa
方案一	160	−0.742	−3.360	5.4
方案二	242	−0.680	−3.922	6.6
方案三	242	−0.444	−2.834	9.0

8.1.3　FWD 弯沉测试

近年来日本及德国等西欧国家开始将 FWD（Falling Weight Deflectometer） 落锤式挠度检测系统引入路面及填土压实质量的管理之中。FWD 检测系统（如图 8.6）是利用一定质量的落锤，以 5～45cm 的落距冲击直径为 30cm 的荷载板，与此同时，通过安装在荷载板上的传感器检测填土表面的动态位移值，根据荷载板的冲击应力与荷载板或与荷载板某一距离处的最大动挠度之比值计算填土的动刚度系数 K_d[38]。

图 8.6　FWD 检测系统现场试验

试验中在土工袋沟槽表面布置 5 个测点，其中方案一、二与围井（测点 3 所在位置）处各布置 1 个测点，方案三布置两个测点，在加油站出口处即常规法回填沟槽表面也布置了 1 个测点（测点 6）与土工袋回填的沟槽进行比较，如图 8.7 所示。

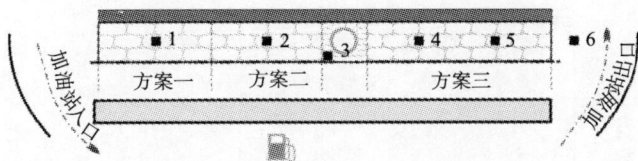

图 8.7　FWD 试验点平面布置图

表 8.3 为各测点的测试结果，其平均动刚度系数如图 8.8 所示。由测试结果可知：在二灰土上面回填两层土工袋的效果（测点 1）与常规回填（测点 6）区别不大，动刚度系数都较小；而 2～5 号测点所在土工袋沟槽的动刚度系数则较大，几乎是常规回填的 2～3 倍，尤其是 4 号测点，动刚度系数比其他点都要高；5 号点理应与 4 号点的动刚度系数相一致，但由于施工过程中 5 号测点附近的水管漏水，导致其测值偏低。从图 8.8 中也可看出，方案二和方案三（除了测点 5）的动刚度系数平均值较常规回填方案大得多，而围井部分由于土工袋回填的空间限制使得

土工袋袋子的张力未得到充分发挥，其动刚度系数稍小点，但仍比常规回填要大。综上试验结果表明，沟槽用土工袋回填并压实完全后，可提高路基的刚度，减小地基的工后沉降，避免沥青路面发生危害性变形或反射性裂缝。

表 8.3　FWD 测试得到的土工袋沟槽表面动刚度系数

测点	次数	接触速度/（mm/s）	沉降值/mm	动刚度系数/MPa
1	1	666.1	5.222	4.6
	2	649.6	5.519	4.4
	3	641.3	5.247	4.3
2	1	317.2	3.095	7.3
	2	355.5	3.746	6.0
	3	317.2	3.095	7.3
3	1	459.2	3.742	6.0
	2	454.3	3.734	6.0
	3	439.8	3.593	6.3
4	1	278.2	1.912	11.8
	2	276.7	1.905	11.8
	3	310.5	1.970	11.4
5	1	350.8	2.800	8.0
	2	382.3	3.046	7.4
	3	394.2	3.117	7.2
6	1	601.1	5.275	4.3
	2	586.0	5.025	4.5
	3	586.0	5.025	4.5

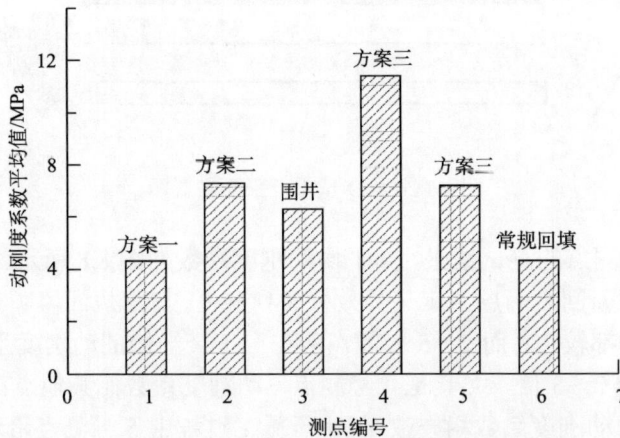

图 8.8　各测点平均动刚度系数

8.1.4　弯沉检测

　　沟槽回填结束后约一个月，委托某市政公用工程质量检测中心站对试验段进行了弯沉检测（图 8.9）。此时，沟槽已恢复至路面高程，且铺有沥青。每个测点利用车载压重，弯沉仪安置于左轮间隙处，车载沿沟槽回填方向开出 5m，测得一弯沉值。表 8.4 为各测点弯沉检测结果。可见，土工袋试验段 1#～5#测点的弯沉标准值比常规法施工的 7#测点要小。常规法施工段 7#测点的弯沉值达到 2.12mm；1#管段的 1#测点（方案一）处弯沉标准值最小，为 1mm。该处虽仅铺设两层土工袋，但由于严格按要求进行了铺设，即铺设时土工袋之间留有 5～10cm 的空隙，土工袋受力后其张力作用得以充分发挥；2#、3#测点（方案二）的弯沉值较大，为 1.7～1.9mm；4#、5#测点（方案三）的弯沉值为 1.16～1.26mm，小于 7#测点的检测值，反映了土工袋的效果。

(a) 弯沉检测　　　　　　　　　　　　　(b) 测点布置

图 8.9　试验段弯沉检测

表 8.4　沟槽表面弯沉检测结果

测点	弯沉标准值/10^{-2}mm
1#测点（方案一）	100
2#测点（方案二）	170
3#测点（方案二）	190
4#测点（方案三）	116
5#测点（方案三）	126
6#测点（与常规回填交界处）	122
7#测点（常规回填）	212

8.1.5　振动测试

　　从前面章节的讨论中可知，土工袋作为基础，除了强度高、承载力大、后期沉降变形小的工程特点外，还具有良好的减振隔振特性。为了在土工袋回填沟槽中进一步验证其减振隔振的效果，采用 AVD 高精度测振仪在铺设完沥青路面后的试验段进行了振动检测。

图 8.10 为振动测点布置及现场测试情况。1#线上的加速度传感器放在绿化带路缘作为基准点，2#线上的加速度传感器布置在 A、C、E、G 点；3#线上的加速度传感器布置在 B、D、F、H 点；其中 A 代表无土工袋回填的路面，C 代表按方案一回填的沟槽表面，E 代表按方案二回填的沟槽表面，G 代表按方案三回填的沟槽表面。1#、2#和 3#线上的加速度传感器同步记录振动数据，每组数据的采集时间为 20s。1#线上的加速度值与 2#线上的加速度值之差反映土工袋沟槽自身的减振效果；1#线上的加速度值与 3#线上的加速度值之差反映土工袋沟槽的隔振效果。

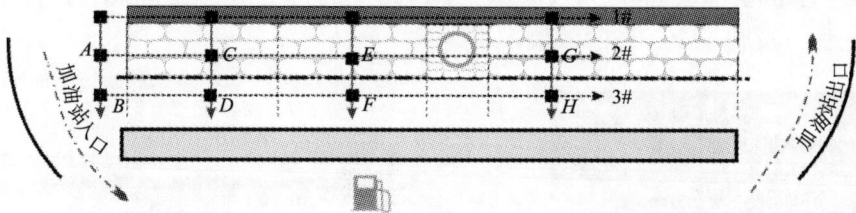

(a) 振动测点布置

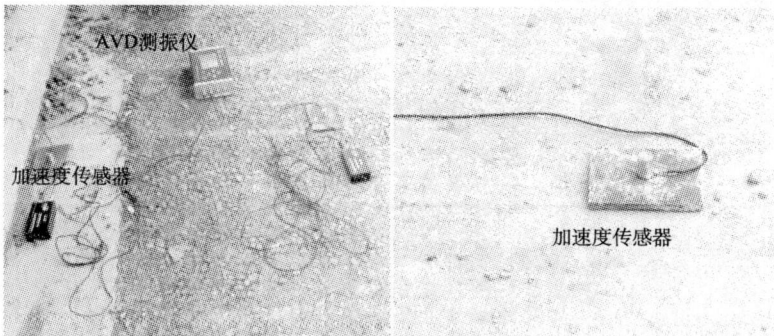

(b) AVD高精度测振仪及加速度传感器

图 8.10　试验段振动测试

由于试验段旁主干道上过往车辆引起的振动随时在变化，因此无法用检测得到的加速度绝对值大小来分析减振、隔振效果，应该采用减（隔）振率来分析。减（隔）振率的定义为：同一时刻测得的 1#基准点加速度传感器测值与 2#（或 3#）加速度传感器测值之差除以 1#加速度传感器测值。

图 8.11 为沟槽内不同回填方式对应测点（A、C、E、G）加速度平均减振率

分布。图 8.12 为非机动车道上对应于不同沟槽回填方式各测点（*B*、*D*、*F*、*H*）加速度平均隔振率分布。每一测点加速度平均减（隔）振率由 20s 时间段内测得的 20 个时间点最大加速度平均值计算而得。图 8.13 为沟槽不同回填方式自身的减振、隔振效果比较。从图中可以看出，土工袋的回填，使得沟槽的减振率和隔振率均有所增加；其中完全土工袋回填的 3#、4#管段测点 *H* 的隔振效果最为明显，隔振率可达到 20%；而且随着土工袋回填量的增加，沟槽的隔振效果增长更明显。

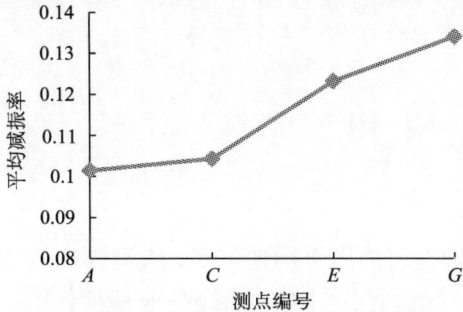

图 8.11　沟槽内不同回填方式各测点平均减
振效果比较

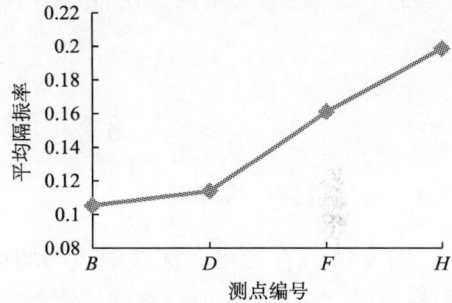

图 8.12　非机动车道上各测点平均隔振效果
比较

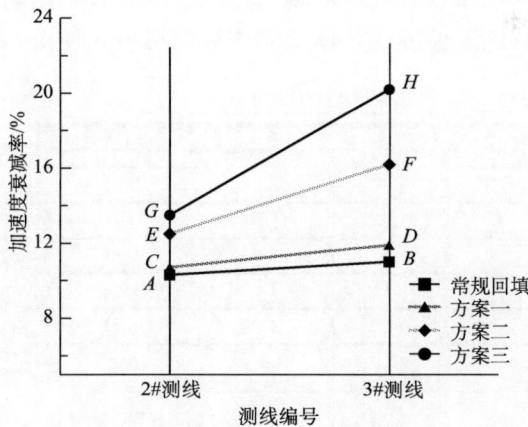

图 8.13　不同回填方式减振隔振效果比较

8.1.6　试验总结

现场试验表明，土工袋应用于市政工程中沟槽回填具有以下优点：

1）土工袋对土质要求较低，能将开挖出来的废土直接利用，无需运出城，也无需从城外运土，实现了现场开挖现场回填的资源再生利用。

2）及时将开挖散土装入土工编织袋，能够减少扬尘对城市环境的影响，且土工袋地基具有减振功效，可减小城市交通引起的振动影响，能够缓解公路交通对附近居民的生活干扰。

3）土工袋地基与路面基层形成整体，具有很高的承载能力。土工袋地基变形稳定速度快，后期沉降很小，能够有效预防路面裂缝的产生。

4）施工简便，对施工时段无限制，可昼夜抢工，且施工过程中无噪声污染。

5）土工袋施工采用分层铺设、分层压实，易于施工质量控制，可确保工程质量。

8.2　其 他 应 用

8.2.1　场地道路、停车场

图 8.14 为作者曾向某大型运动场地建设提出的用于场地道路、大型停车场的建议。土工袋用于场地道路或停车场的主要优点有：①能大幅提高地基承载力，对于一般的运动场地，由于荷载较小，设置 3～5 层即可满足要求；②土工袋基础相当于柔性筏式基础，能有效减小地基不均匀沉降；③土工袋基础透水性强，与表层的透水路面（场地）结构相结合，能保证雨天场地无积水；④具有减振效果，可减轻交通等引起的动荷载对周边环境的影响；⑤有效利用场地开挖土，减少建设渣土的排放量；⑥施工速度快，施工完成后即可投入使用。

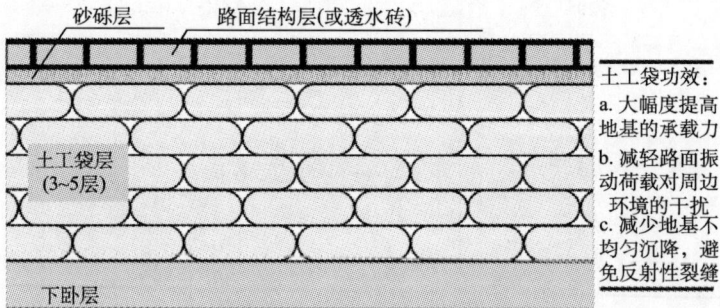

图 8.14　土工袋路基示意图

8.2.2　公园草坪基础

对于公园内的绿化草坪，其基础下可以设置一种保水型土工袋，将部分雨水进行有效回收利用。图 8.15（a）为保水型土工袋结构图，其顶面用透水性很好的土工布制作，侧面及底面用具用一定强度、不透水的土工膜布制作，袋子内充填砂砾石。通常，雨水渗入地下，地表面土体的强度会降低，从而导致地基承载力降低。但是，将保水型土工袋放置于地表以下，由于袋子张力的约束作用，不仅可以保存雨水，而且能保证足够的地基承载力。将保水型土工袋设置于公园草坪地下[图 8.15（b）]，由于毛细作用，储存的雨水可以满足草、树根系的生长需要，有利于绿化。

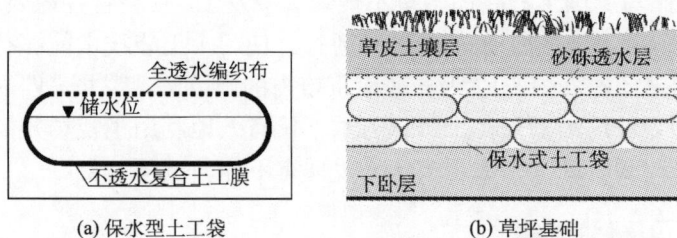

(a) 保水型土工袋　　　　　　　　(b) 草坪基础

图 8.15　保水型土工袋及草坪绿化示意图[21,39]

8.2.3　管线沟槽

城市地下一般埋设有各种管线（自来水管、污水管、电缆通信等），在管线底部设置 1～2 层土工袋可以减少管线沿线地基的不均匀沉降，防止管线破裂，顶部沟槽用土工袋回填也能起到保护管线的作用，如图 8.16 所示。

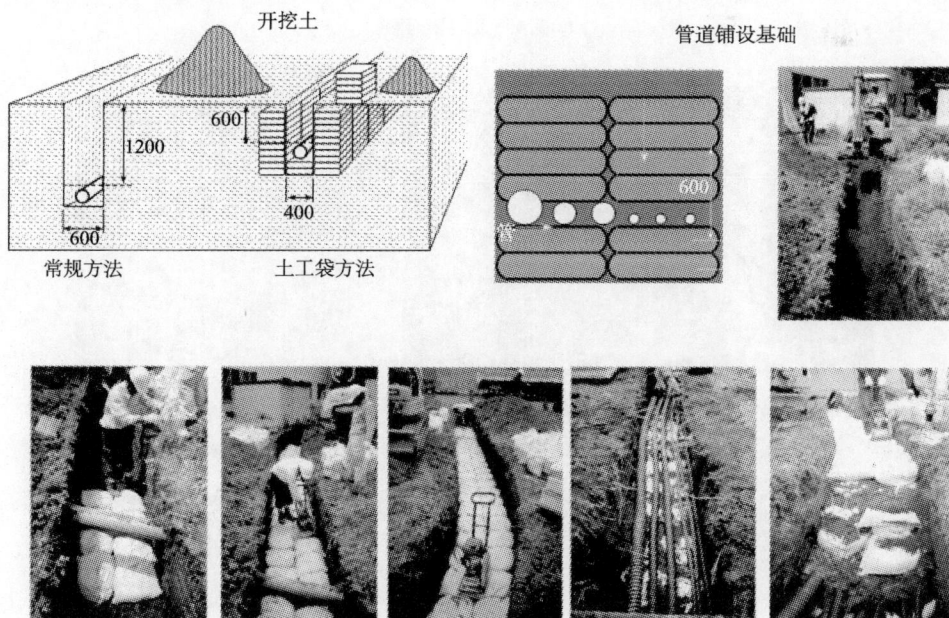

图 8.16　管线沟槽土工袋施工例

8.2.4　窨井盖

　　城市道路中埋设有大量的窨井，用于铺设与检修各类管线。由于窨井通常用预制混凝土套管或砖砌筑，窨井四周多用开挖土或二灰土回填，在狭窄的空间里很难压实，因此与周围土石路面多有不均匀沉降发生，使得窨井盖要么高出地面、要么低于地面，严重影响了车辆的顺利通行。使用土工袋技术能够有效地解决窨井盖凸出或凹陷问题。图 8.17 为一在南京市内的施工例。窨井盖四周用土工袋回填，袋内土即为现场沟槽开挖土。该方法不仅有效地利用了现场开挖土，而且有利于施工质量控制。施工完成后多年未发现有不均匀沉降发生。

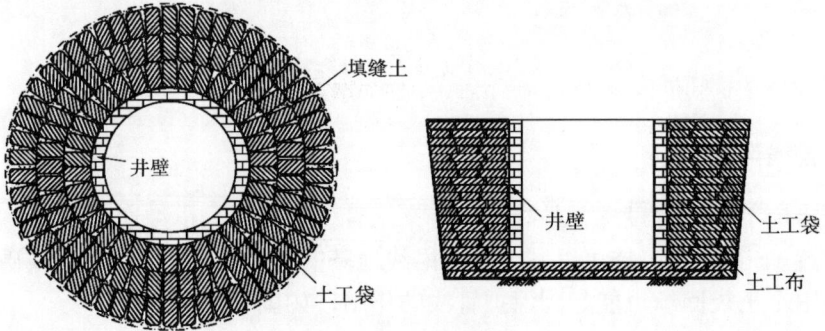

(a) 设计平面与断面图

(b) 施工过程　　　　　　　　　　　(c) 完成后状况

图 8.17　窨井四周土工袋回填施工例

参 考 文 献

[1] Matsuoka H, Liu S H. A New Earth Reinforcement Method Using Soilbags. CRC Press, 2005.

[2] Yamamoto S, Matsuoka H. Simulation by DEM for compression test on wrapped granular assemblies and bearing capacity improvement by soilbags. Proceedings of the 30th Japan National Conference on SMFE, 1995: 1345-1348.

[3] 白福青, 刘斯宏, 王艳巧. 土工袋加固原理与极限强度的分析研究. 岩土力学, 2010, (S1): 172-176.

[4] 李广信. 高等土力学. 北京：清华大学出版社, 2006.

[5] Matsuoka H, Liu S H, Hasebe T, et al. Deformation-strength properties and design methods of soilbag assembly. Journal of Geotechnical Engineering, JSCE, 2004, (764): 169-181.

[6] 张子明, 周星德, 姜冬菊. 结构动力学. 北京:中国电力出版社, 2009.

[7] Cundall P A, Strack O D L. A discrete numerical model for granular assemblies. Geotechnique, 1979, 29(1): 47-65.

[8] 王泳嘉, 邢纪波. 离散单元法及其在岩土力学中的应用. 沈阳: 东北工学院出版社, 1991.

[9] 魏群. 散体单元法的基本原理数值方法及程序. 北京：科学出版社, 1991.

[10] Roark R J. Formulas for Stress and Strain. 4th ed. New York: McGraw-Hill, 1965: 319-321.

[11] 黄传清, 陈英杰, 表面粗糙层对两圆柱体接触的影响. 力学与实践, 1997, 19(4): 29-31.

[12] Chen H, Liu S H. Slope failure characteristics and stabilization methods. Canadian Geotechnical Journal, 2007, 44(4): 377-391.

[13] 刘斯宏, 卢廷浩. 用离散单元法分析单剪试验中粒状体的剪切机理. 岩土工程学报, 2000, 22(5): 608-611.

[14] 刘斯宏, 松岗元. Microscopic interpretation on a stress-dilatancy relationship of granular materials. Soils and Foundation, 2003, 43(3): 73-84.

[15] 李卓, 刘斯宏, 王柳江, 等. 冻融循环作用下土工袋冻胀量和融沉量试验. 岩土力学, 2013, 34(9): 2541-2545.

[16] Li Z, Liu S, Wang L, et al. Experimental study on the effect of frost heave prevention using soilbags. Cold Regions Science and Technology, 2013, 85: 109-116.

[17] 李卓, 盛金保, 刘斯宏, 等. 土工袋防渠道冻胀模型试验研究. 岩土工程学报, 2014, 36(8): 1455-1463.

[18] 王殿武, 曹广祝, 仵彦卿：土工合成材料力学耐久性规律研究, 岩土工程学报, 2005, 27(4):398-402.

[19] 张敬, 叶国良. 土工织物耐久性及影响因素分析. 中国港湾建设, 2005, 134(1): 1-5.

[20] 黄杰, 王钊. 土工合成材料耐久性研究及发展前景. 人民长江, 2002, 33(7): 45-46.

[21] 刘斯宏, 松岗元. 土工袋加固地基新技术, 岩土力学, 2007, 28(8): 1665-1670.

[22] 刘斯宏, 王艳巧, 李亚军, 等. 一种土工袋减震隔震建筑基础及应用方法. 专利公开号: CN101914922A.

[23] 刘斯宏, 王柳江, 李卓, 等. 土工袋加固软土地基现场载荷试验的数值模拟. 水利水电科技进展, 2012, 32(1):78-82.

[24] 白福青, 浦敏艳, 朱克生. 膨胀土及袋装膨胀土干湿循环试验研究. 南水北调与水利科技, 2009, (4): 20-24.

[25] 刘斯宏, 白福青, 汪易森, 等. 膨胀土土工袋浸水变形及强度特性试验研究. 南水北调与水利科技, 2009, (6): 54-58, 129.

[26] 刘斯宏, 汪易森, 朱克生, 等. 有荷条件下南阳膨胀土强度试验及其应用. 水利学报, 2010, (3): 361-367.

[27] Bai F Q, Liu S H, Xu J Q, et al. In situ plate load tests on the soilbag reinforced expansive soil foundation. Advanced Materials Research, 2013, 718: 1888-1894.

[28] Liu S, Bai F, Wang Y, et al. Treatment for expansive soil channel slope with soilbags. Journal of Aerospace Engineering, 2012, 26(4): 657-666.

[29] Liu S, Lu Y, Weng L, et al. Field study of treatment for expansive soil/rock channel slope with soilbags. Geotextiles and Geomembranes, 2015, 43(4): 283-292.

[30] 王珊, 刘斯宏. 土工袋处理膨胀土渠坡的压坡效果. 水利水电科技进展, 2012, (S1): 26-28.

[31] 白福青. 土工袋处理膨胀土渠坡的试验研究与数值解析. 河海大学博士学位论文, 2011.

[32] 刘斯宏, 薛向华, 樊科伟, 等. 土工袋柔性挡墙位移模式及土压力研究. 岩土工程学报, 2014, 36(12): 2267-2273.

[33] 刘斯宏, 李玲君, 张雨灼, 等. 土工袋挡土墙小型振动台试验. 河海大学学报(自然科学版), 2015, (3): 236-243.

[34] 方敏华. 膨胀土挡土墙后土工袋缓冲层作用试验研究. 河海大学硕士学位论文, 2009.

[35] Wang L J, Liu S H, Zhou B. Experimental study on the inclusion of soilbags in retaining walls constructed in expansive soils. Geotextiles and Geomembranes, 2015, 43(1): 89-96.

[36] 单戈. 埋设管道造成沥青路面网裂、下沉的原因及防治措施. 桂林工学院学报, 2003, 23(4): 445-448.

[37] 刘斯宏, 高军军, 王子健, 等. 土工袋技术在市政沟槽回填中的应用研究. 岩土力学, 2014, 35(3): 765-771.

[38] 张洪华. 应用 FWD 测定土基回弹模量的研究. 中国公路学报, 1994, 7(S1): 9-13.

[39] 刘斯宏, 汪易森. 土工袋技术及其应用前景. 水利学报, 2007(增刊): 644-649.